工业和信息产业职业教育教学指导委员会"十二五"规划教材
高等职业教育财经类规划教材(物流管理专业)

条码技术及应用
(第2版)

谢金龙　主编

肖智清　主审

电子工业出版社

Publishing House of Electronics Industry
北京·BEIJING

内 容 简 介

本书以现行条码国家标准为基础，跟踪国内外条码技术应用的最新发展，结合国内外条码技术的研究成果，全面介绍了条码技术的概念、特点和研究对象，阐述了商品条码的理论知识、编码原则、条码标签的制作和检验等知识，着重介绍了二维条码和 GS1 系统，并讲述了条码最新发展（产品电子代码）的相关知识。实训教程主要选用 Label Matrix32 和 Bartender 7.75 条码软件制作条码标签、并利用数据库对商品进行管理，要求学生能够运用商业 POS 管理软件进行前台收银、商品进销存管理、客户关系管理、往来账务管理、费用管理等。

该书内容翔实新颖，资料丰富，可作为高职教材，既适用于物流管理、物流工程、国际贸易等经济管理类专业，又适用于物联网等技术类和电子商务等综合类专业。同时，该书还可作为在职人员的培训教材和工具书，适应科研、开发、销售、应用和管理等不同层面人士的需要。

未经许可，不得以任何方式复制或抄袭本书之部分或全部内容。
版权所有，侵权必究。

图书在版编目（CIP）数据

条码技术及应用/谢金龙主编. —2 版. —北京：电子工业出版社，2014.8
高等职业教育财经类规划教材. 物流管理专业
ISBN 978-7-121-23137-7

Ⅰ. ①条… Ⅱ. ①谢… Ⅲ. ①条码技术－高等职业教育－教材 Ⅳ. ①TP391.44

中国版本图书馆 CIP 数据核字（2014）第 090527 号

策划编辑：程超群
责任编辑：郝黎明
印　　刷：北京虎彩文化传播有限公司
装　　订：北京虎彩文化传播有限公司
出版发行：电子工业出版社
　　　　　北京市海淀区万寿路 173 信箱　邮编 100036
开　　本：787×1 092　1/16　印张：20.5　字数：525 千字
版　　次：2009 年 6 月第 1 版
　　　　　2014 年 8 月第 2 版
印　　次：2018 年 8 月第 5 次印刷
定　　价：45.00 元

凡所购买电子工业出版社图书有缺损问题，请向购买书店调换。若书店售缺，请与本社发行部联系，联系及邮购电话：（010）88254888，88258888。
质量投诉请发邮件至 zlts@phei.com.cn，盗版侵权举报请发邮件至 dbqq@phei.com.cn。
本书咨询联系方式：（010）88254577，ccq@phei.com.cn。

前　言

"面向企业，立足岗位；优化基础，注重素质；强化应用，突出能力"，培养一线"技术岗位型"人才，这是物流管理高职高专专业的教学模式和培养目标。为了实现这一目标，我们必须坚持以教学改革为中心，以实践教学为重点，不断提高教学质量，突出高职高专特色的指导思想。本书是教育部高职高专教育人才培养模式和教学内容体系改革与建设项目成果，由高职高专教育专业教学改革试点院校编写。本教材依据中国物品编码中心重新修订的条码相关国家标准，进一步提炼、强化，巩固原有成果，紧密结合教学实际进行的一次有效探索。

关于本课程

本课程是高职高专物流管理等专业的基础核心课程，是工学结合、对接产业的产物，主要开设在大学一年级或大学二年级。

关于本书

以往出版的高职教材大多是本科教材的压缩，存在"理论过深、内容过多、缺乏实操"等缺点。另外，教学过程受传统学科影响较深，没有跳出"学科体系为中心"的教学模式的框框。为实现培养一代"技术岗位型"人才的目标，必须重构知识体系，加强实践教学，以学生为主体进行教学活动，实行"教"、"学"、"做"一体化的互动式教学，激发学生的学习兴趣和积极性，提高学生的基本技能。

本书在遵循中国物品编码中心重新修订的条码相关国家标准的前提下，整合并提升条码技术及应用课程教学改革经验，紧密结合企业实际岗位工作内容设计教材内容进行编写。采用简明易懂、深入浅出的方法，由基础理论入手，突出技能实操训练，实践教学内容的组织按照由浅入深、循序渐进的思路，要求实训模块具有一定的实用性和先进性。每个教学单元通过案例导入，教学内容后都设有相应的练习题，以巩固学生的理论知识。利用实用性强的实践教学内容和过程性考核相结合，来培养学生的创新意识，激发学生发现问题、分析问题和解决问题的能力，进一步提高学生的动手能力和理解能力。

本书的知识结构如下：

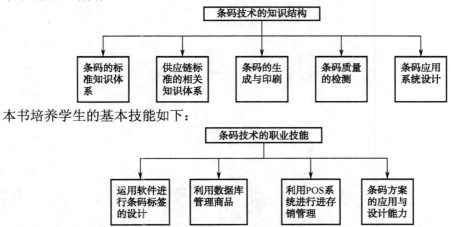

本书培养学生的基本技能如下：

本书在第 1 版的基础上，增加了汉信码、供应链管理全球标准、条码最新发展等知识，实训也增加了商业 POS 系统的应用等项目。

如何使用本书

本书内容可按照 48～60 学时安排，推荐学时分配为：第一章 4 学时，第二章 12～18 学时，第三章 4 学时，第四章 12～18 学时，第五章 4 学时，第六章 2 学时，第七章 2 学时，第八章 2 学时，第九章 2 学时，第十章 4 学时。教师可根据不同的使用专业灵活安排学时，课堂重点讲解基础知识和基本技能，可安排课后或者一定时间完成习题和项目实训。

本书配套资源

本书配套资源包括电子课件、习题答案等，可从华信教育资源网（www.hxedu.com.cn）免费下载。

读者对象

本书作为高职高专教材，适于物流管理、物流工程、国际贸易等经济管理类专业，又适应于物联网等技术类和电子商务等综合类专业，还可作为在职人员的培训教材和工具书，适用于科研、开发、销售、应用和管理等不同层面人士的需要。

本书编写队伍

本书由湖南现代物流职业技术学院谢金龙编著，肖智清主审，谢艳梅、杨立雄、武献宇、刘宁、刘丽军、宋华、沈鹏、杨曙担任副主编。本书的编写成员均来自一线教师，均具有企业实践经验，是名符其实的"双师型"教师。

感谢电子工业出版社的编辑，他们给本书的编写提出来了许多指导性的意见，并承担了大量的策划与编辑工作。本书在编写过程中，还参考和引用了国内外相关的文献资料，吸收和听取了国内外许多资深商务人士的宝贵经验和建议，取长补短。在此谨向对本书编写、出版提供过帮助的人士表示衷心的感谢！

由于编者水平有限，编写时间仓促，书中难免存在不妥之处，敬请广大读者批评指正。您的宝贵意见请反馈到邮箱 498073710@qq.com。

编　者

目 录

第一章 条码基础知识 (1)
 1.1 条码技术与自动识别技术 (2)
 1.2 条码技术的研究对象与特点 (6)
  1.2.1 条码技术的研究对象 (6)
  1.2.2 条码技术的特点 (8)
  1.2.3 条码的功能 (8)
 1.3 条码的基本概念、符号结构及分类 (9)
  1.3.1 条码的基本概念 (9)
  1.3.2 条码的符号结构 (11)
  1.3.3 条码的分类 (12)
 1.4 条码的编码理论 (13)
  1.4.1 代码的编码方法 (13)
  1.4.2 条码的编码方法 (13)
  1.4.3 编码容量 (14)
  1.4.4 条码的校验与纠错方式 (15)
 本章小结 (16)
 练习题 (16)
 实训项目 利用 Label Matrix32 中文版软件设计条码 (19)
  任务一 Label Matrix32 中文版软件的安装 (19)
  任务二 利用 Label Matrix32 中文版软件进行标签的设计 (23)
  任务三 Label Matrix32 中文版软件和数据库的连接 (26)

第二章 商品条码 (31)
 2.1 概述 (32)
  2.1.1 商品条码的符号特征 (32)
  2.1.2 商品条码的组织机构 (33)
 2.2 商品标识代码的结构 (34)
  2.2.1 EAN·UCC-13 代码 (34)
  2.2.2 EAN·UCC-8 代码 (36)
  2.2.3 UCC-12 代码 (36)
 2.3 商品条码的符号结构 (38)
  2.3.1 EAN-13 商品条码 (39)
  2.3.2 EAN-8 商品条码 (40)
  2.3.3 UPC-A 商品条码 (41)
  2.3.4 UPC-E 商品条码 (42)
 2.4 商品条码的符号表示 (42)
  2.4.1 商品条码的二进制表示 (42)
  2.4.2 字符集 (42)
  2.4.3 编码规则 (44)
  2.4.4 商品条码的符号表示 (45)
 2.5 商品项目代码的编制 (52)
  2.5.1 编码原则 (52)
  2.5.2 特殊情况下的编码 (53)
  2.5.3 编码举例 (54)
 2.6 特殊应用的条码编码 (56)
 2.7 一维条码译码算法和实现 (61)
  2.7.1 一维条码译码的理论知识 (61)
  2.7.2 条码图像的识读 (63)
  2.7.3 译码的实现 (63)
 本章小结 (66)
 练习题 (66)
 实训项目 利用 Bartender 软件设计条码 (68)
  任务一 Bartender 软件的安装 (68)
  任务二 利用 Bartender 软件进行条码的设计 (71)

第三章 二维条码 (75)
 3.1 二维条码的概述 (77)
  3.1.1 二维条码的特性 (77)
  3.1.2 二维条码的分类 (80)
  3.1.3 与二维条码有关的基本术语 (81)
  3.1.4 二维条码识读设备 (82)
 3.2 PDF417 条码 (83)
  3.2.1 概述 (83)
  3.2.2 术语及定义 (83)
  3.2.3 基本特性 (83)

		3.2.4	符号结构	（84）
		3.2.5	符号表示	（84）
		3.2.6	模式结构	（86）
		3.2.7	数据编码	（89）
		3.2.8	全球标记标识符（GLI）	（90）
		3.2.9	错误检测与纠正	（91）
		3.2.10	宏 PDF417 条码	（93）
	3.3	快速响应矩阵码 QR Code		（95）
		3.3.1	QR Code 条码特点	（95）
		3.3.2	相关术语	（96）
		3.3.3	编码字符集	（97）
		3.3.4	基本特性	（98）
		3.3.5	符号结构	（98）
		3.3.6	二维条码符号表示	（100）
		3.3.7	符号的设计	（105）
	3.4	汉信码		（108）
		3.4.1	汉信码的特点	（108）
		3.4.2	汉信码的编码字符集	（109）
		3.4.3	汉信码的技术特性	（109）
	本章小结			（110）
	练习题			（110）
	实训项目　Bartender 软件和 Access 的连接			（111）
第四章	GS1 系统			（116）
	4.1	GS1 系统的形成		（117）
	4.2	GS1 系统		（118）
		4.2.1	GS1 系统的特征	（118）
		4.2.2	GS1 系统的主要内容	（118）
		4.2.3	应用领域	（121）
	4.3	GS1 系统的条码符号体系		（122）
		4.3.1	全球贸易项目代码	（122）
		4.3.2	储运单元条码	（128）
		4.3.3	应用标识符	（129）
		4.3.4	物流单元条码	（132）
		4.3.5	全球位置码	（145）
		4.3.6	资产代码标识	（147）
		4.3.7	服务标识代码	（148）
	4.4	供应链管理全球标准		（148）
		4.4.1	全球产品标识	（149）

		4.4.2	全球产品分类	（150）
		4.4.3	全球数据同步化	（150）
		4.4.4	B2B 电子通信 EDI/XML	（151）
		4.4.5	托盘盘标准	（151）
		4.4.6	产品电子代码（EPC）与电子标签	（151）
	4.5	GS1 应用现状和发展		（152）
	本章小结			（152）
	练习题			（153）
	实训项目　Bartender 软件利用 ODBC 连接数据库			（155）
		任务一　利用 ODBC 建立数据源		（155）
		任务二　Bartender 软件和 Excel 建立数据源的连接		（158）
第五章	常见条码			（162）
	5.1	几种常用的一维条码		（163）
		5.1.1	二五条码	（163）
		5.1.2	交插二五条码	（163）
		5.1.3	三九条码	（164）
		5.1.4	库德巴条码	（168）
	5.2	几种常用的二维条码		（170）
		5.2.1	Code 49	（170）
		5.2.2	Code 16K	（170）
		5.2.3	RSS 系列条码	（171）
		5.2.4	Data Matrix 条码	（175）
		5.2.5	Maxicode 条码	（176）
		5.2.6	Code one 条码	（176）
	5.3	复合条码		（177）
	本章小结			（180）
	练习题			（181）
	实训项目　Bartender 软件利用 SQL 连接图像文件			（182）
第六章	条码的识读			（186）
	6.1	识读原理		（187）
		6.1.1	条码识读相关术语	（187）
		6.1.2	条码识读系统的组成	（188）
		6.1.3	条码符号的识读原理	（190）
		6.1.4	条码识读器的分类	（191）

6.2 常用识读设备和选型原则 (192)
  6.2.1 常用识读设备 (192)
  6.2.2 识读设备选型的原则 (193)
  6.2.3 条码识读器使用中的常见问题 (194)
6.3 数据采集器 (194)
  6.3.1 概述 (194)
  6.3.2 便携式数据采集器 (195)
  6.3.3 无线数据采集器 (198)
本章小结 (199)
练习题 (200)
实训项目 条码的扫描 (201)
  任务一 条码扫描的安装 (201)
  任务二 运用条码扫描仪识别条码 (203)

第七章 条码的制作 (207)

7.1 条码符号的设计 (208)
  7.1.1 机械特性 (208)
  7.1.2 光学特性 (210)
  7.1.3 条码标识形式的设计 (213)
  7.1.4 载体设计 (213)
  7.1.5 商品条码设计 (213)
  7.1.6 储运条码的设计 (221)
  7.1.7 物流标签设计 (222)
7.2 条码标识的生成 (223)
7.3 条码标识的印制 (223)
7.4 印刷技术 (225)
本章小结 (226)
练习题 (227)
实训项目 条码符号的生成与印刷 (228)
  任务一 条码打印机的安装 (228)
  任务二 条码符号的批量打印和选择打印 (231)

第八章 条码的检验 (234)

8.1 条码检验的相关术语 (235)
8.2 检验前的准备工作 (236)
  8.2.1 环境 (236)
  8.2.2 检测设备 (236)
  8.2.3 样品处理 (237)
8.3 条码检测的方式 (238)
  8.3.1 条码检验的方法 (238)
  8.3.2 综合质量等级检验方法 (239)
8.4 条码检测的常用设备 (244)
  8.4.1 通用设备 (244)
  8.4.2 专用设备 (244)
本章小结 (245)
练习题 (245)
实训项目 条码符号的检测 (247)

第九章 条码应用系统的设计 (252)

9.1 条码应用系统的组成与流程 (253)
  9.1.1 条码应用系统的组成 (253)
  9.1.2 条码应用系统运作流程 (255)
9.2 条码应用系统的设计 (256)
  9.2.1 条码应用系统开发的阶段划分 (256)
  9.2.2 系统设计应遵循的原则 (257)
  9.2.3 条码管理信息系统的开发方法 (258)
9.3 条码管理信息系统结构设计 (258)
  9.3.1 系统划分 (258)
  9.3.2 网络设计 (260)
  9.3.3 码制的选择 (261)
  9.3.4 识读器的选择 (263)
  9.3.5 系统平台设计 (264)
  9.3.6 系统流程设计 (265)
9.4 数据库设计 (266)
  9.4.1 数据库基本概念 (266)
  9.4.2 数据规范化 (268)
  9.4.3 数据库设计的内容 (269)
  9.4.4 数据处理技术 (269)
  9.4.5 数据仓库和数据挖掘 (270)
  9.4.6 条码应用系统中数据库设计的要求 (272)
  9.4.7 识读设备与数据库接口设计 (273)
9.5 条码信息管理系统代码设计 (273)
  9.5.1 设计的基本原则 (273)
  9.5.2 代码分类 (273)
  9.5.3 常用编码方式 (275)

9.5.4　代码设计的步骤……………（275）
9.6　条码信息管理系统功能模块设计……（276）
　　9.6.1　功能模块设计概述……………（276）
　　9.6.2　功能模块设计工具……………（276）
9.7　系统设计报告………………………（280）
本章小结……………………………………（280）
练习题………………………………………（280）
实训项目　校园一卡通的设计……………（281）
　　任务一　高校校园一卡通的方案
　　　　　　设计…………………………（281）
　　任务二　高校校园一卡通子系统
　　　　　　的程序设计…………………（282）

第十章　条码技术的发展……………（284）
10.1　物联网——感知世界的每一个
　　　角落……………………………（285）
10.2　脆弱的"五官"——RFID 和
　　　EPC……………………………（286）
　　10.2.1　RFID……………………（286）
　　10.2.2　EPC……………………（288）
10.3　EPC 系统的信息网络系统…………（295）
10.4　EPC 系统的工作流程………………（296）
10.5　EPC 系统的技术标准………………（297）
10.6　EPC 的发展…………………………（298）
　　10.6.1　EPC 国际发展…………（298）
　　10.6.2　EPC 国内发展…………（299）
本章小结……………………………………（299）
练习题………………………………………（299）
实训项目　超赢 POS 软件的应用………（300）
模拟试题一……………………………（312）
模拟试题二……………………………（315）
参考文献………………………………（318）

第一章
条码基础知识

 能力目标：
- 归纳与总结条码技术与其他自动识别技术的优缺点，并能根据应用场合的不同选择相应的自动识别技术；
- 利用网络搜索引擎进行条码资料的收集，掌握条码的最新发展态势；
- 具备应用 Label Matrix32 中文版软件设计条码的能力。

 知识目标：
- 了解条码技术与其他自动识别技术的优缺点；
- 理解条码技术的主要研究对象、条码技术的特点；
- 理解并掌握掌握条码的基本概念、符号结构及分类；
- 掌握条码的编码方法、编码容量的计算方法。

世界首创条码指纹门票在湖南张家界的应用

2008 年开始，游客在湖南省张家界市武陵源景区入口处，只需用左手把 IC 卡电子门票插入门闸上的读写器，将右手大拇指在指纹采集仪上轻轻一按，电子门票系统瞬间就将游客指纹输入到 IC 卡中进行验票，验票通过，门闸便自动开启允许游客进入。

被列入世界自然遗产的张家界市武陵源风景名胜区，有张家界国家森林公园，索溪峪国家自然保护区等众多景区。游客游览张家界所有景区至少要用两天时间，分别多次进入各景点才能游完，景区门票也是两天内有效。在这种情况下，传统的纸质门票往往容易出现一票多人使用、假票及废票重复使用等现象，给景区管理带来诸多麻烦。

在信息高速发展的时代，门票的电子化管理是景区、会展、影院等领域强化管理，提高工作效率的重要手段，传统门票的高错误率和低工作效率已严重阻碍了各行业的快速发展。人们生活中的许多场合都需要使用各种票证（如游览各类旅游风景区、进入影院、乘坐交通工具、参观会展，等等）。传统的票务管理以手工为主，由于存在容易伪造、复制、人情放行、换人入园等问题，在导致门票收入严重流失的同时，也难以形成游客信息的统计与管理。尤其在特定的高峰时段，手工售验票使工作人员的劳动强度剧增、工作效率下降，而管理人员也无法科学合理地安排工作人员的工作。

高效率、低成本是条码技术应用于票务管理系统的显著特点，结合先进的条码技术和指纹技术，实现各种票证的制作及自动化管理，将极大地促进业务的规范化，提升管理科学化水平。

【引入问题】

条码技术有什么特点？

在经济全球化、信息网络化、生产国际化的当今社会，信息技术已渗透到人类生产活动及社会活动的各个领域，信息技术在人们的生活中扮演着越来越重要的角色。

目前，条码技术是最成熟、应用领域最广泛的一种自动识别技术，现已广泛应用于商业、邮政、图书管理、仓储、工业生产过程控制、交通等领域。条码技术具有输入速度快、准确度高、成本低、可靠性高等优点。物流业利用条码技术可对物品进行识别和描述，从而解决数据采集和数据录入的"瓶颈"问题。条码技术是实现销售点实时处理系统（Point of Sale，POS）系统、电子数据交换（Electronic Data Interchange，EDI）、供应链管理的技术基础，它通过挖掘企业的数据资源，分析数据，共享信息，提高企业的核心竞争力，实现管理的现代化。

1.1 条码技术与自动识别技术

自动识别技术是以计算机技术和通信技术的发展为基础的综合性信息技术，是信息数据自动识读、自动输入计算机的重要方法和手段。正是自动识别技术的崛起，提供了快速、准确地进行数据采集和输入的有效手段，解决了由于计算机数据输入速度慢、错误率高等"瓶颈"难题。

自动识别技术近几十年在全球范围内得到了迅猛发展，初步形成了一个包括条码技术、磁卡技术、光学字符识别、系统集成化、射频技术、语音识别及图像识别等集计算机、光、机、电、通信技术为一体的自动识别高新技术学科。

1. 条码技术

条码技术是电子与信息科学领域的高新技术，研究如何将计算机所需的数据用一组条码表示，以及如何将条码所表示的信息转换为计算机可读的数据，主要用于自动化计算机的数据输入，具有采集和输入数据快、可靠性高、成本低等优点，在国外早已得到普遍推广和应用。目前，条码技术在我国一些领域、一些地区应用已比较成熟，产生了较大的经济效益和社会效益。条码技术涉及编码技术、光电传感技术、条码印刷技术、计算机识别应用技术及射频识别技术等。

2. 射频识别技术

射频识别技术（Radio Frequency Identification，RFID）的基本原理是电磁理论。射频系统的优点是不局限于视线，识别距离比光学系统远，射频识别标签具有可读写能力，可携带大量数据，难以伪造。

射频识别技术适用的领域包括物料跟踪、运载工具和货架识别等要求非接触数据采集和交换的场合。由于射频识别标签具有可读/写能力，对需要频繁改变数据内容的场合尤为适用。

射频识别标签基本上是一种标签形式，即将特殊的信息编码写进电子标签，然后电子标签被粘贴在需要识别或追踪的物品上，如货架、自动导向的车辆、动物等。

射频识别标签能够在人员、地点、物品和动物上使用。目前，最流行的应用是在交通运输（汽车和货箱身份证）、路桥收费、保安（进/出控制）、自动生产和动物标签等方面。自动导向的汽车使用射频标签在场地上指导运行。其他应用包括自动存储和补充、工具识别、人员监控、包裹和行李分类、车辆监控和货架识别。

射频识别标签的形式很多。例如，为动物设计的可植入式标签只有一颗米粒大小；为远距离通信（甚至全球定位系统）提供服务的大型标签的大小如同一部手持式电话。

3. 生物识别技术

生物识别技术是指通过计算机利用人类自身生理或行为特征进行身份认定的一种技术，如指纹识别技术、虹膜识别技术和头像识别技术等。据介绍，世界上任何两个人指纹相同的概率极其微小，两个人的眼睛虹膜一模一样的情况几乎没有，有的虹膜在两三岁之后就不再发生变化，眼睛瞳孔周围的虹膜具有复杂的结构，能够成为独一无二的标识。与生活中的钥匙和密码相比，人的指纹或虹膜不易被修改、被盗或被人冒用，而且随时随地都可以使用。

生物识别技术是依靠人体的身体特征来进行身份验证的一种解决方案，由于人体特征具有不可复制的特性，这一技术的安全系数较传统意义上的身份验证机制有很大的提高。

生物识别是用来识别个人的技术，它以数字测量所选择的某些人体特征，然后与此人档案资料中的相同特征作对比，这些档案资料可以存储在一个卡片中或数据库中。被使用的人体特征包括指纹、声音、掌纹、手腕上和眼睛视网膜上的血管排列、眼球虹膜的图像、脸部特征、签字时和在键盘上打字时的动态。

指纹扫描器和掌纹测量仪是目前应用最广泛的器材。不管使用什么样的技术、操作方法都总是通过测量人体特征来识别一个人。

生物识别技术适用于几乎所有需要进行安全性防范的场合，遍及诸多领域，在包括金融证券、IT、安全、公安、教育、海关等行业的许多领域中都具有广阔的前景。随着电子商务应用得越来越广泛，身份认证的可靠安全性就越来越重要。

所有的生物识别工作大多需要四个步骤：原始数据获取、抽取特征、比较和匹配。生物识别系统捕捉到人体生物特征的样品，唯一的特征将会被提取并被转成数字符号，接着，这些符号被用作此人的特征模板。人们同识别系统交互，与存放在数据库、智能卡或条码卡中的原有模板比较，根据匹配或不匹配来确定身份。生物识别技术在不断发展的电器世界和信息世界中的地位将会越来越重要。

4. 语音识别技术

语音识别技术（在自动识别领域中通常被称作"声音识别"）将人类语音转换为电子信号，然后将这些信号输入具有规定含义的编码模式中，它并不是将说出的词汇转变为字典式的拼法，而是转换为一种计算机可以识别的形式，这种形式通常开启某种行为。例如，组织某种文件、发出某种信号或开始对某种活动录音。

语音识别以两种不同的作业形式进行信息收集工作，即分批式和实时式。分批式是指使用者的信息从主机系统中下载到手持式终端里，并自动更新，然后在工作日结束时将全部信息上传到计算机主机。在实时式信息收集中，语音识别也可与射频技术相结合，为手持式终端提供实时快捷的主机联系方式。

语音识别系统还分为以下两种类型：连续性讲话型和间断发音型。连续性讲话型允许使用者以一个演讲者的讲话速度讲话。间断发音型要求使用者在每个词和词组之间留一个短暂的间歇。不管使用者选择什么类型的语音识别系统，安装这样的系统会在信息收集的速度和准确性方面给使用者很大的收益，有助于提高工作人员的活动能力和工作效率。

语音识别技术常用于汽车行业的制造和检查业务，仓储业和配送中心的物料实时跟踪，运输业的收/发货和装/卸车船等几个行业中需要检查和质量控制、解放手眼、实时输入数据的工作场合。语音识别技术输入的准确率高，但不如条码准确；语音反馈虽可提高准确率，但降低了速度，而速度是语音识别技术的关键优点。语音识别技术可以满足所需要的速度。

5．图像识别技术

随着微电子技术及计算机技术的蓬勃发展，图像识别技术得到了广泛应用和普遍重视。作为一门技术，它创始于 20 世纪 50 年代后期，随后开始崛起，经过半个世纪的发展，已成为科研和生产中不可或缺的重要部分。

20 世纪 70 年代以来，由于数字技术和微电子技术的迅猛发展给数字图像处理提供了先进的技术手段，"图像科学"也就从信息处理、自动控制、计算机科学、数据通信和电视技术等学科中脱颖而出，成长为旨在研究"图像信息的获取、传输、存储、变换、显示、理解与综合利用"的崭新学科。

具有"数据量大、运算速度快、算法严密、可靠性强、集成度高、智能性强"等特点的各种应用图文系统在国民经济各部门得到了广泛应用，并且正在逐渐深入家庭生活。现在，通信、广播、计算机技术、工业自动化和国防工业乃至印刷、医疗等领域的尖端课题无一不与图像科学的进展密切相关。事实上，图像科学已成为各高新技术领域的汇流点。"图像产业"将是 21 世纪国民经济、国家防务和世界经济中举足轻重的产业。

"图像科学"的广泛研究成果同时扩大了"图像信息"的原有概念。广义而言，图像信息不必以视觉形象乃至非可见光谱（红外、微波）的"准视觉形象"为背景，只要是对同一复杂的对象或系统，从不同的空间点和不同的时间等诸方面收集到的全部信息的总和，就称为多维信号或广义的图像信号。多维信号的观点已渗透到如工业过程控制、交通网管理及复杂系统分析等理论中。

随着自动化技术的发展，图像识别技术迅速发展成为一门独立的具有强大生命力的学科。现已广泛应用于遥感技术、医用图像处理、工业领域中的喷涂和自动检测、军事侦察、交通监控等方面。

6．磁卡识别技术

磁卡识别技术应用了物理学和磁力学的基本原理。磁条就是一层薄薄的由定向排列的铁性氧化粒子组成的材料（也称涂料），用树脂将其黏合在一起，并粘在诸如纸或塑料这样的非磁性基片上，磁卡便制作完成。

磁条技术的优点是数据可读/写，即具有现场改写数据的能力；数据存储量能满足大多数需求，便于使用，成本低廉，还具有一定的数据安全性；它能黏附于许多不同规格和形式的基材上。这些优点，使之在很多领域得到广泛应用，如信用卡、银行 ATM 卡、机票、公共汽车票、自动售货卡、会员卡、现金卡（如电话磁卡）等。

7. 各种自动识别技术的比较

条码光学字符识别（Optical Character Recognition，OCR）和磁性墨水（Magnetic Ink Character Recognition，MICR）都是与印刷相关的自动识别技术。OCR 的优点是人眼可读、可扫描，但输入速度和可靠性不如条码，数据格式有限，通常要用接触式扫描器；MICR 是银行界用于支票的专用技术，在特定的领域中应用，成本高，而接触识读使可靠性提高。

磁条技术是接触识读，它与条码的区别如下：一是其数据可做部分读/写操作；二是给定面积编码容量比条码大；三是对物品逐一标识成本比条码高，而且接触性识读最大缺点就是灵活性太差。

射频识别和条码一样是非接触式识别技术，由于无线电波能"扫描"数据，所以 RF 挂牌可做成隐形的，有些 RF 识别技术可读数千米外的标签，RF 标签可做成可读/写的。RF 识别的缺点是挂签成本相当高，而且一般不能随意扔掉，而多数条码扫描寿命结束时可扔掉。视觉和语音识别目前还没有很好的推广应用，机器视觉还可与 OCR 或条码识别结合应用，声音识别输入可解放人的双手。

RF、语音、视觉等识别技术目前不如条码技术成熟，其技术和应用的标准也还不够健全。
表 1.1 为条码与其他自动识别技术的比较。

表 1.1　条码与其他自动识别技术的比较

名称 项目	键盘	OCR	磁卡	条码	射频
输入12位数据速度	6s	4s	0.3～2s	0.3～2s	0.3～0.5s
误读率	1/300	1/10000		1/15000～1/100000000	
印刷密度		10～12 字符/in	48 字符/in	最大 20 字符/in	4～8000in
印刷面积		2.5mm 高	6.4mm 高	长 15mm×宽 4mm	直径 4mm×长 32mm 至纵 54mm×横 86mm
基材价格	无	低	中	低	高
扫描器价格	无	高	中	低	高
非接触式识读距离		不能	不能	0～5m	0～5m
优点	操作简单；可用眼阅读；键盘便宜；识读率高	可用眼阅读	数据密度高；输入速度快	输入速度快；价格便宜；设备种类多；可非接触式识读	可在灰尘油污等环境下使用；可非接触式识读
缺点	输入速度低；输入受个人因素影响	输入速度低；不能非接触式识读；设备价格高	不能直接用眼阅读；不能非接触式识读；数据可变更	数据不可变更；不可用眼直接阅读	发射、接收装置价格昂贵；发射装置寿命短；数据可改写

1.2 条码技术的研究对象与特点

1.2.1 条码技术的研究对象

条码技术的研究对象主要包括编码规则、符号表示技术、识读技术、生成与印制技术和应用系统设计五大部分。

1. 编码规则

任何一种条码，都是按照预先规定的编码规则和有关标准，由条和空组合而成的。人们将为管理对象编制的由数字、字母组成的代码序列称为编码，编码规则主要研究编码原则、代码定义等。编码规则是条码技术的基本内容，也是制定条码制标准和对条码符号进行识别的主要依据。

为了便于物品跨国家和地区流通，适应物品现代化管理的需要，以及增强条码自动识别系统的相容性，各个国家、地区和行业，都必须遵循并执行国际统一的条码标准。

2. 符号表示技术

条码是由一组按特定规则排列的条和空及相应数据字符组成的符号。条码是一种图形化的信息代码。不同的码制，条码符号的构成规则也不同。目前较常用的一维条码码制有 EAN 商品条码、UPC 商品条码、UCC/EAN-128 条码、交插 25 条码、库德巴码、39 条码等。二维条码较常用的码制有 PDF417 码、QR CODE 码等。符号表示技术的主要内容是研究各种码制的条码符号设计、符号表示及符号制作。

3. 识读技术

条码自动识读技术可分为硬件技术和软件技术两部分。

自动识读硬件技术主要解决将条码符号所代表的数据转换为计算机可读的数据，以及与计算机之间的数据通信。硬件支持系统可以分解成光电转换技术、译码技术、通信技术及计算机技术。

自动识读软件技术一般包括扫描器输出的测量、条码码制、扫描方向的识别、逻辑值的判断，以及阅读器与计算机之间的数据处理等部分。

在条码自动识读设备的设计中，往往以硬件支持为主，所以应尽量采取可行的软措施来实现译码及数据通信。近年来，条码技术逐步渗透到许多技术领域，人们往往把条码自动识读装置作为电子仪器、机电设备和家用电器的重要功能部件，因而小体积、低成本是自动识读技术的发展方向。

条码识读技术主要由条码扫描和译码两部分构成。扫描器只是把条码符号转换成数字脉冲信号，而译码器是把数字脉冲信号转换成条码符号所表示的信息。如图 1.1 所示是扫描器扫描和译码示意图。

条码符号是由宽窄不同，反射率不同的条、空按照一定的编码规则组合起来的一种信息符号。常见的条码是黑条与白空（也叫白条）印制而成的。因为黑条对光的反射率最低，而白空对光的反射率最高。条码识读器正是利用条和空对光的反射率不同来读取条码数据的。条码符号不一定必须是黑色和白色，也可以印制成其他颜色，但两种颜色对光必须有不同的反射率，保证有足够的对比度。扫描器一般采用 630 纳米附近的红外光或近红外光。

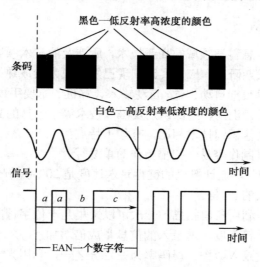

图 1.1　扫描器扫描和译码示意图

由光源发出的光线经过光学器件照射到条码符号上面，被反射回来的光经过光学器件成像在光电转换器上，使之产生电信号，信号经过电路放大后产生模拟电压，它与照射到条码符号上被反射回来的光成正比，再经过滤波、整形等信号处理，形成与模拟信号对应的方波信号，经译码器按一定的译码逻辑对数字脉冲进行译码处理后，转换为计算机可以直接接收的数字信号。

4．生成与印制技术

条码印制技术所研究的主要内容包括条码符号印制载体、印刷材料、印制设备、印制工艺和轻印刷系统的软件开发等。首先按照选择的码制、相应的标准和相关要求生成条码样张，再根据条码印制的载体介质、数量选择最适合的印制技术和设备。因此在条码符号的印刷过程中，必须选择适当的印刷技术和设备，以保证印制出符合规范的条码。

5．应用系统设计

条码应用系统由条码、识读设备、计算机、打印设备、通信网络系统、系统软件和应用软件等组成。应用范围不同，条码应用系统的配置也不同。一般来讲，条码应用系统的应用效果主要取决于系统的设计。条码应用系统设计主要考虑下面几个因素：

① 条码设计。条码设计包括确定条码信息单元、选择码制和符号版面设计。

② 符号生成与印制。在条码应用系统中，条码印制质量对系统能否顺利运行关系重大。条码本身质量高，即使性能一般的识读器也可以顺利地读取。虽然操作水平、识读器质量等因素是影响识读质量不可忽视的因素，但条码本身的质量始终是系统能否正常运行的关键。据统计资料表明，在系统拒读、误读事故中，条码标签质量引起的事故占事故总数的 50% 左右。因此，在印制条码符号前，要做好印制设备和印制介质的选择，以获得合格的条码符号。

③ 识读设备选择。条码识读设备种类很多，如在线式的光笔、CCD 识读器、激光枪、台式扫描器、不在线式的便携式数据采集器、无线数据采集器等。在设计条码应用系统时，必须考虑识读设备的使用环境和操作状态，以做出正确的选择。

1.2.2 条码技术的特点

条码技术是电子与信息科学领域的高新技术，所涉及的技术领域较广，是多项技术相结合的产物，经过多年的长期研究和应用实践，现已发展成为较成熟的实用技术。

自动识别技术是信息数据自动识读、自动输入计算机的重要手段，已形成了集条码技术、射频技术、生物识别、语音识别、图像识别及磁卡技术等于一体的高新科学技术。条码作为一种图形识别技术，与其他识别技术相比，有如下特点：

（1）简单。条码符号制作容易，扫描操作简单易行。

（2）信息采集速度快。普通计算机的键盘录入速度是 200 字符/分钟，而利用条码扫描录入信息的速度是键盘录入的 20 倍。

（3）采集信息量大。利用条码扫描，一次可以采集几十位字符的信息，而且可以通过选择不同码制的条码增加字符密度，使录入的信息量成倍增加。

（4）可靠性高。键盘录入数据，误码率为三百分之一，利用光学字符识别技术，误码率约为万分之一。而采用条码扫描录入方式，误码率仅为百万分之一，首读准确率可达 98%以上。

（5）灵活、实用。条码符号作为一种识别手段可以单独使用，也可以和有关设备组成识别系统实现自动化识别，还可和其他控制设备联系起来实现整个系统的自动化管理。同时，在没有自动识别设备时，也可实现手工键盘输入。

（6）自由度大。识别装置与条码标签相对位置的自由度要比光学识别大得多。条码通常只在一维方向上表示信息，而同一条码符号上所表示的信息是连续的，这样即使是标签上的条码符号在条的方向上有部分残缺，仍可以从正常部分识读正确的信息。

（7）设备结构简单、成本低。条码符号识别设备的结构简单，操作容易，无须专门训练。与其他自动化识别技术相比较，推广应用条码技术，所需费用较低。

1.2.3 条码的功能

条码是用来收集有关任何人、地或物的资料的自动识别技术中的主要部分。

条码技术是一种自动识别技术，是利用光电扫描阅读设备给计算机输入数据的特殊代码，这个代码包括了产品名称、规格、价格等，它可以为先进的管理体制提供准确、及时的支持。条码的应用提高了准确性和工作效率，降低了成本，改善了业务运作。

条码的主要功能：

（1）实现对"物品"进行标识。

（2）能对商品销售的信息进行分类、汇总和分析，有利于经营管理活动的顺利进行。

（3）可以通过计算机网络及时将销售信息反馈给生产单位，缩小产、供、销之间信息传递的时空差。

（4）借助条码技术实现的进、销、存自动化管理，提高了商品周转速度，从而确保了商品不积压、不断档，使得购物选择机会更多；

（5）零售商和制造商利用在条码技术基础上建立的销售/库存管理系统及通信网络，便于及时掌握市场信息，制订进货/生产计划，提高供货及补货效率，实现现代化产、供、销一条龙管理。

虽然条码技术在商品、工业、邮电业、医疗卫生、物质管理、安全检查、餐饮业、证卡管理、军事工程、办公自动化等领域中得到广泛应用。但是条码技术仍具有一定的局限性。具体表现如下。

（1）信息标识是静态的，不能给每个消费单元唯一的身份，没有做到真正的"一物一码"：对每一个商品的管理不到位，无法实现产品的实时追踪。

（2）信息识别是接触式的。

（3）信息容量是有限的。

（4）数据存储、计算是集中的。

总之，条码只适用于流通领域（商流和物流的信息管理），不能透明地跟踪和贯穿供应链过程。

1.3 条码的基本概念、符号结构及分类

1.3.1 条码的基本概念

1．条码（bar code）

条码是一种机器识读语言，由一组规则排列的条、空及其对应字符组成的标记，用于标识一定的信息。条码通常用来对物品进行标识，这个物品可以是用来进行交易的一个贸易项目，如一瓶啤酒或一箱可乐，也可以是一个物流单元，如一个托盘。条码不仅可以用来标识物品，还可以用来标识资产、位置和服务关系等。

2．代码（code）

代码即一个或一组用来表征客观事物的有序符号。代码必须具备鉴别功能，即在一个信息分类编码标准中，一个代码只能唯一地标识一个分类对象，而一个分类对象只能有一个唯一的代码。

3．码制

条码的码制是指条码符号的类型，每种类型的条码符号都由符合特定编码规则的条和空组合而成。每种码制都具有固定的编码容量和所规定的条码字符集。条码字符中字符总数不能大于该种码制的编码容量。常用的一维条码码制包括EAN条码、UPC条码、UCC/EAN-128条码、交插25条码、39条码、93条码、库德巴条码等。

4．字符集

字符集是指某种码制的条码符号可以表示的字母、数字和符号的集合。有些码制仅能表示10个数字字符（0～9），如EAN条码；有些码制除了能表示10个数字字符外，还可以表

示几个特殊字符，如 39 条码可表示数字字符（0～9）、26 个英文字母（A～Z），以及一些特殊符号。

几种常见码制的字符集如下：EAN 条码的字符集包括数字（0～9）；交插 25 条码的字符集包括数字（0～9）；39 条码的字符集包括数字（0～9）、字母（A～Z）、特殊字符（- · $ % 空格 / +)、起始符（/）、终止符（□）。

5. 连续性条码与离散性条码

条码符号的连续性是指每个条码字符之间不存在间隔。而离散性是指每个条码字符之间存在间隔。从某种意义上讲，由于连续性条码不存在条码字符间隔，所以密度相对较高，而离散性条码的密度相对较低。

6. 定长条码与非定长条码

定长条码是条码字符个数固定的条码，仅能表示固定字符个数的代码。非定长条码是指条码字符个数不固定的条码，能表示可变字符个数的代码。例如： EAN 条码是定长条码，它的标准版仅能表示 12 个字符；39 条码则为非定长条码。定长条码由于限制了表示字符的个数，其译码的平均误识率相对较低，因为就一个完整的条码符号而言，任何信息的丢失总会导致译码的失败。非定长条码具有灵活、方便等优点，但受扫描器及印刷面积的限制，它不能表示任意多个字符，并且在扫描阅读过程中可能因信息丢失而引起错误译码。

7. 双向可读性

条码符号的双向可读性，是指从左、右两侧开始扫描都可被识别的特性。绝大多数码制都可双向识读，所以都具有双向可读性。对于双向可读的条码，识读过程中译码器需要判别扫描方向。有些类型的条码符号，其扫描方向的判定是通过起始符与终止符来完成的。例如，交插 25 条码、库德巴条码。有些类型的条码，由于从两个方向扫描起始符和终止符所产生的数字脉冲信号完全相同，所以无法用它们来判别扫描方向，如 EAN 和 UPC 条码。在这种情况下，扫描方向的判别则是通过条码数据符的特定组合来完成的。对于某些非连续性条码符号，如 39 条码，由于其字符集中存在着条码字符的对称性（例如，字符"*"与"P"，"M"与"—"等），在条码字符间隔较大时，很可能出现因信息丢失而引起译码错误。

8. 自校验特性

条码符号的自校验特性是指条码字符本身具有校验特性。若在一条码符号中，一个印刷缺陷（例如，因出现污点把一个窄条错认为宽条，而相邻宽空错认为窄空）不会导致替代错误，那么这种条码就具有自校验功能。例如 39 条码、库德巴条码、交插 25 条码都具有自校验功能；EAN 码、UPC 码、93 码等都没有自校验功能。自校验功能也只能校验出一个印刷缺陷。对于印刷缺陷大于一个的条码，任何自校验功能的条码都不可能完全校验出来。某种码制是否具有自校验功能是由其编码结构决定的。码制设置者在设置条码符号时，均须考虑自校验功能。

9. 条码密度

条码密度是指单位长度条码所表示条码字符的个数。显然，对于任何一种码制来说，各单元的宽度越小，条码符号的密度就越高，也越节约印刷面积，但由于印刷条件及扫描条件的限制，人们很难把条码符号的密度做得太高。39 条码的最高密度为 9.4 个/25.4mm（9.4 个/英寸）；库德巴条码的最高密度为 10.0 个/25.4mm（10.0 个/英寸）；交插 25 条码的最高密度为 17.7 个/25.4mm（17.7 个/英寸）。

条码密度越高，所需扫描设备的分辨率也就越高，这必然增加扫描设备对印刷缺陷的敏感性。除此之外，在码制设计及选用码制时还需要考虑如下因素：条码字符宽度；结构的简单性；对扫描速度变化的适应性；所有字符应有相同的条数；允许偏差等。

10. 条码质量

条码质量指的是条码的印制质量，其判定主要从外观、条（空）反射率、（空）尺寸误差、空白区尺寸、条高、数字和字母的尺寸、校验符、译码正确性、放大系数、印刷厚度、印刷位置等方面进行。

条码的质量是确保条码正确识读的关键，不符合国家标准技术要求的条码，不仅会影响扫描速度，降低工作效率，而且可能造成误读进而影响信息采集系统的正常运行。因此确保条码的质量是十分重要的。

1.3.2 条码的符号结构

一个完整的条码符号是由两侧空白区、起始字符、数据字符、校验字符（可选）和终止字符及供人识读字符组成，如图 1.2 所示。条码信息靠条和空的不同宽度和位置来传递，信息量的大小是由条码的宽度和印刷的精度来决定的，条码越宽，包容的条和空越多，信息量越大；条码印刷的精度越高，单位长度内可以容纳的条和空越多，传递的信息量也就越大。

图 1.2　条码符号的结构

相关术语的解释如下：

（1）条（Bar）：条码中反射率较低的部分，一般印刷的颜色较深。

（2）空（Space）：条码中反射率较高的部分，一般印刷的颜色较浅。

（3）空白区（Clear Area）：条码左右两端外侧与空的反射率相同的限定区域。

（4）起始符（Start Character）：条码符号的第一位字符，标志一个条码符号的开始。阅读器确认此字符后开始处理扫描脉冲。

（5）终止符（Stop Character）：条码符号的最后一位字符，标志一个条码符号的结束，阅读器确认此字符号后停止处理。

（6）中间分隔符（Central Seperating Character）：位于条码中间位置的若干条与空。

（7）条码数据符（Bar Code Data Character）：表示特定信息的条码符号。位于起始字符后面，标志一个条码的值，其结构异于起始字符。

（8）校验符（Check Character）：校验字符代表一种算术运算的结果。阅读器在对条码进行解码时，对读入的各字符进行规定的运算，如运算结果与校验字符相同，则判定此次阅读有效，否则不予读入。

（9）供人识别字符（Human Readable Character）：位于条码符的下方，与相应的条码相对应、用于供人识别的字符。

1.3.3　条码的分类

条码可分为一维条码和二维条码。一维条码按照用途可分为商品条码和物流条码。二维条码根据构成原理、结构形状的差异，可分为行排式二维条码（2D Stacked Bar Code）和矩阵式二维条码（2D Matrix Bar Code），图1.3为几种常见的二维条码符号。

1．一维条码

一维条码按照用途可分为商品条码和物流条码。商品条码包括EAN码和UPC码，物流条码包括128码、ITF码、39码、库德巴（Codabar）码等。

表1.2所示为商品条码与物流条码的区别。

表1.2　商品条码与物流条码的区别

类　　型	应　用　对　象	数　字　构　成	包　装　形　式	应　用　领　域
商品条码	向消费者销售的商品	13位数字	单个商品包装	POS系统、补充、订货管理
物流条码	物流过程中的商品	标准14位数字	集体包装	运输、仓储、分拣等

2．二维条码

（1）行排式二维条码

行排式二维条码编码原理建立在一维条码基础之上，它将层排高度截短后的一维条码，按需要堆积成两行或多行来实现信息的表示。它在编码设计、校验原理、识读方式等方面继承了一维条码的特点，识读设备和条码印刷与一维条码技术兼容。PDF417、Code 49、Code 16K等都是行排式二维条码。

（2）矩阵式二维条码

矩阵式二维条码是在一个矩形空间内通过黑白像素在矩阵中的不同分布进行编码的。它可能包含与其他单元组成规则不同的识别图形。矩阵式二维条码是建立在计算机图像处理技术、组合编码原理等基础上的一种新型图形符号自动识读处理码制。QR Code、Data Matrix、Maxicode、Code One等都是矩阵式二维条码。

PDF 417

Code 16k

Code 49

QR Code

Data Matrix

Maxicode

图 1.3　几种常见的二维条码符号

1.4　条码的编码理论

条码技术涉及两种类型的编码方式：一种是代码的编码方式；另一种是条码符号的编码方式。代码的编码规则规定了由数字、字母或其他字符组成的代码序列的结构，而条码符号的编制规则规定了不同码制中条、空的编制规则及其二进制的逻辑表示设置。表示数字及字符的条码符号是按照编码规则组合排列的，故当各种码制的条码编码规则一旦确定，人们就可将代码转换成条码符号。

1.4.1　代码的编码方法

代码的编码系统是条码的基础，不同的编码系统规定了不同用途的代码的数据格式、含义及编码原则。编制代码须遵循有关标准或规范，根据应用系统的特点与需求选择适合的代码及数据格式，并且遵守相应的编码原则。比如，对商品进行标识，应该选用由国际物品编码协会（EAN）和统一代码委员会（UCC）规定的、用于标识商品的代码系统。该系统包括 EAN·UCC-13、EAN·UCC-8、UCC-12 三种代码结构，厂商可根据具体情况选择合适的代码结构，并且按照唯一性、无含义性、稳定性的原则进行编制。

1.4.2　条码的编码方法

条码的编码方法是指条码中条、空的编码规则，以及二进制的逻辑表示的设置。众所周知，计算机设备只能识读二进制数据（数据只有"0"和"1"两种逻辑表示），条码作为一种为计算机信息处理而提供的光电扫描信息图形符号，也应满足计算机二进制的要求。条码的编码方法就是要通过设计条码中条与空的排列组合来表示不同的二进制数据。一般来说，条码的编码方法有两种：模块组合法和宽度调节法。

1. 模块组合法

模块组合法是指条码符号中，条与空由标准宽度的模块组合而成。一个标准宽度的条表示二进制的"1"，而一个标准宽度的空表示二进制的"0"。

EAN 条码、UPC 条码和 93 码均属模块组配型条码。商品条码模块的标准宽度是 0.33mm，它的一个字符由两个条和两个空构成，每一个条或空由 1～4 个标准宽度的模块组成，每一个条码字符的总模块数为 7。凡是在字符间用间隔（位空）分开的条码，称为非连续性条码。

凡是在条码字符间不存在间隔（位空）的条码，称为连续性条码。模块组合法条码字符的构成如图 1.4 所示。

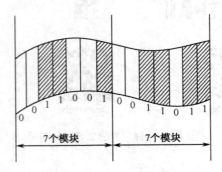

图 1.4　模块组合法条码字符的构成

2．宽度调节法

宽度调节法是指条码中，条与空的宽窄设置不同，以窄单元（条或空）表示逻辑值"0"，宽单元（条或空）表示逻辑值"1"。宽单元通常是窄单元的 2~3 倍。39 条码、库德巴条码及交插 25 条码均属宽度调节型条码。图 1.5 是宽度调节编码法字符的构成。

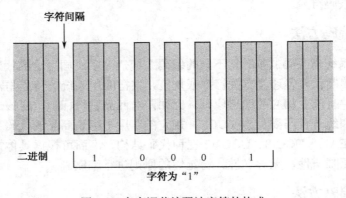

图 1.5　宽度调节编码法字符的构成

1.4.3　编码容量

1．代码的编码容量

代码的编码容量即每种代码结构可能编制的代码数量的最大值。例如，EAN·UCC-13 代码中，有 5 位数字可用于编制商品项目代码，在每一位数字代码均无含义的情况下，其编码容量为 100000，所以厂商如果选择这种代码结构，最多能标识 100000 种商品。

2．条码字符的编码容量

条码字符的编码容量即条码字符集中所能表示的字符个数的最大值。

每个码制都有一定的编码容量，这是由其编码方法决定的。编码容量限制了条码字符集中所能包含的字符个数的最大值。

用宽度调节法编码的，即有两种宽度单元的条码符号，编码容量为 $C(n, k)$，这里，$C(n, k)=n!/[(n-k)!k!]=n(n-1)\cdots(n-k+1)/k!$。其中，$n$ 是每一条码字符中所包含的单元总数，k 是宽单元或窄单元的数量。

例如，39 条码，它的每个条码字符由 9 个单元组成，其中 3 个是宽单元，其余是窄单元，那么，其编码容量为：

$$C(9, 3)=9\times8\times7/(3\times2\times1)=84$$

用模块组合法组配的条码符号，若每个条码字符包含的模块是恒定的，其编码容量为 $C(n-1, 2k-1)$，其中 n 为每一条码字符中包含模块的总数，k 是每一条码字符中条或空的数量，k 应满足 $1\leq k\leq n/2$。

例如，93 条码，它的每个条码字符中包含 9 个模块，每个条码字符中的条的数量为 3 个，其编码容量为：

$$C(9-1, 2\times3-1)=8\times7\times6\times5\times4/(5\times4\times3\times2\times1)=56$$

一般情况下，条码字符集中所表示的字符数量小于条码字符的编码容量。

1.4.4 条码的校验与纠错方式

为了保证正确识读，条码一般具有校验功能或纠错功能。一维条码一般具有校验功能，即通过字符的校验来防止错误识读。而二维条码则具有纠错功能，这种功能使得二维条码在有局部破损的情况下仍可被正确地识读出来。

1．一维条码的校验方法

一维条码主要采用校验码的方法校验错误。即从代码位置序号第二位开始，所有的偶（奇）数的数字代码求和来校验条码的正确性。校验的目的是保证条空比的正确性。校验符算法有很多种，本书将在后续章节中加以介绍。如图 1.6 所示为一维条码的校验。

图 1.6　一维条码的校验

2．二维码的纠错功能

纠错是为了在二维条码存在一定局部破损的情况下，还能采用替代运算还原出正确的码词信息，从而保证条码的正确识读。二维条码在保障识读正确率方面采用了更为复杂、技术含量更高的方法。例如，PDF417 条码，在纠错方法上采用索罗门算法，见图 1.7。不同的二维条码可能采用不同的纠错算法。

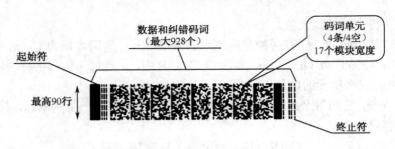

图 1.7 二维条码的纠错

本 章 小 结

条码技术研究如何将计算机所需的数据用一组条码表示,以及如何将条码所表示的信息转换为计算机可读的数据。条码技术的研究对象主要包括编码规则、符号表示技术、识读技术、生成与印制技术和应用系统设计等五大部分。

条码作为一种图形识别技术具有如下特点:①简单;②信息采集速度快;③采集信息量大;④可靠性高;⑤灵活、实用;⑥自由度大;⑦设备结构简单、成本低。

条码可分为一维条码和二维条码。一维条码是人们通常所说的传统条码。一维条码按照用途可分为商品条码和物流条码。商品条码包括 EAN 码和 UPC 码,物流条码包括 128 码、ITF 码、39 码、库德巴码等。二维条码根据构成原理、结构形状的差异,可分为排式二维条码和矩阵式二维条码。

条码技术涉及两种类型的编码方式:一种是代码的编码方式;另一种是条码符号的编码方式。一般来说,条码的编码方法有两种:模块组合法和宽度调节法。条码字符的编码容量即条码字符集中所能表示的字符个数的最大值。编码容量限制了条码字符集中所能包含的字符个数的最大值。

条码一般具有校验功能或纠错功能。通常一维条码只具有校验功能,而二维条码则具有纠错功能。

练 习 题

一、填空题

1. 自动识别技术是以计算机技术和通信技术的发展为基础的综合性科学技术,是信息数据自动识读、_____的重要方法和手段。

2. 自动识别技术主要包括_____、磁卡技术、光学字符识别、系统集成化、射频技术、语音识别及图像识别等。

3. 条码技术的研究对象主要包括编码规则、_____、识读技术、生成与印刷技术和应用系统设计五大部分。

4. 符号表示技术的主要内容是研究各种码制的条码符号设计、符号表示及_____。

5. 自动识读技术主要由条码扫描和_____两部分构成。

6. 条码是由一组规则排列的条、空及_____组成的标记,用于表示一定的信息。

7. 码制是指条码符号的_____。
8. 连续性条码与离散性条码的主要区别是指每个条码字符之间是否_____。
9. 条码密度是指_____所表示条码字符的个数。
10. 条码信息量的大小主要是由条码的宽度和_____来决定的。
11. 条码的编码规则规定了不同码制中条、空的编制规则及其_____表示位置。
12. 条码的编码方法主要有模块组合法和_____法。
13. 表示数字及字符的条码符号是按照编码规则组合排列的，故当各种码制的条码的编码规则一旦确定，人们就可将代码转换成_____。

二、选择题

1. 一个条码符号必须由（　　）组成。
   A．两侧空白区　　　　B．校验字符　　　　C．数据符　　　　D．供人识读字符
2. 下面（　　）不属于一维条码。
   A．库德巴码　　　　B．PDF417 码　　　　C．ITF 条码　　　　D．QR Code 条码
3. 以下具有自校验功能的条码是（　　）。
   A．EAN 条码　　　　B．交插 25 条码　　　　C．UPC 码　　　　D．93 条码
4. 信息密度的计量单位是（　　）。
   A．字母长度/m²　　　B．字母个数/cm　　　C．字母个数/m³　　　D．字母长度/cm
5.（　　）是条码技术的基本内容，也是制定码制标准和对条码符号进行识别的主要依据。
   A．编码规则　　　　B．识读技术　　　　C．符号表示技术　　　　D．条码数据符号
6. 条码技术是一种比较成熟的技术，具有（　　）等优点。
   A．成本低　　　　B．信息采集速度快　　　　C．可靠性高　　　　D．信息采集量大
7. 在条码阅读设备的开发方面，无线阅读器是今后的发展趋势，扫描器的重点是（　　）。
   A．光笔式扫描器　　　　　　　　　　B．图像式和激光式扫描器
   C．卡槽式扫描器　　　　　　　　　　D．在线式光笔扫描器
8. 条码扫描译码过程是（　　）。
   A．光信号→数字信号→模拟电信号　　　B．光信号→模拟电信号→数字信号
   C．模拟电信号→光信号→数字信号　　　D．数字信号→光信号→模拟电信号
9. 一维条码按照用途可分为商品条码和物流条码。其中物流条码主要有（　　）。
   A．128 条码　　　　B．ITF 条码　　　　C．39 条码　　　　D．库德巴码
10. 二维条码根据构成原理和结构形状的差异可分为（　　）。
    A．行排式二维条码　　　　　　　　B．堆垛式二维条码
    C．矩阵式二维条码　　　　　　　　D．叠加式二维条码
11. 编码方式属于宽度调节编码法的码制是（　　）。
    A．39 条码　　　　B．EAN 条码　　　　C．UPC 条码　　　　D．EAN-13
12.（　　）属于模块组配型条码。
    A．库德巴条码　　　　B．EAN 条码　　　　C．39 条码　　　　D．交插 25 条码
13.（　　）条码具有纠错功能。
    A．QR Code 条码　　　B．库德巴码　　　C．PDF417 码　　　D．UPC 条码

14. （　　）条码具有双向识读功能。
   A. 39 条码　　　　B. 库德巴码　　　　C. EAN 条码　　　　D. 二五条码
15. 由 4 位数字组成的商品项目代码可标识(　　)种商品。
   A. 1000　　　　　B. 10000　　　　　C. 100000　　　　　D. 1000000
16. "由光学系统及探测器即光电转换器件组成。它完成对条码符号的光学扫描，并通过光电探测器，将条码条空图案的光信号转换成为电信号。"这是说的条码识读系统中的（　　）部分。
   A. 扫描系统　　　B. 信号整形部分　　C. 译码部分　　　　D. 编码部分
17. 译码不论采用什么方法，都包括（　　）几个过程。
   A. 记录脉冲宽度　　　　　　　　　　B. 校验符制
   C. 比较分析处理脉冲宽度　　　　　　D. 程序判别
18. 下列属于宽度调节型条码的有（　　）。
   A. 39 码　　　　　B. 25 条码　　　　C. 交插 25 条码　　D. 库德巴码

三、判断题

（　　）1. 所有的生物识别过程大多经历三个步骤：原始数据获取、抽取特征和匹配。
（　　）2. 语音识别以两种不同的作业形式进行信息收集工作，即分批式和实时式。
（　　）3. 定长条码译码的平均误读率相对较低。
（　　）4. 连续条码的字符密度相对较高。
（　　）5. 条码的自校验特性能纠正错误。
（　　）6. 具有双向识读条码的起始符和终止符一定不相同。
（　　）7. 条是反射率较低的部分。
（　　）8. 所有条码一定具有中间分隔符。
（　　）9. 条码必须有校验字符。
（　　）10. 条码信息是靠条和空的不同宽度和位置来传递的。
（　　）11. 影响信息强度的主要因素是条空结构和窄元素的宽度。
（　　）12. 编码容量限制了条码字符集中所能包含的字符个数的最大值。
（　　）13. 一维条码和二维条码都是具备纠错功能的条码。
（　　）14. 纠错是为了在二维条码存在一定局部破损的情况下，还能采用替代运算还原出正确的码词信息，从而保证条码的正确识读。
（　　）15. 二维条码和一维条码都是信息表示、携带和识读的手段。但它们的应用侧重点是不同的。
（　　）16. 自动识别技术根据识别对象的特征可以分为两大类，分别是数据采集技术和特征提取技术。
（　　）17. 人脸识别的优势在于其自然性和不被被测个体察觉的特点。
（　　）18. 在物流技术中应用最广泛的自动识别技术是条码技术和射频识别技术。
（　　）19. 条码符号必须是黑色和白色的，不可以印制成其他颜色。
（　　）20. 人们在对项目进行标识时，可根据一定的编码规则，直接用相应的条码符号表示，无须为其分配一个代码。

（　　）21．按照宽度调节法编码时，是以窄元素表示逻辑值"1"，宽元素表示逻辑值"0"。

（　　）22．编码容量限制了条码字符集中所能包含的字符个数的最大值。

四、名词解释

1．条码
2．条码密度
3．中间分隔符
4．编码容量
5．编码方法

五、简答题

1．自动识别技术包括哪几类技术？用自己的话简述对条码识别技术、射频技术和生物识别技术的认识。

2．食品跟踪管理中，既可以采用一维条码技术也可以采用电子标签技术，你觉得这两种技术最大的区别是什么？

3．条码系统设计主要考虑哪几个因素？

4．简要说明条码扫描译码过程。

5．条码技术的发展方向是什么？

6．简述一维条码的两种编码方法。

六、计算题

1．请计算库德巴码的编码容量。

2．UPC-E 条码，它的每个条码符号有 7 个模块，分别 3 个 A 和 3 个 B 子集，A 子集中 4 个条占 60%，5 个条占 40%；B 子集中 4 个条占 60%，2 个条占 40%，计算编码容量。

实训项目　利用 Label Matrix32 中文版软件设计条码

任务一　Label Matrix32 中文版软件的安装

[能力目标]

1．初步了解条码的知识。
2．了解 Label Matrix32 软件安装、汉化实现过程，掌握 Label Matrix32 的软件使用。

[实验仪器]

1．一台计算机。
2．一套可以生成各种类型条码的条码软件（本实验采用 Label Matrix32）。

[实验内容]

（1）Label Matrix32 软件安装。

① 单击 LMW48.EXE 文件，选择安装语言。

② 在安装过程中，会出现如图 1.8 所示的窗口。提供三种安装类型：Demo Version、New Installation、Upgrade Previous Product。

此处选择"New Installation"进行安装，否则将无法注册与汉化。

③ 接着出现如图 1.9 所示的信息窗口，填写个人信息。

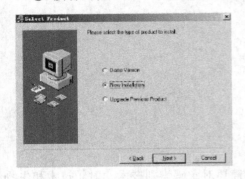
图 1.8 Label Matrix32 软件安装窗口（1）

图 1.9 Label Matrix32 软件安装窗口（2）

④ 进入如图 1.10 所示窗口，输入序列号：S4D6C-0T564-E26D3-00021-G1DE2。

⑤ 在如图 1.11 所示的窗口进行选择，其中 User Data Sources（用户数据源）主要用于当前用户使用，System Data Sources（系统数据源）主要用于数据共享。

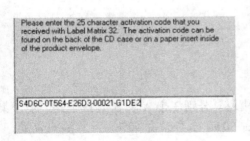
图 1.10 Label Matrix32 软件安装窗口（3）

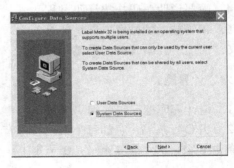
图 1.11 Label Matrix32 软件安装窗口（4）

⑥ 单击"Finish"按钮，完成安装。

（2）Label Matrix32 软件的汉化

① 执行 Label matrix 32 汉化程序进行汉化，如图 1.12 所示。

② 将 LMW_Crack.exe 文件夹复制到安装目录（通常为 C:\program files\LMW32）后运行，即可去掉汉化程序上的图标，如图 1.13 所示。

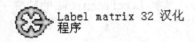
图 1.12 Label Matrix32 软件汉化（1）

图 1.13 Label Matrix32 软件汉化（2）

至此时，Label Matrix32 软件安装与汉化全部完成。

（3）Label Matrix32 软件功能介绍

条码机和其他 PC 打印机一样只是作为计算机的一个终端设备，不过它的驱动程序不像

PC 打印机那样内置于操作系统中,而是由厂家直接提供或从一些通用的条码设计软件如 Label Matrix、code soft、Bartender 和 Label view 等中取得。

① 执行 Label Matrix32 程序,出现如图 1.14 所示的界面。
② 接着会出现 Label Matrix 软件的主设计界面,如图 1.15 所示。

图 1.14 Label Matrix32 软件界面(1)

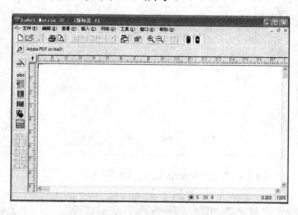

图 1.15 Label Matrix32 软件界面(2)

③ 单击 abc 图标,添加一般的文本属性,如图 1.16 至图 1.18 所示。

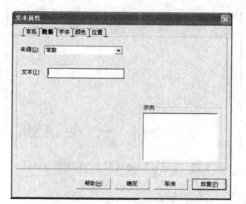

图 1.16 Label Matrix32 软件界面(3)

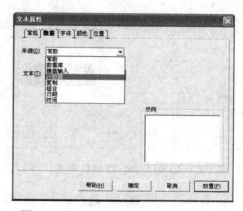

图 1.17 Label Matrix32 软件界面(4)

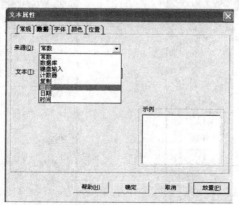

图 1.18 Label Matrix32 软件界面(5)

④ 单击 图标,进行条码属性的修改,如图 1.19 至图 2.22 所示。

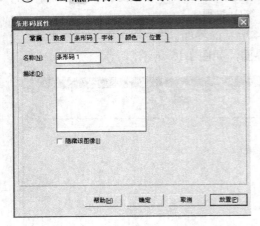

图 1.19 Label Matrix32 软件界面(6)

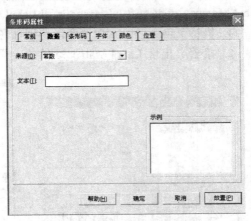

图 1.20 Label Matrix32 软件界面(7)

图 1.21 Label Matrix32 软件界面(8)

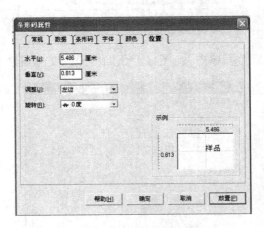

图 1.22 Label Matrix32 软件界面(9)

⑤ 对标签页面的设计进行修改,如图 1.23 至图 1.26 所示。

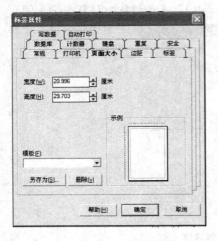

图 1.23 Label Matrix32 软件界面(10)

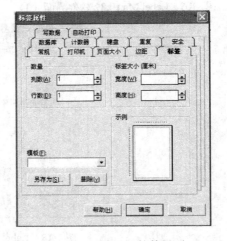

图 1.24 Label Matrix32 软件界面(11)

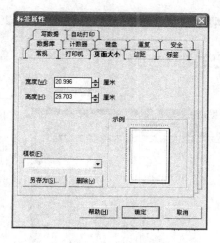
图 1.25 Label Matrix32 软件界面（12）

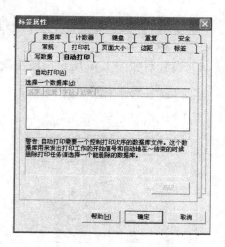
图 1.26 Label Matrix32 软件界面（13）

现在，就可以运用 Label Matrix32 软件进行条码标签的设计了。

任务二 利用 Label Matrix32 中文版软件进行标签的设计

[能力目标]
1．熟悉 Label Matrix32 软件的功能。
2．利用 Label Matrix32 软件进行标签设计。

[实验仪器]
1．一台计算机。
2．一套 Label Matrix32 软件。

[实验内容]
（1）开始标签设计，单击工具栏左上角的白色新建按钮 ，新建一个标签，界面如图 1.27 所示。
（2）选择菜单命令"文件"→"页面设置"（或单击工具栏上的按钮），出现如图 1.28 所示的对话框，进行标签的页面设置。

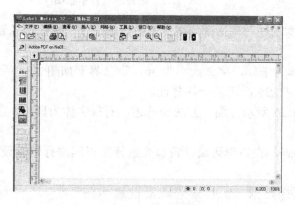
图 1.27 标签的设置示意图（1）

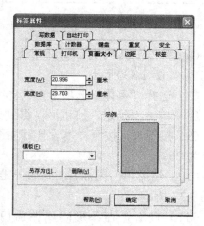
图 1.28 标签的设置示意图（2）

(3)选择"标签"选项卡,设置好列数及行数。启动手动设置项,修改标签的大小为 20×14。如图 1.29 所示。

(4)设置后如图 1.30 所示,现在就可以在此标签上进行设置了。

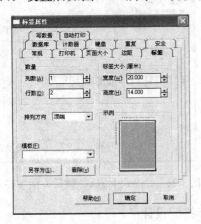

图 1.29　标签的设置示意图（3）

图 1.30　标签的设置示意图（4）

（5）选择菜单命令"插入"→"外形"→"矩形",通过选择"填充"选项和"前景色"给标签定义底色,如图 1.31 和图 1.32 所示。

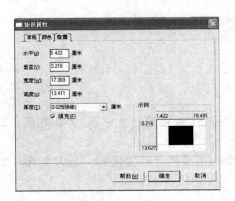

图 1.31　标签的设置示意图（5）

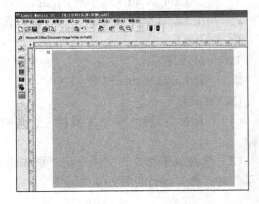

图 1.32　标签的设置示意图（6）

（6）单击工具按钮 abc,即出现"文本属性"对话框,在文本中添加文字"物流信息管理系统",如图 1.33 所示。

（7）选择"字体"选项卡,选择字体为宋体,字体大小为 36,设计界面如图 1.34 所示。

（8）单击"确定"按钮后,得到如图 1.35 所示的标签界面。

（9）接下来,按照样本设计好如图 1.36 所示界面,方法如前述,所有字体为黑体,字体大小为 26。

（10）然后单击图标 ,添加一维条码,在条形码属性窗口先选择图形码进行码制设定,如图 1.37 所示。

（11）接着,在条形码属性窗口选择数据,进行条码数据设置,在"文本"中输入"690125686866",如图 1.38 所示。

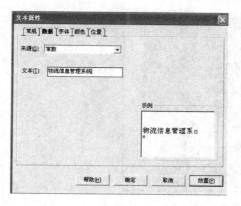

图 1.33 标签的设置示意图（7）

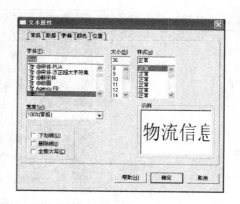

图 1.34 标签的设置示意图（8）

图 1.35 标签的设置示意图（9）

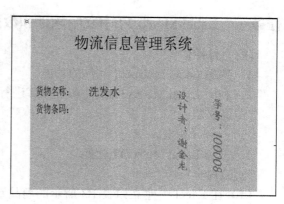

图 1.36 标签的设置示意图（10）

图 1.37 标签的设置示意图（11）

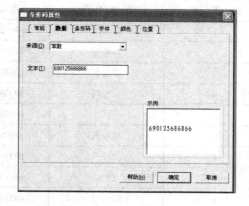

图 1.38 标签的设置示意图（12）

（12）单击"确定"按钮后，设计好的标签如图 1.39 所示。

[实训报告]

1．提交设计好的条码标签，要求标签上有设计者的姓名和学名。

2．提交实训总结，阐述利用 Label Matrix32 软件进行条码标签设计应该注意哪些事项？

图 1.39　标签的设置示意图（13）

任务三　Label Matrix32 中文版软件和数据库的连接

[能力目标]

1．熟悉 Label Matrix32 软件的功能。

2．利用 Label Matrix32 软件和数据库进行连接。

[实验仪器]

1．一台计算机。

2．一套 Label Matrix32 软件。

[实验内容]

（1）在 Excel 中建立如表 1.3 所示的商品数据表，保存并关闭数据库。

表 1.3　商品数据表

序列号	商品名称	商品条码	商品数量	单价
1	洗发水	6901256868618	600	35
2	真彩笔	6932835327882	1000	1.5
3	矿泉水	6902083887070	800	2
4	八宝粥	6902083881405	800	3.5
5	笔芯	6932835300250	1600	1
6	插线板	6930690100848	500	25
7	文件夹	6921316905770	800	18
8	胶水	6921738051192	600	4
9	订书机	6921738000022	300	22
10	记事本	6934580002281	1200	4

（2）利用 Label Matrix32 软件设计如图 1.40 所示的标签，条码类型选用"Code 128　Auto"。

（3）单击条码后，将弹出"条形码属性"对话框，选择"数据"选项卡，然后在"来源"下拉列表中选择"组合"，如图 1.41 所示。

（4）单击"新建"按钮，新建一个计数器，并进行计数器的高级设置，如图 1.42 至图 1.44 所示。

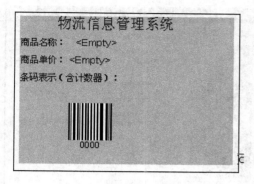

图 1.40 标签示意图

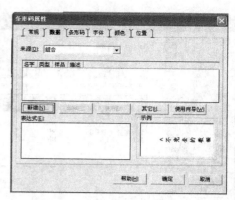

图 1.41 "条形码属性"对话框

图 1.42 计数器设置（1）

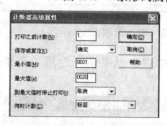

图 1.43 计数器设置（2）

（5）接着单击"新建"按钮，选择新建一个数据库，如图 1.45 至图 1.50 所示。

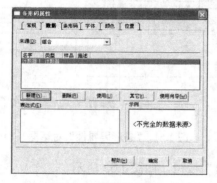

图 1.44 计数器设置（3）

图 1.45 增加数据库向导（1）

图 1.46 增加数据库向导（2）

图 1.47 增加数据库向导（3）

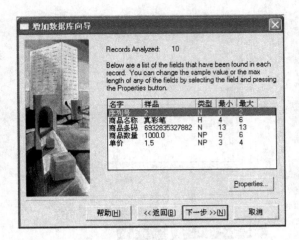

图 1.48 增加数据库向导（4）

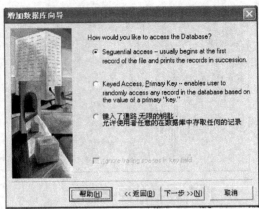

图 1.49 增加数据库向导（5）

（6）接着选中"商品条码"选项，再单击"使用"按钮，如图 1.51 和图 1.52 所示。

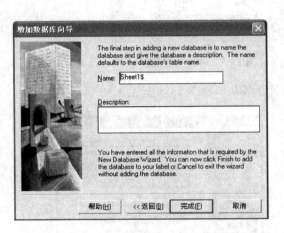

图 1.50 增加数据库向导（6）

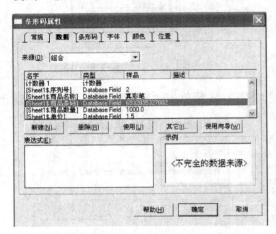

图 1.51 "条形码属性"对话框（1）

（6）接着选择"计数器"选项，再单击"使用"按钮，如图 1.53 所示。

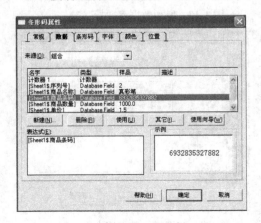

图 1.52 "条形码属性"对话框（2）

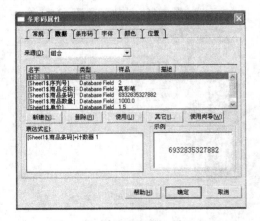

图 1.53 "条形码属性"对话框（3）

（7）商品名称和单价都分别选用数据库中的相应字段，将会出现如图 1.54 所示的标签。

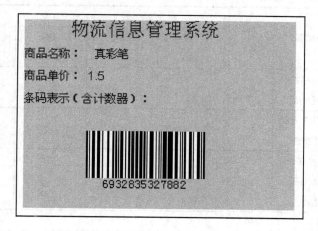

图 1.54　设计的标签示意图

（8）最后单击"打印"按钮，即可出现与数据库连接的批量标签效果图，如图 1.55 所示。

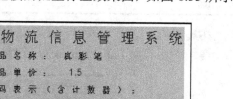

图 1.55　与数据库连接的批量标签效果图

注意：打印机应该设置为 Microsoft Office Document Image Writer（Office2003 自带的虚拟打印机驱动），模拟显示 Label Matrix32 中文版软件和数据库连接后的数据。如果单击"打印预览"按钮，无法显示和数据库连接的批量标签效果图。

[实训考核]

实训考核见表 1.4。

表1.4 实训考核

考核要素	评价标准	分值（分）	评分（分）				
			自评（10%）	小组（10%）	教师（80%）	专家（0%）	小计（100%）
条码标签的布局	（1）条码标签的布局是否合理	30					
条码符号的设计	（2）条码符号的设计是否规范	30					
Label Matrix32条码软件的应用能力	（3）掌握Label Matrix32条码软件的应用能力	30					
分析总结		10					
合计							
评语（主要是建议）							

拓展练习：

要求学生利用Label Matrix32软件进行火车票的设计，设计效果如图1.56所示。

图1.56 火车票设计效果

第二章 商品条码

学习目标

能力目标：
- 了解商品条码的应用领域，能够根据应用领域选择合适的商品条码；
- 具备利用 Bartender 软件进行条码标签设计的能力。

知识目标：
- 掌握商品标识的编码结构、方法及商品条码的图形符号选择；
- 理解商品条码如何用图形来表示；
- 了解并掌握商品条码的应用领域。

条码技术在移动电子商务平台中的应用

2011年7月25日，在上海浦东一些地铁站内出现了巨大的"货架"，上面摆满了可乐、薯片等各类商品，宛若超市一角。走近一看，才发现这个"货架"是"贴"在墙上的，每一种产品也非实物。那究竟是何物呢？原来这个"虚拟超市"是电子商务企业"1号店"推出的国内首个虚实结合移动电子商务应用技术。这是一种全新的购物模式，此项应用业务自2011年7月25日起在上海27个大商圈的地铁站点内率先试用，29日将覆盖北京CBD范围的公交站点。

这种"虚拟超市"购物方式并不复杂。商家在地铁站里的墙上安装了显示屏，显示的所有商品都只是图片，貌似灯箱广告。顾客们首先找到所需商品，然后打开智能手机上的摄像头，扫描每件商品附带的二维条码，就能将这件商品放入智能手机屏显上的电子购物车。最终，所购商品在约定时间就会被直接送达顾客指定地点，货到付款即可。

此次，上海地铁站里出现的"虚拟超市"，既是电商企业拓展线下服务的全新尝试，又是业务形态创新的具体体现。"虚拟超市"模式是否能够流行还需要市场的检验，但消费和购物方式的巨大变革已在眼前。从过去以"逛超市"为代表的传统模式到以"互联网"为核心的新兴模式，再到以"移动互联网"为支撑的第三代移动购物模式，新技术的兴起给人们的生活方式带来了前所未有的变化。

移动电子商务就是利用手机、Pda及掌上电脑等无线终端进行的B2B、B2C或C2C的电子商务。手机识别条码的技术在移动电子商务中的应用主要是指手机通过摄像头拍摄二维条码，然后进行条码识读，利用手机在互联网上进行电子商务活动（订阅电子刊物、电子支付等）。手机类移动终端将注定成为消费者购物过程中商品图像接入网络的窗口。随着各类电子商务新技术的崛起，移动购买将成为新的消费模式，而这种可随时实行的购买行为，将成为电子商务新的增长点。

【引入问题】
1．利用网络搜索引擎，了解在手机中主要应用的是什么类型的条码？
2．结合现实生活，分析条码技术在移动电子商务中应用的"瓶颈"主要是什么？

人们在日常生活中见到最多的是商品条码，也是传统的一维条码，这种条码自 20 世纪 70 年代初问世以来，很快得到了普及并广泛应用到工业、商业、国防、交通运输、医疗卫生等领域。一维条码只是在一个方向上（一般是水平方向）表达信息，而在垂直方向上不表达任何信息，将其置为一定的高度通常是为了便于阅读器对准。

2.1 概述

条码标识商品起源于美国，并形成了一个独立的编码系统——UPC 系统，通用于北美地区。由于国际物品编码协会推出的国际通用编码系统——EAN 系统，在世界范围内得到了迅速推广并应用，UPC 系统的影响逐渐缩小。美国早期的商店扫描系统只能识读 UPC 条码。为了适应 EAN 条码的蓬勃发展，北美地区大部分商店的扫描系统更新为能同时识读 UPC 条码和 EAN 条码的自动化系统。为适应市场需要，EAN 系统和 UPC 系统目前已经合并为一个全球统一的标识系统——EAN·UCC 系统。

商品条码是 EAN·UCC 系统的核心组成部分，是 EAN·UCC 系统发展的基础，也是商业活动中最早应用的条码符号。

商品条码主要应用于商店内的 POS 系统。POS（Point of Sale）系统，又称为销售点情报管理系统，它以现金收款机作为终端与主计算机相连，并借助于光电识读设备为计算机采集商品的销售信息。当带有条码符号的商品通过结算台扫描时，计算机自动查询到该商品的名称、价格等，并进行自动结算，提高了结算速度和结算的准确性。同时，该商品的销售信息立刻发送到商店的计算机管理系统，该管理系统可以根据这些信息，实现订货、货架自动补充、结算、自动盘点等自动化管理。

2.1.1 商品条码的符号特征

如图 2.1 所示，商品条码具有以下共同的符号特征。

图 2.1　商品条码

① 条码符号的整体形状为矩形，由互相平行的条和空组成，四周都留有空白区。
② 采用模块组合法编码方法，条和空分别由 1～4 个深或浅颜色的模块组成。深色模块表示"1"，浅色模块表示"0"。
③ 在条码符号中，表示数字的每个条码字符仅有两个条和两个空组成，共 7 个模块。
④ 除了表示数字的条码字符外，还有一些辅助条码字符。例如，用作表示起始、终止的分界符和平分条码符号的中间分隔符。
⑤ 条码符号可设计成既可供固定式扫描器全向扫描，又可用手持扫描设备识读的形式。
⑥ 商品条码的大小可在放大系数 0.8～2.0 所决定的尺寸之间变化，以适应各种印刷工艺及用户对印刷面积的要求。

2.1.2 商品条码的组织机构

（1）国际物品编码协会

国际物品编码协会（EAN）是一个不以营利为目的国际标准化组织。1976 年美国和加拿大在超级市场上成功地使用了 UPC 系统。1977 年，欧洲共同体开发出与 UPC 系统兼容的欧洲物品编码系统（European Article Numbering System，EAN 系统），并签署了欧洲物品编码协议备忘录，正式成立了欧洲物品编码协会（European Article Numbering Association，EAN）。1981 年，随着协会成员的不断增加，EAN 组织已发展成为一个事实上的国际性组织，改称为国际物品编码协会（International Article Numbering Association，EAN International）。

EAN 致力于改善供应链效率，提供全球跨行业的标识和通信标准，开发和协调全球性的物品标识系统，促进国际贸易和发展。EAN 开发和维护包括标识体系、符号体系，以及电子数据交换标准在内的 EAN·UCC 系统，为实现快速有效地自动识别、采集、处理和交换信息提供了保障，为各国商品进入超级市场提供了先决条件，促进了国际贸易。到 20 世纪 80 年代中后期 EAN 系统实现了全面推广应用。

（2）美国统一代码委员会（UCC）

UCC 与 EAN 一样，是一个国际标准化组织，UCC（Uniform Code Council）是负责开发和维护北美地区包括产品标识标准在内的国际标准化组织，创建于 1972 年。截至 2002 年年底已拥有系统成员 26 万家，推广 UPC 商品条码是它的一项业务。目前，UCC 正面向 23 个行业开展活动，主要对象是零售及食品行业。

2002 年 11 月 26 日，EAN 正式接纳 UCC 成为系统成员，EAN 和 UCC 合并为一个全球统一的标识系统——EAN·UCC 系统。目前，EAN·UCC 系统已拥有 99 个编码组织，代表 100 多个国家或地区，遍及六大洲，已有 120 多万家用户通过国家（或地区）编码组织加入到 EAN·UCC 系统。EAN·UCC 系统正广泛应用于工业生产、运输、仓储、图书、票汇等领域。

（3）中国物品编码中心

中国物品编码中心（Article Numbering Center of China，ANCC）是我国商品条码工作的组织、协调和管理机构，于 1988 年 12 月 28 日经国务院批准正式成立，并于 1991 年 4 月 19 日加入国际物品编码协会。

中国物品编码中心是全国性商品条码工作机构，在国家质量监督与检验检疫总局的领导下履行各项职责。

2.2 商品标识代码的结构

商品条码（Bar Code for Commodity）是由国际物品编码协会（EAN）和统一代码委员会（UCC）规定的、用于表示商品标识代码的条码，包括 EAN 商品条码（EAN-13 商品条码和 EAN-8 商品条码）和 UPC 商品条码（UPC-A 商品条码和 UPC-E 商品条码）。

2.2.1 EAN·UCC-13 代码

EAN·UCC-13 代码由 13 位数字组成。不同国家（地区）的条码组织对 13 位代码的结构有不同的划分。在中国大陆，EAN·UCC-13 代码分为两种结构，每种代码结构由三部分组成，见表 2.1。

表 2.1　EAN·UCC-13 代码的两种结构

结构种类	厂商识别代码	商品项目代码	校验符
结构一	$N_{13}N_{12}N_{11}N_{10}N_9N_8N_7$	$N_6N_5N_4N_3N_2$	N_1
结构二	$N_{13}N_{12}N_{11}N_{10}N_9N_8N_7N_6$	$N_5N_4N_3N_2$	N_1

1．前缀码

前缀码由 2～3 位数字（$N_{13}N_{12}$ 或 $N_{13}N_{12}N_{11}$）组成，是 EAN 分配给国家（或地区）编码组织的代码。前缀码由 EAN 统一分配和管理，前缀码并不代表产品的原产地，只能说明分配和管理有关厂商识别代码的国家（或地区）编码组织。

EAN 分配给中国物品编码中心的前缀码由三位数字（$N_{13}N_{12}N_{11}$）组成。目前，EAN 已将"690～695"分配给中国物品编码中心使用。当 $N_{13}N_{12}N_{11}$ 为 690、691 时，EAN/UCC 代码采用结构一；当 $N_{13}N_{12}N_{11}$ 为 692、693、694、695 时，采用结构二。

① 当前缀码为 690、691 时，EAN·UCC-13 的代码结构一如图 2.2 所示。

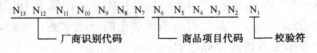

图 2.2　EAN·UCC-13 的代码结构一

② 当前缀码为 692、693、694、695 时，EAN·UCC-13 的代码结构二如图 2.3 所示。

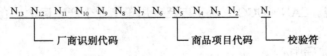

图 2.3　EAN·UCC-13 的代码结构二

2．厂商识别代码

在中国大陆，厂商识别代码由 7～10 位数字组成，由中国物品编码中心负责注册分配和管理。为了确保每个厂商识别代码在全球范围内的唯一性，厂商识别代码由中国编码中心统一分配、注册，其有效期为两年。

《商品条码管理办法》规定，具有企业法人营业执照或营业执照的厂商可以申请注册厂商识别代码。任何厂商不得盗用其他厂商的厂商识别代码，不得共享和转让，更不得伪造代码。

当厂商生产的商品品种很多，超过了"商品项目代码"的编码容量时，允许厂商申请注册一个以上的厂商识别代码。

3．商品项目代码

商品项目代码由2～5位数字组成，由获得厂商识别代码的厂商自己负责编制。

由于厂商识别代码的全球唯一性，因此，在使用同一厂商识别代码的前提下，厂商必须确保每个商品项目代码的唯一性，这样才能保证每种商品项目代码的全球唯一性，即符合商品条码编码的"唯一性"原则。

由2位数字组成的商品项目代码有00～99共100个编码容量，可标识100种商品；同理，由4位数字组成的商品项目代码可标识10000种商品；由5位数字组成的商品项目代码可标识100000种商品。

4．校验符

商品条码是商品标识代码的载体，由于条码的设计或印刷的缺陷，以及识读时光电转换环节存在一定程度的误差，为了保证条码识读设备在读取商品条码时的可靠性，人们在商品标识代码和商品条码中设置了校验符。

校验符为1位数字，用来校验编码$N_{13}\sim N_2$的正确性。校验符是根据$N_{13}\sim N_2$的数值按一定的数学算法计算而得出的。

校验符的计算步骤如下：

① 包括校验符在内，由右至左编制代码位置序号（校验符的代码位置序号为1）。
② 从代码位置序号2开始，所有偶数位的数字代码求和。
③ 将步骤②的和乘以3。
④ 从代码位置序号③开始，所有奇数位的数字代码求和。
⑤ 将步骤③与步骤④的结果相加。
⑥ 用大于或等于步骤⑤所得结果且为10的最小整数倍的数，减去步骤⑤所得结果，其差（个位数）即为所求校验符。

厂商在对商品项目编码时，不必计算校验符的值，该值由制作条码原版胶片或直接打印条码符号的设备自动生成。

示例：代码"690123456789N_1" EAN校验符的计算，校验符的计算见表2.2。

表2.2 代码"690123456789N_1" EAN校验符的计算

步　骤	举 例 说 明													
1．自右向左顺序编号	位置序号	13	12	11	10	9	8	7	6	5	4	3	2	1
	代码	6	9	0	1	2	3	4	5	6	7	8	9	N_1
2．从位置序号2开始求出偶数位上数字之和①	9+7+5+3+1+9=34 ①													
3．①×3=②	34×3=102 ②													

续表

步　骤	举例说明
4. 从位置序号 3 开始求出奇数位上数字之和③	8+6+4+2+0+6=26　③
5. ②+③=④	102+26=128　④
6. 用 10 减去④的个位数，得到差值的个位数即为所求校验符的值	10−8=2 校验符 N_1=2

商品条码校验符计算方法：

（1）EAN·UCC-8 代码中的校验符计算，只需在 EAN·UCC-8 代码前添加 5 个"0"，然后按照 EAN·UCC-13 代码中的计算方法计算校验码即可。

（2）UPC-A 代码中的校验符计算，在 UCC-12 代码最左边加 0 即视为第 13 位代码，校验码计算方法与 EAN·UCC-13 代码相同。

（3）UPC-E 代码中的校验符计算，先将 UPC-E 代码还原成 UPC-A 代码后计算 UPC-A 的校验符，即为 UPC-E 的校验符。

2.2.2　EAN·UCC-8 代码

EAN·UCC-8 代码是 EAN·UCC-13 代码的一种补充，用于标识小型商品。它由 8 位数字组成，其结构见表 2.3。

表 2.3　EAN·UCC-8 代码的结构

商品项目识别代码	校验码
$N_8N_7N_6N_5N_4N_3N_2$	N_1

从表 2.3 中可以看出，EAN·UCC-8 的代码结构中没有厂商识别代码。

EAN·UCC-8 的商品项目识别代码由 7 位数字组成。在中国大陆，$N_8N_7N_6$ 为前缀码。其前缀码、校验符的含义与 EAN·UCC-13 相同。计算校验符时只需在 EAN·UCC-8 代码前添加 5 个"0"，然后按照 EAN·UCC-13 代码中的计算方法计算校验码即可。

从代码结构上可以看出，EAN·UCC-8 代码中用于标识商品项目的编码容量要远远小于 EAN·UCC-13 代码。因此，表示商品编码时，应慎用 EAN·UCC-8 代码。

2.2.3　UCC-12 代码

UCC-12 代码可以用 UPC-A 商品条码和 UPC-E 商品条码的符号表示。UPC-A 是 UCC-12 代码的条码符号表示，UPC-E 则是在特定条件下将 12 位的 UCC-12 消"0"后得到的 8 位代码的 UCC-12 符号表示。

需要指出的是，通常情况下，不选用 UPC 商品条码。当产品出口到北美地区并且客户指定时，才申请使用 UPC 商品条码。中国厂商如需申请 UPC 商品条码，须经中国物品编码中心统一办理。

1. UPC-A 商品条码的代码结构

UPC-A 商品条码所表示的 UCC-12 代码由 12 位（最左边加 0 可视为 13 位）数字组成，

其结构如图 2.4 所示。

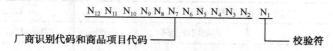

图 2.4　EAN/UCC-12 代码结构

（1）厂商识别代码。厂商识别代码是由美国统一代码委员会 UCC 分配给厂商的代码，由左起 6～10 位数字组成。其中，N_{12} 为系统字符，其应用规则见表 2.4。

表 2.4　厂商识别代码应用规则

系 统 字 符	应 用 范 围
0，6，7	一般商品
2	商品变量单元
3	药品及医疗用品
4	零售商店内码
5	优惠券
1，8，9	保留

UCC 起初只分配 6 位定长的厂商识别代码，后来为了充分利用编码容量，于 2000 年开始，根据厂商对未来产品种类的预测，分配 6～10 位可变长度的厂商识别代码。

系统字符 0、6、7 用于一般商品，通常为 6 位厂商识别代码；系统字符 2、3、4、5 的厂商识别代码用于特定领域（2、4、5 用于内部管理）的商品；系统字符 8 用于非定长的厂商识别代码的分配，其厂商识别代码位数如下所示。

80：6 位；　　81：8 位；
82：6 位；　　83：8 位；
84：7 位；　　85：9 位；
86：10 位

（2）商品项目代码。商品项目代码由厂商自行确定编码，由 1～5 位数字组成，编码方法与 EAN·UCC-13 代码相同。

（3）校验符。校验符为 1 位数字。在 UCC-12 代码最左边加 0 即视为 13 位代码，计算方法与 EAN·UCC-13 代码相同。

2. UPC-E 商品条码的代码结构

UPC-E 商品条码所表示的 UCC-12 代码由 8 位数字（$N_8 \sim N_1$）组成，是将系统字符为"0"的 UCC-12 代码进行消零压缩所得，消零压缩方法见表 2.5。

UPC-E 商品条码中，$N_8 \sim N_2$ 为商品项目代码；N_8 为系统字符，取值为 0；N_1 为校验符，校验符为消零压缩前 UCC-12 的校验符。

表 2.5 UCC-12 转换为 UPC-E 商品条码的消零压缩方法

UPC-A 商品条码			UPC-E 商品条码	
厂商识别代码	商品项目代码	校验符	商品项目代码	校验符
N_{12}（系统字符）	$N_{11}N_{10}N_9N_8N_7$	$N_6N_5N_4N_3N_2$	N_1	
0	$N_{11}N_{10}\ 0\ 0\ 0$ $N_{11}N_{10}\ 1\ 0\ 0$ $N_{11}N_{10}\ 2\ 0\ 0$	$0\ 0\ N_4N_3N_2$		$0\ N_{11}N_{10}N_4N_3N_2\ 9$
	$N_{11}N_{10}\ 3\ 0\ 0$ ⋮ $N_{11}N_{10}\ 9\ 0\ 0$	$0\ 0\ 0\ N_3N_2$		$0\ N_{11}N_{10}N_9N_3N_2\ 3$
	$N_{11}N_{10}N_9\ 1\ 0$ ⋮ $N_{11}N_{10}N_9\ 9\ 0$	$0\ 0\ 0\ 0\ N_2$	N_1	$0\ N_{11}N_{10}N_9N_8N_2\ 4$	N_1
	无零结尾 （$N_7 \neq 0$）	$0\ 0\ 0\ 0\ 5$ ⋮ $0\ 0\ 0\ 0\ 9$		$0\ N_{11}N_{10}N_9N_8N_7N_2$

由表 2.5 可看出，以 000、100、200 结尾的 UPC-A 商品条码的代码转换为 UPC-E 商品条码的代码后，商品项目代码 $N_4N_3N_2$ 有 000~999 共 1000 个编码容量，可标识 1000 种商品项目；同理，以 300~900 结尾的，可标识 100 种商品项目；以 10~90 结尾的，可标识 10 种商品项目；以 5~9 结尾的，可标识 5 种商品项目。可见，UPC-E 商品条码的 UCC-12 代码可用于给商品编码的容量非常有限，因此，厂商识别代码第一位为"0"的厂商，必须谨慎地管理他们有限的编码资源。只有以"0"开头的厂商识别代码的厂商，确有实际需要，才能使用 UPC-E 商品条码。以"0"开头的 UCC-12 代码压缩成 8 位的数字代码后，即可用 UPC-E 商品条码表示。

需要特别说明的是，因为条码系统的数据库中不存在 UPC-E 表示的 8 位数字代码，在识读设备读取 UPC-E 商品条码时，由条码识读软件或应用软件把压缩的 8 位标识代码按表 2.5 所示的逆算法还原成了全长度的 UCC-12 代码。

例如：某编码系统字符为"0"，厂商识别代码为 012300，商品项目代码为 00064，将其压缩后用 UPC-E 的代码表示。

查表 2.5，由于厂商识别代码是以"300"结尾，首先取厂商识别代码的前三位数字"123"，后跟商品项目代码的后两位数字"64"，其后是"3"。计算压缩前 12 位代码的校验位的校验字符为"2"。因此，UPC-E 的代码为：01236432。

2.3 商品条码的符号结构

商品条码是商品标识代码的载体，是商品标识代码的图形化符号。商品条码包括四种形式的条码符号：EAN-13、EAN-8、UPC-A 和 UPC-E。

2.3.1　EAN-13 商品条码

EAN-13 商品条码是表示 EAN·UCC-13 商品标识代码的条码符号，由左侧空白区、起始符、左侧数据符、中间分隔符、右侧数据符、校验符、终止符、右侧空白区及供人识别字符组成，如图 2.5 所示。EAN-13 各组成部分的模块数如图 2.6 所示。

图 2.5　EAN-13 商品条码结构

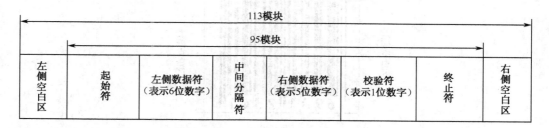

图 2.6　EAN-13 商品条码各组成部分的模块数

左侧空白区：位于条码符号最左侧与空的反射率相同的区域，其最小宽度为 11 个模块宽。
起始符：位于条码符号左侧空白区的右侧，表示信息开始的特殊符号，由 3 个模块组成。
左侧数据符：位于起始符的右侧，表示 6 位数字信息的一组条码字符，由 42 个模块组成。
中间分隔符：位于左侧数据符的右侧，是平分条码字符的特殊符号，由 5 个模块组成。
右侧数据符：位于中间分隔符的右侧，表示 5 位数字信息的一组条码字符，由 35 个模块组成。
校验符：位于右侧数据符的右侧，表示校验符的条码字符，由 7 个模块组成。
终止符：位于条码符号校验符的右侧，表示信息结束的特殊符号，由 3 个模块组成。
右侧空白区：位于条码符号最右侧、与空的反射率相同的区域，其最小宽度为 7 个模块宽。为保护右侧空白区的宽度，可在条码符号右下角加"＞"符号。"＞"符号的位置见图 2.7。
供人识读字符：位于条码符号的下方，是与条码字符相对应的供人识别的 13 位数字，最左边一位称前置码。供人识别字符优先选用 OCR-B 字符集，字符顶部和条码底部的最小距离为 0.5 个模块宽。标准版商品条码中供人识别字符的前置码印制在条码符号起始符的左侧。

图 2.7 EAN-13 右侧空白区 ">" 的位置

2.3.2 EAN-8 商品条码

EAN-8 商品条码是表示 EAN·UCC-8 商品标识代码的条码符号,由左侧空白区、起始符、左侧数据符、中间分隔符、右侧数据符、校验符、终止符、右侧空白区及供人识别字符组成,如图 2.8 所示。

图 2.8 EAN-8 商品条码结构

EAN-8 商品条码各组成部分的模块数如图 2.9 所示。EAN-8 商品条码符号的起始符、中间分隔符、校验符、终止符的结构与 EAN-13 相同。

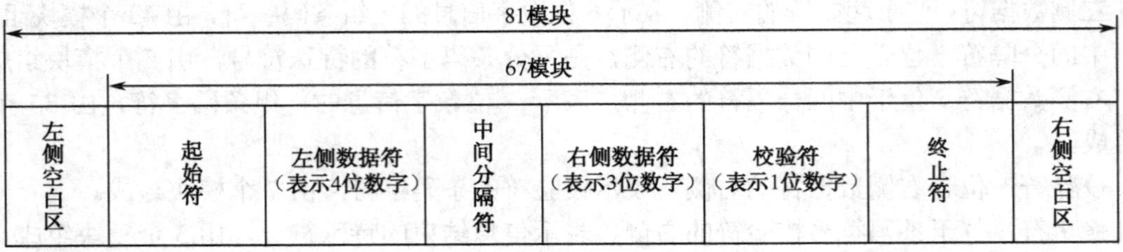

左侧空白区	起始符	左侧数据符 (表示4位数字)	中间分隔符	右侧数据符 (表示3位数字)	校验符 (表示1位数字)	终止符	右侧空白区

81模块 / 67模块

图 2.9 EAN-8 商品条码各组成部分的模块数

EAN-8 商品条码符号的左侧空白区与右侧空白区的最小宽度均为 7 个模块宽;供人识读的 8 位数字的位置基本与 EAN-13 相同,但没有前置码,即最左边的一位数字有对应的条码符号表示;为保护左右侧空白区的宽度,一般在条码符号的左下角、右下角分别加 "<" 和 ">" 符号,"<" 和 ">" 符号的位置见图 2.10。

图 2.10　EAN-8 商品条码空白区中"<"和">"的位置

2.3.3　UPC-A 商品条码

UPC-A 商品条码是用来表示 UCC-12 商品标识代码的条码符号，是由美国统一代码委员会（UCC）制定的一种条码码制。

UPC-A 商品条码由左侧空白区、起始符、左侧数据符、中间分隔符、右侧数据符、校验符、终止符、右侧空白区及供人识别字符组成，符号结构基本与 EAN-13 相同，如图 2.11 所示。

UPC-A 供人识别字符中第一位为系统字符，最后一位是校验字符，它们分别放在起始符与终止符的外侧；并且表示系统字符和校验字符的条码字符的条高与起始符、终止符和中间分隔符的条高相等。

UPC-A 左、右侧空白区最小宽度均为 9 个模块宽，其他各组成部分的模块数与 EAN-13 相同（见图 2.11）。

图 2.11　UPC-A 商品条码结构

UPC-A 左侧 6 个条码字符均由 A 子集的条码字符组成，右侧数据符及校验符均由 C 子集的条码字符组成。

UPC-A 条码是 EAN-13 条码的一种特殊形式，UPC-A 条码与 EAN-13 码中 N_1="0" 兼容。

2.3.4 UPC-E 商品条码

图 2.12 UPC-E 商品条码结构

在特定条件下，12 位的 UPC-A 条码可以被表示为一种缩短形式的条码符号，即 UPC-E 条码。UPC-E 不同于 EAN-13、UPC-A 和 EAN-8，它不含中间分隔符，由左侧空白区、起始符、数据符、终止符、右侧空白区及供人识别字符组成，如图 2.12 所示。

UPC-E 的左侧空白区、起始符的模块数同 UPC-A；终止符为 6 个模块宽；右侧空白区最小宽度为 7 个模块，数据符为 42 个模块。

UPC-E 有 8 位供人识别字符，但系统字符和校验符没有条码符号表示，故 UPC-E 仅直接表示 6 个数据字符。

2.4 商品条码的符号表示

2.4.1 商品条码的二进制表示

众所周知，计算机是采用二进制方式来处理信息的，条码符号作为一种为计算机信息处理服务的光电扫描信息图形符号，它的自动识别也应满足计算机二进制方式的要求。

EAN 码是一种模块组合型条码，即 EAN 码中组成条码的条与空的基本单位是模块。模块是一种代表规定长度的物理量，是确定条与空宽度的计量单位。EAN 规定，当放大系数为 1.0 时，一个模块宽度的标准值为 0.33mm。

条码符号通过扫描识读，所含信息在被转换成计算机可识读的二进制信息过程中，采用了"色度识别"与"宽度识别"兼有的二进制赋值方式。

色度识别的工作原理：由于条码符号中条、空对光线不同的反射率，从而使条码扫描器收到强弱不同的反射光信号，相应地产生电位高、低不同的电脉冲。

宽度识别的工作原理：条码符号中条、空的宽度决定了不同电位的电脉冲信号的长短。

根据色度识别和宽度识别兼有的二进制赋值方式，EAN 规定将其 1 倍模块宽度的条定义为二进制的"1"，其 1 倍模块宽度的空定义为二进制的"0"。

2.4.2 字符集

EAN 规定，每个 EAN 商品条码字符由 2 个条、2 个空共 7 个模块组成，每一个条码字符都对应于 A、B、C 三种排列方式，如图 2.13 所示。

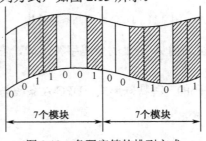

图 2.13 条码字符的排列方式

商品条码可表示 10 个数字字符：0~9。EAN 码字符集的二进制表示，如表 2.6 所示。

表 2.6　EAN 码字符集的二进制表示

数字字符	A 子集	B 子集	C 子集
0	0001101	0100111	1110010
1	0011001	0110011	1100110
2	0010011	0011011	1101100
3	0111101	0100001	1000010
4	0100011	0011101	1011100
5	0110001	0111001	1001110
6	0101111	0000101	1010000
7	0111011	0010001	1000100
8	0110111	0001001	1001000
9	0001011	0010111	1110100

商品条码起始符、终止符的二进制表示都为"101"（UPC-E 的终止符例外），中间分隔符的二进制表示为"01010"（UPC-E 的无中间分隔符），如图 2.14 所示。

从表 2.6 中可以看出，每个字符有 A、B、C 三种排列方式。其中 A 排列中条的模块数（即"1"的总数）为奇数，所以又称 A 排列为"奇排列"；而 B 排列和 C 排列中条的模块为偶数，所以又称 B 排列和 C 排列为"偶排列"。A 排列和 B 排列的单元总是以空开始，以条结束，而 C 排列的单元总是以条开始，以空结束，见表 2.7。

起始符 终止符　　　　　中间分隔符

图 2.14　商品条码的起始符、终止符、中间分隔符示意图

表 2.7　商品条码字符示意图

数字字符	A 子集（奇）a	B 子集（偶）b	C 子集（偶）b
0			
1			
2			
3			
4			

续表

数字字符	A子集（奇）a	B子集（偶）b	C子集（偶）b
5			
6			
7			
8			
9			

2.4.3 编码规则

EAN·UCC-13 码的符号结构由八部分组成（见图 2.6），各部分所占模块数分别为：左侧空白区占 11 个模块；起始符占 3 个模块；左侧数据符占共六位，占 42 个模块；中间分隔符占 5 个模块；右侧数据符占共五位，占 35 个模块；校验符占 7 个模块；终止符占 3 个模块；右侧空白区占 7 个模块。

由图 2.6 可以看出，一个完整的 EAN·UCC-13 码共由 113 个模块组成，而一个标准的模块宽度为 0.33mm，于是，得出一个标准版的 EAN·UCC-13 码（放大系数为 1.0）的宽度为 37.29mm。

EAN·UCC-13 码所标识的 13 位数字代码中，最左侧的一位数字代码为前置码。

EAN·UCC-13 码的前置码不参与条码符号条空结构的构成，前置码是用来确定条码符号中左侧数据符编码规则的。一个完整的条码符号条、空结构中，表达的只是左、右侧数据符和校验符共 12 个字符的条、空结构。表 2.8 给出的就是前置码与左侧数据符对应的编码规则。

表 2.8 前置码与左侧数据符对应的编码规则

字符集 前置码数值	数据位符号 N_{12}	N_{11}	N_{10}	N_9	N_8	N_7
0	A	A	A	A	A	A
1	A	A	B	A	B	B
2	A	A	B	B	A	B
3	A	A	B	B	B	A
4	A	B	A	A	B	B
5	A	B	B	A	A	B
6	A	B	B	B	A	A
7	A	B	A	B	A	B
8	A	B	A	B	B	A
9	A	B	B	A	B	A

由表 2.8 可知,当前置码为"0"时,对应的 EAN·UCC-13 码的左侧数据符全部采用 A 排列。当前置码非零时,EAN·UCC-13 码的左侧数据符由 A、B 两种排列组合而成。

当扫描器对 EAN·UCC-13 码进行扫描识读时,光束扫过的只是由 $N_1 \sim N_{12}$ 和一些辅助字符(起始符、中间分隔符、终止符)组成的条码符号;经过译码器的译码识读,根据 EAN·UCC-13 码左侧数据符的编码规则可自动生成前置码 N_{13},从而还原成为 13 位数据代码。EAN·UCC-13 码的这种独特设计是为了单向与 UPC 码兼容。同时,前置码的出现又使条码符号在结构不变的情况下,容量在原有基础上扩大了 10 倍,从而为 EAN 码的推广铺平了道路。右侧数据符和校验符的排列规则不受前置码限制,全部采用 C 排列,见表 2.9 所示。

表 2.9　EAN.UCC-13 条码的编码规则

结构	起始符	左侧数据符	中间分隔符	右侧数据符	校验符	终止符
排列	101	字符集 A、B 排列	01010	字符集 C 排列		101

2.4.4　商品条码的符号表示

1. EAN-13 商品条码

① 前置码不包括在左侧数据符内,不用条码字符表示。
② 左侧数据符选用 A 子集、B 子集进行二进制表示且取决于前置码的数值。
③ 右侧数据符及校验符均用 C 子集表示。

例:设计一个数据为"690123456789 N_1"的 EAN·UCC-13 码的符号结构。

步骤 1:先计算一个数据为"690123456789 N_1"的 EAN·UCC-13 码的符号的校验符值为 2。

步骤 2:根据 EAN·UCC-13 码的符号结构确定:
前置码:6
左侧数据符:9 0 1 2 3 4
右侧数据符:5 6 7 8 9
校验符:2

步骤 3:前置码为"6",查表 2.8 得出左侧数据符的排列方式为"ABBBAA",右侧数据符和校验符采用"C"排列。表 2.10 给出了前置码为"6"时的左侧数据符的二进制表示。

表 2.10　前置码为"6"时的左侧数据符的二进制表示

左侧数据符	9	0	1	2	3	4
字符集	A	B	B	B	A	A
字符的二进制表示	0001011	0100111	0110011	0011011	0111101	0100011

步骤 4:根据每一字符值 EAN 编码字符集,得出数据符和辅助字符的二进制表示及单元结构图。

步骤 5:将得出的单元结构按顺序从左至右排列起来,即构成一个完整的值为"6901234567892"的 EAN·UCC-13 码的条码符号。表 2.11 所示为表示数值为"6901234567892"的 EAN·UCC-13 符号表示。

表 2.11 数值为"6901234567892"的 EAN·UCC-13 符号表示

名 称		代 码	字 符 集	二进制表示	符 号 表 示
前置码 N_{13}		6			
起始符				101	
左侧数据符	N_{12}	9	A	0001011	
	N_{11}	0	B	0100111	
	N_{10}	1	B	0110011	
	N_9	2	B	0011011	
	N_8	3	A	0111101	
	N_7	4	A	0100011	
中间分隔符				01010	
右侧数据符	N_6	5	C	1001110	
	N_5	6	C	1010000	
	N_4	7	C	1000100	
	N_3	8	C	1001000	
	N_2	9	C	1110100	
校验符	N_1	2	C	1101100	
终止符				101	

最后得到数据为"6901234567892"的 EAN·UCC-13 条码如图 2.15 所示。

图 2.15 数据为"6901234567892"的 EAN·UCC-13 条码符号

2. EAN-8 商品条码表示

EAN-8 商品条码的左侧数据符（4 位数字）用 A 子集表示，右侧数据符（3 位数字）和校验符用 C 子集表示。

例：设计一个数据为 "6901235 N_1" 的 EAN·UCC-8 码的符号结构。

步骤 1：先计算一个数据为 "6901235C" 的 EAN·UCC-8 码的符号的校验符值为 8（计算校验符时只需在 EAN·UCC-8 代码前添加 5 个 "0"，然后按照 EAN·UCC-13 代码中校验位的计算方法计算即可）。

步骤 2：根据 EAN·UCC-8 码的符号结构确定：

左侧数据符：6 9 0 1

右侧数据符：2 3 5

校验符：8

步骤 3：EAN-8 商品条码的左侧数据符用 A 子集表示，右侧数据符和校验符用 C 子集表示。表 2.12 给出了 EAN·UCC-8 条码 "69012358" 的二进制表示。

表 2.12　EAN·UCC-8 条码 "69012358" 的二进制表示

数据符	左侧数据符（4 位数字）				右侧数据符（3 位数字）			校验符
	6	9	0	1	2	3	5	8
字符集	字符集 A 排列				字符集 C 排列			
二进制	0101111	0001011	0001101	0011001	1101100	1000010	1001110	1001000

步骤 4：根据每一字符值 EAN 编码字符集，得出数据符和辅助字符的二进制表示及单元结构图。

步骤 5：将得出的单元结构按顺序从左至右排列起来，如表 2.13 所示为一个完整的值为 "69012358" 的 EAN·UCC-8 码的条码符号。

表 2.13　数值为 "69012358" 的 EAN·UCC-8 码的条码符号

名　称		代码	字符集	二进制表示	符号表示
起始符				101	
左侧数据符	N_8	6	A	0101111	
	N_7	9	A	0001011	
	N_6	0	A	0001101	
	N_5	1	A	0011001	
中间分隔符				01010	

续表

名　称	代码	字符集	二进制表示	符号表示
右侧数据符	N₄	2	C	1101100	
	N₃	3	C	1000010	
	N₂	5	C	1001110	
校验符	N₁	8	C	1001000	
终止符				101	

最后得到数据为"69012358"的EAN·UCC-8条码,如图2.16所示。

图2.16　数据为"69012358"的EAN·UCC-8条码

3. UPC-A商品条码的表示

UPC-A商品条码的符号表示同前置码为"0"的EAN-13的符号表示。左侧数据符用A子集表示,右侧数据符和校验符用C子集表示。

例:设计一个数据为"69012345678N₁"的UPC-A条码的符号结构。

步骤1:先计算一个数据为"69012345678C"的UPC-A条码符号的校验符值为7。

步骤2:根据UPC-A码的符号结构确定:

左侧数据符:690123

右侧数据符:45678

校验符:7

步骤3:左侧数据符用A子集表示,右侧数据符和校验符用C子集表示。

步骤4:根据每一字符值EAN编码字符集,得出数据符和辅助字符的二进制表示及单元结构图。

步骤5:将得出的单元结构按顺序从左至右排列起来,如表2.14所示为一个完整的值为"690123456787"的UPC-A的条码符号。

表2.14　数值为"690123456787"的UPC-A的条码符号

名　称	代码	字符集	二进制表示	符号表示
起始符			101	
左侧数据符	N₁₂	6	A	0101111	

续表

名 称		代 码	字 符 集	二进制表示	符 号 表 示
左侧数据符	N_{11}	9	A	0001011	
	N_{10}	0	A	0001101	
	N_9	1	A	0011001	
	N_8	2	A	0010011	
	N_7	3	A	0111101	
中间分隔符				01010	
右侧数据符	N_6	4	C	1011100	
	N_6	5	C	1001110	
	N_5	6	C	1010000	
	N_4	7	C	1000100	
	N_3	8	C	1001000	
校验符	N_1	7	C	1000100	
终止符				101	

最后得到数据为"690123456787"的 UPC-A 的条码，如图 2.17 所示。

图 2.17　数据为"690123456787"的 UPC-A 的条码

4. UPC-E 商品条码的表示

UPC-E 商品条码的起始符的二进制表示同 EAN 商品条码，均为"101"，终止符的二进制表示为"010101"，如图 2.18 所示。注意：UPC-E 不含中间分隔符。

图 2.18　UPC-E 商品条码终止符示意图

UPC-E 商品条码的数据符用二进制表示时，选用 A 子集或 B 子集取决于校验符的数值，如表 2.15 所示。UPC-E 商品条码的系统字符 N_8 和校验符 N_1 不用条码表示。因此，UPC-E 商品条码只能表示 6 位数据，但是 UPC-E 中的 6 个条码字符的字符子集由校验符决定，其中有 3 个为奇排列，选自 A 子集，另外 3 个为偶排列，选自 B 子集。

表 2.15　UPC-E 商品条码字符集的选用规则

条码字符集						校验符
数据字符						
N_7	N_6	N_5	N_4	N_3	N_2	N_1
B	B	B	A	A	A	0
B	B	A	B	A	A	1
B	B	A	A	B	A	2
B	B	A	A	A	B	3
B	A	B	B	A	A	4
B	A	A	B	B	A	5
B	A	A	A	B	B	6
B	A	B	A	B	A	7
B	A	B	A	A	B	8
B	A	A	B	A	B	9

UPC-E 商品条码中系统字符（N_8）和校验符（N_1）不用条码字符表示。UPC-E 商品条码表示的六位数字代码中虽不含校验符，但校验符却决定 UPC-E 的条码字符组成方式。数据库中不储存 UPC-E 表示的六位数字代码。

例：设计一个数据为"0123643 N_1"的 UPC-E 条码的符号结构。

步骤 1：先计算一个数据为"0123643 N_1"的 UPC-E 条码符号的校验符值。再将 UPC-E 条码符号还原成 UPC-A 条码，然后计算 UPC-A 条码的校验符，UPC-A 条码的校验符即为 UPC-E 条码的校验符。根据该方法，得到 UPC-E 条码的校验符为 2。

步骤 2：表 2.16 给出了校验符为"2"确定的 UPC-E 条码的二进制表示。

表2.16 校验符为"2"确定的UPC-E条码的二进制表示

数据符	1	2	3	6	4	3
字符集	B	B	A	A	B	A
二进制表示	0110011	0011011	0111101	0101111	0011101	0111101

步骤3：根据每一字符值EAN编码字符集，得出数据符和辅助字符的二进制表示及单元结构图。

步骤4：将得出的单元结构按顺序从左至右排列起来，如表2.17所示为一个完整的数值为"01236432"的UPC-E的条码符号。

表2.17 数值为"01236432"的UPC-E的条码符号

名称	代码	字符集	二进制表示	符号表示
系统字符	0			
起始符			101	
数据符	N_7 1	B	0110011	
	N_6 2	B	0011011	
	N_6 3	A	0111101	
	N_5 6	A	0101111	
	N_4 4	B	0011101	
	N_3 3	A	0111101	
校验符	N_1 2			
终止符			010101	

最后得到数据为"01236432"的UPC-E的条码，如图2.19所示。

图2.19 数据为"01236432"的UPC-E的条码

5. 码制标识符

码制标识符由解码器解码后生成，作为数据信息的引导字符传输。在条码符号中，不对码制标识符进行编码。商品条码的码制标识符为] Em。其中，]表示 ASCII 字符值为 93；E 表示 EAN/UPC 条码的编码字符；M 表示修正字符，值为 0（EAN-13、UPC-A、UPC-E）或 4（EAN-8）。

商品条码所表示的所有数据信息按 ISO/IEC 646 中规定的 ASCII 数据格式传输。

2.5 商品项目代码的编制

2.5.1 编码原则

1. 唯一性原则

唯一性原则是商品编码的基本原则，也是最重要的一项原则。在商业 POS 自动结算销售系统中，不同商品是靠不同的代码来识别的，假如把两种不同的商品用同一代码来标识，违反唯一性原则，会导致商品管理信息系统的混乱，甚至给销售商或消费者造成经济损失。

（1）对同一商品项目的商品必须分配相同的商品标识代码。

基本特征相同的商品视为同一商品项目，基本特征不同的商品视为不同的商品项目。

商品的基本特征主要包括商品名称、商标、种类、规格、数量、包装、类型等。但需要说明的是，不同行业的商品，其基本特征往往不尽相同，且不同的单个企业，还可根据自身的管理需求，设置不同的基本特征项。譬如，服装行业可以把服装的基本特征归纳为品种、款型、面料、颜色、规格等几项；而单个服装企业在确定究竟依据哪些基本特征项来为服装产品分配商品标识代码时，还可根据自身管理需求的特点，在此基础上增加附加特征项或做适当的修改，如增加"商标"为基本特征项，或只将品种、款型、面料作为基本属性，而不必考虑颜色、规格项。再比如，药品类商品的基本特征可基本归纳为商标、品种、规格、包装规格、剂型、生产标准等几项。

应特别注意，商品的基本特征项是划分商品所属类别的关键因素，往往对商品的定价起主导作用，因此它与用于商品流通跟踪所设置的附加信息项（诸如净重、面积、体积、生产日期、批号、保质期等）不同。这些附加信息项与商品相关联，必须与商品标识代码一起出现才有意义。EAN·UCC 规范规定，这些附加信息项通过应用标识符 AI（见 GB/T 16986—2003《EAN·UCC 系统条码应用标识符》）及 UCC/EAN-128 条码来表示。

（2）对不同商品项目的商品必须分配不同的商品标识代码。

商品的基本特征一旦确定，只要商品的一项基本特征发生变化，就必须分配一个不同的商品标识代码。例如，某个服装企业将商标、品种、款型、面料、颜色作为服装的五个基本特征项，那么只要这五个基本特征项中的一项发生变化，就必须分配不同的商品标识代码来标识商品。

2. 无含义性原则

无含义性原则是指商品标识代码中的每一位数字一般不表示任何与商品有关的特定信息，即既与商品本身的基本特征无关，也与厂商性质、所在地域、生产规模等信息无关，商品标识代码与商品是一种人为的捆绑关系。这样利于充分利用一个国家（地区）的厂商代码空间。

厂商在申请厂商代码后编制商品项目代码时，最好使用无含义的流水号，即连续号，这样在自己的厂商代码下能够最大限度地利用商品项目代码的编码容量。

3. 稳定性原则

稳定性原则是指商品标识代码一旦分配，若商品的基本特征没有发生变化，就应保持标识代码不变。这样利于生产和流通各环节的管理信息系统数据保持一定的连续性和稳定性。

一般情况下，当商品项目的基本特征发生了明显的、重大变化时，就必须分配一个新的商品标识代码。不过，在某些行业（如医药保健业），只要产品的成分有较小的变化，就必须分配不同的代码。

总之，原则上是尽可能地减少商品标识代码的变更，保持其稳定性，否则将导致很多不必要的繁重劳动，如设计、打印并粘贴条码标签、修改系统记录数据等。

如果不清楚产品的变化是否需要变更代码，可从以下几个角度考虑：
① 产品的新变体是否取代原产品；
② 产品的轻微变化对销售的影响是否明显；
③ 是否因促销活动而将产品做暂时性的变动；
④ 包装的总重量是否有变化。

2.5.2 特殊情况下的编码

1. 产品变体的编码

产品变体是指制造商在产品生产周期内对产品进行的各种变更。如果制造商决定产品的变体（如含不同的有效成分）与标准产品同时存在，那么就必须为该变体另外分配一个标识代码。

产品只做较小的改变或改进，不需要分配不同的商品标识代码。比如，标签图形进行重新设计，或产品说明有小部分修改但内容物不变或成分只有微小的变化。

当产品的变化影响到产品的重量、尺寸、包装类型、产品名称、商标或产品说明时，必须另行分配一个商品标识代码。

产品的包装说明有可能使用不同的语言，如果想通过商品标识代码加以区分，则一种说明语言对应一个商品标识代码。也可以用相同的商品标识代码对其进行标识，但这种情况下，制造商有责任将贴着不同语言标签的产品包装区分开来。

2. 组合包装的编码

如果商品是一个稳定的组合单元，其中每一部分都有其相应的商品标识代码。一旦任意一个组合单元的商品标识代码发生变化，或者组合单元的组合有所变化，都必须为这种商品分配一个新的商品标识代码。

如果组合单元变化微小，其商品标识代码一般不变，但如果需要对商品实施有效地订货、营销或跟踪，那么就必须对其进行分类标识，另行分配商品标识代码。例如，针对某一特定地理区域的促销品，某一特定时期的促销品，或用不同语言进行包装标识的促销品。

某一产品的新变体取代原产品，消费者已从变化中认为两者截然不同，这时就必须给新产品分配一个不同于原产品的商品标识代码。

3．促销品的编码

此处所讲的促销品是指商品的一种暂时性的变动，并且商品的外观有明显改变。这种变化是由供应商决定的，商品的最终用户从中获益。通常促销变体和其标准产品在市场中共同存在。

商品的促销变体如果影响产品的尺寸或重量，必须另行分配一个不同的、唯一的商品标识代码。例如，加量不加价的商品，或附赠品的包装形态。

包装上明显地注明了减价的促销品，必须另行分配一个唯一的商品标识代码。例如，包装上有"省2.5元"的字样。

针对时令的促销品要另行分配一个唯一的商品标识代码。例如，春节才有的糖果包装。其他的促销变体就不必另行分配商品标识代码。

4．商品标识代码的重新启用

厂商在重新启用商品标识代码时，应考虑以下两个主要因素：

① 合理预测商品在供应链中流通的期限

根据 EAN·UCC 规范，按照国际惯例，一般来讲，不再生产的产品标识代码自厂商将最后一批商品发送之日起，至少 4 年内不能重新分配给其他商品项目。对于服装类商品，最低期限为两年半。

② 合理预测商品历史资料的保存期

即使商品已不在供应链中流通，由于要保存历史资料，需要在数据库中较长时期内保留其商品标识代码，因此，在重新启用商品标识代码时，还需考虑此因素。

2.5.3 编码举例

例1：如图 2.20 所示，假设分配给 A 厂的厂商识别代码为 6901234。A 厂生产的 M 牌蘑菇罐头，对于规格分别为 200 克和 500 克的罐头，其商品项目代码不同，分别为 6901234567892 和 6901234567885；对于规格同为 200 克，但大包装为 4 罐、小包装为 1 罐的不同包装形式应以不同商品项目代码进行标识，分别为 6901234567878 和 6901234567892；对于规格同为 200 克，但包装类型为纸质方形包装，也应以不同商品项目代码标识，为 6901234567861。

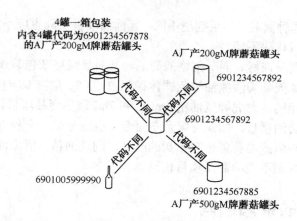

图 2.20　A 厂生产的 M 牌蘑菇罐头的商品项目代码标识

例 2：假设分配给某药厂的厂商识别代码为 **6911234**。表 2.18 给出了其部分产品的编码方案。

表 2.18　某药厂部分产品的编码方案

产品名称	商标	型号、规格及包装规格			商品标识代码
清凉油	天仙牌	搽剂	固体	棕色 3.5g/盒	6911234500009
				棕色 3.5g/袋	6911234500016
				棕色 18g/盒	6911234500023
				白色 18g/盒	6911234500030
			液体	5ml/瓶	6911234500047
				6ml/瓶	6911234500054
				8ml/瓶	6911234500061
		吸剂（清凉油鼻舒）		1.2g/支	6911234500078
清凉油	天坛牌	黄色		12g/盒	6911234500085
				10g/盒	6911234500092
		白色		12g/盒	6911234500108
				18g/盒	6911234500115
		棕色		12g/盒	6911234500122
				16g/盒	6911234500139
		吸剂（清凉油鼻舒）		1.2g/支	6911234500160
风油精	龙虎牌			6ml/瓶	6911234500177
				8ml/瓶	6911234500188
亲友（组合包装）	龙虎牌	8m 风油精 1ml，清凉油鼻舒 0.5g/支			6911234500191

总结说明：

（1）商品品种不同应编制不同的商品项目代码。如清凉油与风油精是不同的商品，所以其商品项目代码不同。

（2）即使是同一企业生产的同一品种的商品，其商标不同，也应编制不同的商品项目代码。如天坛牌清凉油与天仙牌清凉油，其商标不同，所以应编制不同的商品项目代码。

（3）同种商标的同种商品，如果剂型不同，其商品项目代码也应不同。如天坛牌清凉油，搽剂与吸剂的商品项目代码不同。

（4）同一种类、同一商标、同一剂型的商品，其商品规格或包装规格不同，均应编制不同的商品项目代码。如天仙牌清凉油棕色固体搽剂中，3.5g/盒与18g/盒、3.5g/盒与3.5g/袋，其商品项目代码各不相同。龙虎牌风油精6ml/瓶和8ml/瓶的商品项目代码也不相同。

（5）对于组合包装的项目，如龙虎牌亲友组合，也应分配一个独立的商品项目代码。如果其包装内的风油精与清凉油鼻舒也有单卖的产品，则风油精、清凉油鼻舒，以及二者组合包装后的产品应分别编制不同的商品项目代码。

2.6 特殊应用的条码编码

1．EAN 系统的图书代码

图书作为商品的一种，不仅具有商品的一般属性，而且具有流动量大、流速快、流通范围广、流经环节多等特点。近年来，为了实现图书销售自动扫描结算，实施现代化的管理手段，有必要给每一本书分配一个统一的代码，为图书的流通和管理提供通用的语言。为此，国际物品编码协会（EAN）与国际标准书号中心（International Standard Book Number, ISBN）达成了一致协议，把图书作为特殊的商品，将 EAN 前缀码 978 作为国际标准书号（ISBN）系统的前缀码，并将 ISBN 书号条码化。

（1）EAN 系统的图书代码结构

按照国际物品编码协会（EAN）的规范规定，EAN 图书代码可以用两种不同的代码结构来表示，一种是把图书视为一般商品，然后按 EAN 商品编码方法进行编码；另一种是利用图书本身的 ISBN 编号，按照 EAN 和 ISBN 协议规定，将 978 作为图书商品条码的前缀进行编码。

①将图书按一般商品进行编码。代码结构如表 2.19 所示。

表 2.19 图书按一般商品进行编码的代码结构

国 别 代 码	图书代码（遵循 EAN 编码规则）	EAN-13 校验符
$P_1P_2P_3$	$N_{10}N_9N_8N_7N_6N_5N_4N_3N_2$	N_1

$P_1 \sim P_3$：前缀码，是国际编码组织分配给各国编码组织的国别代码。

$N_{10} \sim N_2$：图书代码。图书代码的具体结构由各国编码组织根据本国的特点自行定义。例如，厂商代码+书名代码，或出版社代码+书名代码，或出版物代码+价格代码。

N_1：EAN-13 代码的校验字符，计算方法与 EAN 代码的校验字符计算方法相同。

② 直接采用图书的 ISBN 号。代码结构如表 2.20 所示。

表 2.20 图书按 ISBN 进行编码的代码结构

前 缀 码	图书项目代码	校 验 符
978	$N_{10}N_9N_8N_7N_6N_5N_4N_3N_2$	N_1

前缀码978：EAN分配给国际ISBN系统专用的前缀码，用于标识图书。979为EAN留给ISBN系统的备用前缀码。

图书项目代码$N_{10} \sim N_2$：直接采用图书的ISBN号（不含其校验符）。

校验符N_1：图书代码的校验符，计算方法与EAN代码相同。

（2）EAN系统的中国图书代码的结构

根据EAN的规定，各国编码组织有权根据自己的国情在图书编码的两种方案中，做出自己的选择。由于我国已加入了国际ISBN组织，并且全国的图书已采用ISBN书号，ISBN书号完全可以满足EAN物品标识的需要。因此，我国选择第二种方案标识我国的图书出版物，并于1991年发布了"中国标准书号（ISBN部分）条码"国家标准。开始在全国图书上推广普及条码标志，中国图书代码由13位数字构成，如图2.21所示。

图 2.21 中国图书代码构成

① 中国标准书号的构成。

中国标准书号由两部分构成：中国标准书号的主体部分——国际标准书号（ISBN）和图书分类部分——种次号。

国际标准书号（ISBN）由十位数字构成，结构如表2.21所示。

表 2.21 国际标准书号结构

组　号	出版社号+书序号	校　验　码
×	××××××××	×

组号：国家，地区，语言或其他组织的代号，由国际ISBN中心负责分配。中国的组号是7。

出版社号：由国家ISBN中心分配，其位数视情况由2～6位数字组成。

书序号：由出版社自行分配，每个出版社的书序号位数是固定的，计算方法为：书序号=9-（组号位数+出版社号位数）。书序号位数为2～6位。

校验符：中国标准书号的第十位数字。图书条码不含该校验字符，在此不予介绍。

种次号：图书条码未涉及种次号，在此不予介绍。

② EAN系统的中国图书代码结构。

中国图书代码由13位数字构成，其具体结构同EAN-13图书代码，在此不赘述。

（3）图书代码（标准书号的ISBN部分）表示方法

图书代码（标准书号的ISBN部分）的条码表示方法与商品条码表示方法相同。

（4）应用举例

如图2.22所示的图书条码，最上边一行显示的是书的国际标准书号（ISBN），7是中国的组号；301是出版社编号；05027书序号（有些ISBN的编码中出版社号不是3位，但出版社号和书序号总的位数加起来都是8位）；最后一位"5"是ISBN书号的校验位。在条码的正下方是标准 EAN-13 书刊条码的数字表达，其中 978 是 EAN 和 ISBN 协议规定的国际书刊统一代码，最后一位"9"是按照商品条码的校验位计算方法得出的。

图 2.22　图书条码

（5）图书代码附加码（add-on）

图书代码的附加码分为两位数字的附加码和 5 位数字的附加码，附加码主要用于表示图书的价格或再版等信息，代码的结构可根据用户所要表示信息的实际情况，自行确定。

2．EAN 系统的期刊代码

按照 EAN 的规定，期刊可以有两种不同的编码方式。一种方式是将期刊作为普通商品进行编码，编码方法按照标准的 EAN-13 代码的编码方式进行，这种方法可以起到商品标识的作用，但体现不出期刊的特点。另一种方法是按照国际标准期刊号 ISSN（International Standard Serials Number）体系进行编码。ISSN 是由国际标准期刊号中心统一控制，在世界范围内广泛采用的期刊代码体系。按照这个体系编码完全可以达到标识系列出版物的目的。因此，国际物品编码协会（EAN）与国际标准期刊号中心签署了协议，并将 EAN 前缀码 977 分配给国际标准期刊系统，供期刊标识专用。

每个国家具体采用何种编码方法来标识期刊，国际物品编码协会未做统一规定。每个国家的 EAN 编码组织可以根据自己的实际情况进行选择。

ISSN 号在国际上已经得到了广泛的应用，我国也已加入国际 ISSN 组织，并成立了我国的 ISSN 中心，负责在我国管理和推广 ISSN 代码。目前，在我国 ISSN 代码尚未普及，因此，究竟采用哪种编码方式来标识期刊出版物有待进一步探讨。但期刊标识的条码化是大势所趋。现将直接采用 ISSN 号对期刊进行编码的方法介绍如下。

（1）代码结构

直接采用 ISSN 号对期刊进行编码，其代码结构如表 2.22 所示。

表 2.22　直接采用 ISSN 号对期刊编码

前缀码	ISSN 号（不含校验符）	备用码	EAN-13 校验字符	期刊系列号（补充代码）
977	$N_7 \sim N_1$	Q_1Q_2	C	S_1S_2

前缀码 977：国际物品编码协会（EAN）分配给国际标准期刊号 ISSN 系统的专用前缀码。

$N_7 \sim N_1$：国际标准期刊号（ISSN），不含其校验符。

Q_1Q_2：备用码，当 $N_7 \sim N_1$ 不能清楚地标识期刊时，可以利用备用码 Q_1Q_2 来辅助区分出版物，日刊或一周内发行几次的期刊，可以利用 Q_1Q_2 分配不同的代码。

S_1S_2：仅用于表示一周以上出版一次的期刊的系列号（即周或月份的序数）。表 2.23 是期刊系列号 S_1S_2 的代码构成。

表 2.23　期刊系列号 S_1S_2 的代码构成

期 刊 种 类	S_1S_2
周刊	用出版周的序数表示（01～53）
旬刊	用出版旬的序数表示（01～36）
双周刊	用出版周的序数表示（02，04，06，52 或 01，03，…，53）
半月刊	用出版半月的序数表示（01～24）
月刊	用出版月份的序数表示（01～12）
双月刊	用出版月份的序数表示（01～12）
季刊	用出版月份的序数表示（01～12）
半年刊	用出版月份的序数表示（01～12）
年刊	用出版月份的序数表示（01～12）
特刊	99～01

（2）应用举例

图 2.23 中，"1671-6663"是国际标准期刊号（ISSN），"977"是国际期刊统一代码，"02"表示 2002 年，"4"是检验码。"09"是附加码，表示该刊是第 9 期。

图 2.23　期刊条码

3．音像制品和电子出版物

音像制品和电子出版物可视为一般商品，也有国家视为特殊商品，因此条码标识上有两种编码方法：

（1）像其他贸易项目一样使用 EAN·UCC-13 或 UCC-12。

（2）在 EAN·UCC 指定的前缀后直接使用 ISBN 或 ISSN（无校验符）组成 GTIN，见表 2.24。如有附加信息，可将其印制成 2 位或 5 位数字的条码符号，即附加条码符号，置于 EAN/UPC 条码符号的右边并与其平行。

表 2.24 音像制品、电子出版物与期刊代码结构对照

			ISBN										
音像制品、电子出版物	9	7	8										C
			ISSN										
期刊	9	7	7										

4．店内码

店内码是商店内部标识商品变量消费单元的条码。有些商品，如鲜肉、水果、蔬菜、熟食等都是以随机重量销售的，这些商品的编码一般是由零售商来完成的。零售商进货后，对商品进行包装、称重，或是消费者对挑好的商品称重后，用专用打码设备打印条码标签，贴到商品包装上，这种由零售商编制的代码，只能用于商店内部自动结算管理，因此称为店内码。

店内码的具体形式有以下两种。

（1）EAN·UCC-13 代码

EAN·UCC-13 代码作为店内码时，其结构如表 2.25 所示。厂商为了方便内部管理可能要对贸易项目进行编码，这时应使用以 20～29 为前缀的 EAN·UCC-13，这些代码仅限于内部使用，既不能用于外部的数据交换，也不能用于 EDI。商店使用店内码应遵循 GB/T 18283—2000《店内条码》标准。

表 2.25 店内码的通用代码结构

前 缀 码	商品信息字符	校 验 字 符
2	$N_{11}N_{10}N_9N_8N_7N_6N_5N_4N_3N_2$	N_1

表 2.25 中 $N_{11} \sim N_2$ 为 10 位阿拉伯数字，用于标识商品品信息。N_1 为校验字符，按规定的方法计算。11 位商品项目代码的结构可由 EAN 编码组织或零售商与设备供应商共同研究确定。为了实现设备的标准化，EAN 推荐如表 2.26 所示的代码结构。

表 2.26 变量消费单元的代码结构

结构种类	前 缀 码	商品项目代码			校验符
		商品种类代码	价格（度量值）校验符	价格（度量值）代码	
结构 1	$N_{13}N_{12}$	$N_{11}N_{10}N_9N_8N_7N_6$	无	$N_5N_4N_3N_2$	N_1
结构 2	$N_{13}N_{12}$	$N_{11}N_{10}N_9N_8N_7$	无	$N_6N_5N_4N_3N_2$	N_1
结构 3	$N_{13}N_{12}$	$N_{11}N_{10}N_9N_8N_7$	N_6	$N_5N_4N_3N_2$	N_1
结构 4	$N_{13}N_{12}$	$N_{11}N_{10}N_9N_8$	N_7	$N_6N_5N_4N_3N_2$	N_1

（2）EAN·UCC-8 代码

用于店内码的 EAN·UCC-8 代码，前缀码可以为"0"或"2"。在某些环境下，代码可以人工输入，此时 EAN·UCC-8 条码符号所表示的前缀码为"0"的标识代码可能会与 UPC-E 符号编码的代码相混淆。因此，在内部使用时最好使用前缀码为"2"的 EAN·UCC-8 代码，

其结构见表 2.27。

表 2.27　变量消费单元的代码结构

前　缀　码	商品信息字符	校　验　字　符
2 或 0	$N_7N_6N_5N_4N_3N_2$	N_1

商品信息字符由 6 位阿拉伯数字构成，由零售商根据自行规定的编码规则分配给商品。

5．优惠券的编码

目前，优惠券的标识由各国自行管理，尚不能全球通用。我国优惠券的编码结构由中国物品编码中心决定。优惠券的编码采用前缀为 99 的 EAN·UCC-13。如果优惠券流通于通用一种货币的两个或两个以上国家或地区，则使用前缀 981 或 982。

2.7　一维条码译码算法和实现

2.7.1　一维条码译码的理论知识

条码在识读之前必须进行图像处理，下面介绍几种常见的图像处理的理论和算法。

1．灰度处理

数字图像在计算机上以位图的形式存在，位图是一个矩阵式点阵，其中每一点称为像素，像素是数字图像中的基本单位。一幅 $m×n$ 大小的图像，是由 $m×n$ 个明暗度不等的像素组成的。数字图像中各个像素所具有的明暗程度由灰度值所标识。一般白色的灰度值定义为 255，黑色的灰度值定义为 0，而由黑到白之间的明暗度均匀地被划分为 256 个等级。对于黑白图像，每个像素用一个字节数据来表示，而在彩色图像中，每个像素需用三个字节数据来表述，就能呈现五彩缤纷的颜色。彩色图像可以分解成红（R）、绿（G）、蓝（B）三个单色图像，任何一种都可以由这三种颜色混合构成。在图像处理中，彩色图像的处理通常是通过对其三个单色图像分别处理而得到的。但是一幅彩图中每个像素都用 RGB 分量表示，图像文件将会变得非常庞大，因此在实际应用中，通常采用调色技术，将 256 色位图转变为灰度图像。对于 24 位真彩图，每个像素用三个字节分别表示 R、G、B 三个分量。将 256 色位图转换为灰度图像，首先必须计算每一种颜色对应的灰度值。256 色位图的灰度图像与 RGB 值的对应关系如下：

$$Y=0.299R+0.587G+0.114B$$
$$R=G=B=Y$$

根据 R、G、B 的值求出 Y 值后，将 R、G、B 的值都赋予 Y 值，写入新图，这样就可以将 256 色位图转换成灰度图像。

2．灰度直方图

在数字图像处理中，一个简单有用的工具是直方图，它概括一幅图像的灰度级内容。任何一幅图像的直方图都包括了可观的信息，某些类型的图像还可以由其直方图完全描述。直方图的计算是简单的，可以用相当低的代价来完成。

直方图是灰度值的函数，描述的是图像中具有该灰度级的像素的个数，其横坐标级范围为 $0\sim L-1$，纵坐标表示该灰度出现的频率（即像素的个数），可定义为：

$$p(r)=\lim_{N\to\infty}\frac{\text{灰度值为}r\text{的像元素}}{\text{图内像元总数}N}$$

直方图可用公式表示如下：设图像 $F(x,y)$ 的像元总数为 N，灰度级数为 L，灰度为 i 的像素个数为 $n(i)$，则归一化直方图为：

$$p(i)=\frac{n(i)}{N} \qquad (i=0,1,2,\cdots,L-1)$$

$$\sum_{0}^{L-1}p(i)=1$$

直方图是图像最基本的统计特性，从概率的角度理解，灰度出现的频率可看成其出现的概率，因此直方图对应于概率密度的函数。简单地说，灰度的直方图就是反映一幅图像中的灰度与出现这种灰度的概率之间的关系图形。图 2.24 分别为瓦楞纸箱条码图像和条码图像直方图的实例。

瓦楞纸箱条码图像

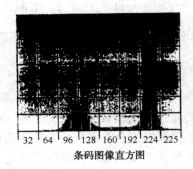
条码图像直方图

图 2.24　图像的直方图实例

3. 图像二值化处理

为了便于对图像进行后续处理，需要对图像进行二值化处理，二值化处理将不可避免地丢失图像信息。若阈值选取过小，会提取多余的部分；若选取的过大，会丢失所需要的图像信息。因此阈值选取是图像二值化处理中的一项重要技术，它的选取直接关系到后续的处理。对条码识读系统而言，二值化图像的效果直接影响到条码识读的可靠性。

阈值化分割原理如下：先确定一个处于图像灰度取值范围之内的阈值，然后将图像中各个像素的灰度值都与这个阈值相比较，并根据比较结果将对应的像素划分为两类（像素灰度值大于阈值的为一类，像素值小于和等于阈值的为另一类）。这两类像素一般分属图像中的两类区域，所以根据阈值对像素分类达到了分割的目的。如果一个物体其内部具有均匀一致的灰度值，并分布在一个具有另一个灰度值的均匀背景中，使用阈值的效果更佳。

阈值分割算法主要有两个步骤：① 确定需要的分割阈值；② 将像素与分割阈值作比较并划分。

2.7.2 条码图像的识读

图像经过预处理后得到二值化图像,接下来就是条码识读。条码识读常用以下几种方法。

1. 宽度测量法

在图像方式的译码过程中,宽度的测量不再采用传统的脉冲测量法,而是通过记录每个条/空所含像素的个数来确定实际的条/空宽度,从而确定整个条码符号所代表的信息。

2. 平均值法

对条码符号图像中从起始符到终止符整个宽度进行测量,然后除以 95(标准宽度),求出单位模块所包含的像素列宽,再分别测量各个条/空实际宽度(此宽度以单位宽度为单位计算)。

3. 相似边距离的测量方法

相似边距离的测量方法的原理是通过对符号中相邻元素的相似边之间的距离的测量来判别字符的逻辑值,而不是由各元素宽度的实际测量值来判别的。

宽度测量法和平均值法对条码图像的要求非常高,因为它们都是测量各元素符号的实际宽度,然后根据查表法得到所代表的码值。如果实际测量值与标准值存在一点偏差,就不能实现正确译码,而相似边距离的测量方法解决了这一问题。

2.7.3 译码的实现

条码识读器的作用是将扫描条码符号输出的一系列宽窄不同的脉冲信号,正确地翻译成计算机可识别的信号,并将条码符号所表示的数据传输给计算机。扫描是利用光束扫读条码符号,并将光信号转换为电信号,这部分功能由扫描器完成。译码是将扫描器获得的电信号按一定的规则翻译成相应的数据代码,然后输入计算机(或存储器),这个过程由译码器完成。

译码过程的第一步是测量记录每一脉冲的宽度值,即测量条/空宽度。记录脉冲宽度利用计数器完成。扫描设备不同,产生的数字脉冲信号的频率不同,计数器所用的计数时钟也发生相应变化。仅能译一种码制的译码器,计数器所用的时钟一般是固定的;能译多种码制译码器,由于其脉冲信号的变化范围较大,所以要用到多种计数频率。对于高速扫描设备所产生的数字脉冲信号,译码器的计数时钟高达 40MHz。在这种情况下,译码器有一个比较复杂的分频电路,它能自动形成不同频率的计数时钟以适应不同的扫描设备。

首先,识读器软件要在中断服务程序中提取脉宽,主程序在系统初始化后,将中断采集的脉宽转换为对应的逻辑值,并能正确地确定扫描器输出的脉冲数字的开始时间和结束时间,对条码符号的数据符进行有效判别,以及对条码符号的码制和扫描方向进行自动识别;然后根据编码规则,采取相应的译码算法进行译码。

1. 逻辑值的判别

无论是进行条码码制和扫描方向的判别,还是进行数据字符的判别,都是通过判别字符的逻辑值来实现的。对逻辑值的判别主要有以下两种方法：一种是两种元素宽的码制，另一种是多种元素宽的码制。

(1) 两种元素宽码制逻辑值的判别方法

条码元素宽度的测量是以一定的时间间隔对信号进行采集而获得的，因此所测得的元素宽度取决于采集时间和扫描速度。由于条码识读器的采样时间是不变的，所测得的元素宽度只取决于扫描速度。然而有一些扫描设备，其扫描速度是非匀速的，因而即使是对于宽度一样的元素，测得的宽度也是不相同的。采用平均值比较法可解决这个问题，尽管整个符号的扫描速度是不匀速的，但是相邻或几个相邻元素的扫描速度还是近似相等的。

平均值比较法的原理如下：取一个字符所含的几个元素宽度，计算其平均值，然后将此字符中的各元素分别与平均宽度值进行比较，如果小于平均宽度值，则这个元素逻辑值为"0"，如果大于平均宽度值，则这个元素逻辑值为"1"。将此字符中各元素的逻辑值判别后，再取下一个字符所含的几个元素宽度，并计算平均宽度值，然后再进行同样的比较判别，直到此符号中所有元素的逻辑值判别完毕。

(2) 多种元素宽码制逻辑值的判别方法

多种码制和两种码制的字符与逻辑值的对应规则是不相同的，因此采用的判别方法也不相同。可以采用相似边距离的测量方法来判别多种元素宽码制的各元素逻辑值。其设计思想是通过对符号中相邻元素的相似边的距离的测量来判别字符的逻辑值，而不是由各元素宽度的实际测量值来判别。这样即使条码符号的印刷存在缺陷，或整个符号的扫描速度是非匀速的，使得实际测量值与理论值之间有较大的偏差，但仍然可利用相似边距离正确地译码。

2．码制和扫描方向的判别

(1) 二五条码、交插二五码、库德巴码码制和扫描方向的判别

条码码制是由条码符号的起始字符和终止字符的不同编码方式来确定的，而且起始符和终止符的逻辑值是唯一的。二五条码、交插二五码、库德巴码码制的起始符和终止符是非对称的，且起始符和终止符是不相同的。因此，通过对条码符号的起始符和终止符的判别，便可确定条码的码制和扫描方向。

条码识读器首先从所接收脉宽前面的第一个元素开始，顺序读取某一码制的起始字符所包含的元素个数，并判别此字符的逻辑值是否为该码制起始字符的逻辑值；然后从所接收的脉宽的后面取此码制终止字符所包含的元素个数，并判别此字符的逻辑值是否为该码制终止字符的逻辑值。如果两者都相同，此符号便被确认为一个正向扫描的此种码制的符号；否则，进入此码制的反向扫描的判别。最后进入此码制数据字符的判别；否则，转向其他码制的判别。

(2) UPC 码、EAN 条码码制和扫描方向的判别

UPC-A 码和 EAN-13 具有相同的起始字符和终止字符，因此无法通过判别起始字符和终止字符的逻辑值来区分它们的码制和扫描方向。UPC-A 和 EAN-13 具有相同的元素个数，只是 EAN-13 比 UPC-A 多了一个系统位。系统位不被编码成条码字符，它的值隐含在字符的奇偶排列组合中。因此，可以通过校验符值的计算来区分 UPC-A 和 EAN-13 条码。

UPC-A 码的左侧数据都是奇字符，右侧数据都是偶字符。因此，UPC-A 码和 EAN-13 扫描方向的判别应首先判别第一个数据字符的奇偶性，如果为奇字符则可以判定是正向扫描；如果是偶字符，则计算相似边的距离 T_1 和 T_2 所包含单位元素个数的和，因为左侧数据

偶字符 T_1 和 T_2 所包含单位元素个数的和为奇数,右侧数据偶字符 T_1 和 T_2 所包含单位元素个数的和为偶数。因此,通过判别 T_1 和 T_2 所包含单位元素个数的和为偶数还是为奇数,从而确定是正向扫描还是反向扫描。

UPC-E 的起始符的逻辑值与 UPC-A、EAN-13 条码的逻辑值相同,其终止字符包含 UPC-A 条码和 EAN-13 条码的逻辑值。因此,条码识读器扫描到 UPC-A 条码和 EAN 条码的起始字符和终止字符判别时,通过判别此符号中所包含元素的个数来区别 UPC-A 条码、EAN-13 条码和 UPC-E 条码。

扫描方向的识别:取 6 个条码元素宽度并求出其平均值,若该平均值等于单位元素宽度则可判定为反向扫描,大于单位元素宽度则可判定为正向扫描。

(3) 其他码制和扫描方向的判别

对于一个能被译成多种码制的译码,判定的方法比较复杂。因为首先需要判定码制。对于每个条码符号来说,都有空白区,现在的译码器大都是根据空白区与第一个条的比较来初步判定码制。考虑多种因素的影响,经过大量的实践,得到如表 2.28 所示的码制判断表。

表 2.28 码制判断表

空 白 区	条 码 类 型
空白区<1	不是空白区
3≤空白区<4	128 条码或库德巴码
3≤空白区<6	UPC、EAN、128 条码或库德巴码

码制的进一步判定必须通过起始符和终止符来实现。因每一种码制都有选定的起始符和终止符,所以经过扫描所产生的数字脉冲信号也有其固定的形式。码制判定以后,就可以按照该码制的编码字符集进行判别,并进行字符错误校验和整串信息错误校验,完成译码过程。

3. 条码字符的判别

确定了条码的扫描方向后,接下来便是对条码符号中的数据字符进行判别。无论是进行扫描方向的判别还是进行数据字符的判别,都是通过判别字符的逻辑值(条码二进制表示)来实现的。条码表示方法有两类:一类是两种元素宽度的码制,另一类是多种元素宽度的条码,逻辑值可能通过和单位模块比较判别。这种方法对印刷质量好、没有缺陷的条码比较适用。但是对印刷质量不好,如条码线条展宽、细化等这样的条码则不能解译。解决此类问题的方法通常采用相似边距离测量方法。

理论上,条码字符的逻辑值应该由条码的实际宽度来判别,而相似边距离方法的设计思想是通过对符号中相邻元素的相似边之间距离的测量来判别字符的逻辑值,而不是由元素宽度的实际值来判别。此类方法的优点是即使条码质量存在缺陷,使得实际测量值和条码应该具有的理论值有较大的偏差,但仍然可以根据相似边的距离能够正确进行解译。相似边之间的距离可采用归一化的方法对字符进行判别。即使条码印刷质量有偏差,采用该方法仍能正确对条码进行识读。

本 章 小 结

商品条码是由国际物品编码协会和统一代码委员会规定的、用于表示商品标识代码的条码,包括 EAN 商品条码(EAN-13 商品条码和 EAN-8 商品条码)和 UPC 商品条码(UPC-A 商品条码和 UPC-E 商品条码)。商品条码是用来表示商品信息的一种手段,是商品标识代码的一种载体。

商品标识代码是由国际物品编码协会和统一代码委员会规定的,用于标识商品的数字,包括 EAN·UCC-13 商品代码、EAN·UCC-8 商品代码、UCC-12 商品代码。厂商根据需要选择申请适宜的代码结构,编制商品标识代码应遵循三项基本原则,即唯一性原则、无含义原则和稳定性原则。

练 习 题

一、选择题

1. 厂商应选择适宜的代码结构,遵循的编码原则主要有(　　)。
   A. 唯一性原则　　B. 可替代原则　　C. 无含义性原则　　D. 稳定性原则
2. 每一个 EAN-13 条码字符由(　　)构成条码字符集。
   A. 2 个条和 3 个空　　　　　　　　B. 3 个条和 2 个空
   C. 3 个条和 3 个空　　　　　　　　D. 2 个条和 2 个空
3.(　　)条码符号本身没有中间分隔符。
   A. UPC-E　　B. EAN-13　　C. EAN-8　　D. UPC-A
4. 条、空的(　　)颜色搭配可获得最大对比度,所以是最安全的条码符号颜色设计。
   A. 红白　　B. 黑白　　C. 蓝黑　　D. 蓝白
5. 在商品条码符号中,表示数字的每个条码字符仅有两个条和两个空组成,每一条或空由 1~4 个模块组成,每一条码字符的总模块数为(　　)。
   A. 5　　B. 2　　C. 7　　D. 10
6. 根据 EAN·UCC 规范,按照国际惯例,不再生产的产品自厂商将最后一批商品发送之日起,至少(　　)年内不能重新分配给其他商品项目。
   A. 7　　B. 6　　C. 4　　D. 5
7. 图书按 ISBN 编码,中国图书代码由(　　)位数字构成。
   A. 13　　B. 9　　C. 7　　D. 12
8. EAN/UCC 厂商识别代码由(　　)位数字组成,由中国物品编码中心负责分配和管理。
   A. 4~6　　B. 7~9　　C. 8~10　　D. 9~11
9. 国际物品编码协会与国际标准书号达成一致协议,把图书作为特殊商品,将 EAN(　　)作为国际标准书号系统的前缀码。
   A. 977　　B. 980　　C. 978　　D. 690

10. 下列不用条码符号表示的有（   ）
A. 前置码　　　　　　　　　　　B. 数据符
C. 终止符　　　　　　　　　　　D. UPC-E 的校验符
11. 独立包装的单个零售商品代码通常会选择（   ）。
A. 13 位代码结构　　　　　　　　B. 8 位代码结构
C. 12 位代码结构　　　　　　　　D. 消零压缩代码

二、判断题

（   ）1. 厂商识别代码用来在全球范围内唯一标识厂商，因此不包含前缀码。
（   ）2. 对同一商品项目的商品可分配不同的商品标识代码。
（   ）3. 当产品出口到北美地区并且客户指定时，我国厂商才可以申请 UPC 商品条码，但必须经过中国物品编码中心统一办理。
（   ）4. 商品条码主要用于商店内的 POS 系统。
（   ）5. EAN·UPC 条码是定长条码，它们的标准版仅能表示 12 个字符，39 条码则为非定长条码。
（   ）6. 春节才有的糖果包装促销品一定要另行分配一个唯一的商品标识代码。
（   ）7. 厂商识别代码用来在全球范围内唯一标识厂商，因此不含前缀码。
（   ）8. 为了保证条码识读设备在读取商品条码时的可靠性，人们在商品标识代码和商品条码中设置校验符。
（   ）9. 一个信息分类编码标准中，一个代码只能唯一地标识一个分类对象，而一个分类对象只能有一个唯一的代码。

三、名词解释

1. 色度识别
2. 宽度识别
3. 唯一性原则

四、计算题

1. 将 EAN-8 商品条码"8254261C"表示成条码符号。
2. 将 EAN-12 商品条码"69123456786C"表示成条码符号。
3. 请将 UPC-E 代码"0235678C"用条码表示。
4. 请将 UPC-E 代码"0567833C"用条码表示
5. 某厂商识别代码为"023458"，商品项目代码为"00008"，将其表示成 UPC-E 的商品条码。

五、简答题

1. 销售商进货时，只需要查验商品上是否印有商品条码，这种说法正确吗？为什么？
2. 商品条码因质量不合格而无法识读的，销售者是否能够使用店内码予以替换和覆盖？
3. 用户如何考虑贸易项目条码符号的选择？

实训项目　利用 Bartender 软件设计条码

任务一　Bartender 软件的安装

[能力目标]

1．了解 Bartender 条码软件的功能。

2．了解 Bartender 条码软件的安装过程。

[实验仪器]

1．一台计算机。

2．一套 Bartender 条码软件。

[实验内容]

（1）Bartender 软件安装。

① 将驱动程序的光盘插入光驱，然后选择 Bartender 安装文件夹（见图 2.25），并双击 Setup.exe 文件，开始安装程序。

图 2.25　Bartender7.75 文件夹示意

② 选择自己要用的语言，确定开始安装程序，按如图 2.26 至图 2.31 所示的对话框进行设置（注意鼠标选项及位置）安装。

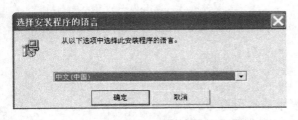

图 2.26　Bartender7.75 安装示意图（1）

图 2.27　Bartender7.75 安装示意图（2）

图 2.28　Bartender7.75 安装示意图（3）

图 2.29　Bartender7.75 安装示意图（4）

第二章　商品条码

图 2.30　Bartender7.75 安装示意图（5）

图 2.31　Bartender7.75 安装示意图（6）

③ 进入安装目录，打开 Crack 文件夹，如图 2.32 所示。
④ 复制 Crack 文件夹下的 Bartender.exe 文件，如图 2.33 所示。

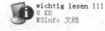

图 2.32　Bartender7.75 解密窗口（1）　　　　　图 2.33　Bartender7.75 解密窗口（2）

⑤ 通过如图 2.34 所示的方法，找到 Bartender7.75 的安装路径。一般情况下，Bartender7.75 的默认安装路径为 C:\Program Files\Seagull。

图 2.34　Bartender7.75 解密窗口（3）

⑥ 粘贴刚才复制的 Bartender.exe 文件，并覆盖源文件，如图 2.35 和图 2.36 所示。

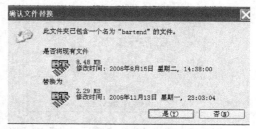

图 2.35　Bartender7.75 解密窗口（4）　　　　　图 2.36　Bartender7.75 解密窗口（5）

⑦ 至此，Bartender 软件安装完毕。

（2）Bartender7.75 条码软件功能介绍。

① 工具栏上的主要按钮如图 2.37 所示。

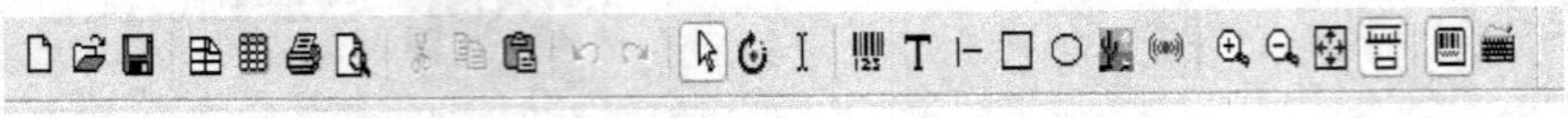

图 2.37　Bartender7.75 条码软件工具栏

其中，▦图标为设置和查看数据库；🖨图标为打印标签；▷图标为将游标更改为标准指针，用来移动标签的内容和启动编辑窗口；Ｉ图标用于更改文本和条码内容数据的指针；▦图标为条码添加设计工具。

② 单击▦页面设置按钮，对纸张大小、标签大小、页面大小、边距等进行设置，界面如图 2.38 所示。

③ 打开软件，显示在屏幕中央的白色区域即标签，单击▦按钮，并在标签区域内单击鼠标，出现如图 2.39 所示的界面。

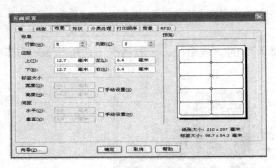

图 2.38　页面设置

图 2.39　Bartender7.75 条码软件界面

④ 双击此条码，弹出"修改所选条形码对象"对话框（见图 2.40），选择"数据源"选项卡，在"屏幕数据"选项内即可修改要显示的数据，另外也可切换到"字体"，"条形码"等选项卡进行相应的修改。

⑤ 单击文本添加设计工具按钮 T，并单击标签区域，将显示"样本文本"字样，如图 2.41 所示。双击"样本文本"即可对字体、文本、数据源等进行设置，如图 2.42 所示。

图 2.40　"修改所选条形码对象"对话框

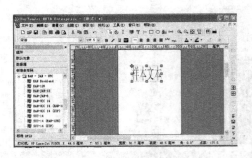

图 2.41　显示"样本文本"

图 2.42 "修改所选文本对象"对话框

⑥ 工具栏上次要按钮如下。

⊢图标：线条添加设计工具；

▫图标：框及圆添加设计工具；

图标：图片及 LOGO 添加工具；

图标：放大；

图标：缩小；

图标：居中并充满设计区域。

左侧工具条的主要按钮如下

图标：将所选物体在标签区域内垂直居中；

图标：将所选物体在标签区域内水平居中；

图标：将所选物体逆时针旋转 90°；

图标：将所选物体旋转 180°；

图标：将所选物体顺时针旋转 90°。

任务二 利用 Bartender 软件进行条码的设计

[能力目标]

1．利用 Bartender 软件对条码标签进行设计。

2．制作合格的条码标签。

[实验内容]

（1）开始标签设计，单击工具栏上的白色新建按钮 ▫，新建一个标签，如图 2.43 所示。

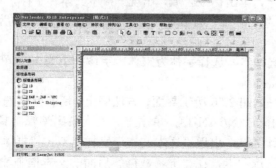

图 2.43 标签的设置示意图（1）

（2）选择"文件"→"页面设置"（或单击工具栏上的按钮）菜单命令，弹出如图 2.44 所示对话框，进行标签的页面设置。

（3）单击标签面板，设置好列数及行数。启动手动设置项，修改标签的大小为 60×40，如图 2.45 所示。

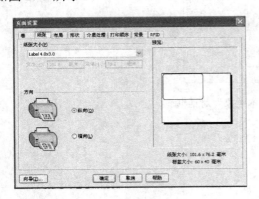
图 2.44　标签的设置示意图（2）

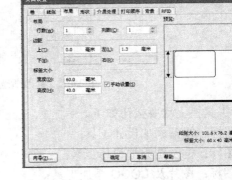
图 2.45　标签的设置示意图（3）

（4）设置边距，用刻度尺测量。这里上边距设置为 1.3，左边距也设置为 1.3。单击"确定"按钮完成标签设置，如图 2.46 所示。

（5）设置完成后的界面如图 2.47 所示，现在就可以在此标签上进行设置了。

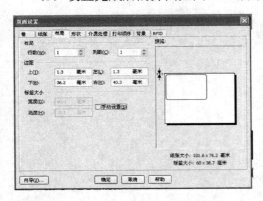
图 2.46　标签的设置示意图（4）

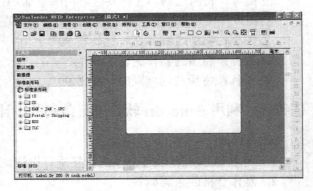
图 2.47　标签的设置示意图（5）

（6）单击工具按钮，单击标签区域，出现"样本文本"字样，双击"样本文本"字样，在弹出的对话框中选择"数据源"选项卡，把"屏幕数据"内容改为"图书管理系统"，如图 2.48 所示。

（7）单击"字体"选项卡，选择字体为宋体，字体大小为 12。单击"确定"按钮后，得到如图 2.49 所示的界面。

（8）按照样本设计好如图 2.50 所示界面，方法同上，所有字体选择黑体，字体大小为 8。

（9）添加条码。选择 EAN/JAN-13，单击工具栏上条码编辑工具，移动到标签设计区域，鼠标左键单击设计区域，出现"样本文本"字样，双击"样本文本"字样，在弹出的对话框中选择"数据源"选项卡，在"屏幕数据"后面的文本框中输入"978712102552"，效果如图 2.51 所示。

图 2.48 标签的设置示意图（6）

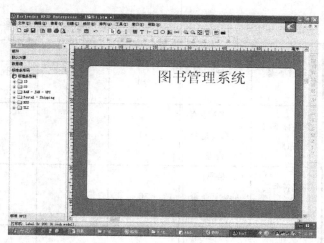

图 2.49 标签的设置示意图（7）

图 2.50 标签的设置示意图（8）

图 2.51 标签的设置示意图（9）

（10）在右上角添加 "CE0044"，"CE" 为图片格式，可在网上找到相应的图片。单击按钮，添加图片，如图 2.52 至图 2.54 所示。

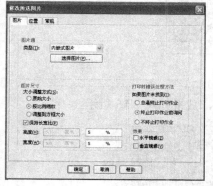

图 2.52 标签的设置示意图（10）

图 2.53 标签的设置示意图（11）

图 2.54 标签的设置示意图（12）

（11）至此，便完成了标签的制作。

[实训考核]

实训考核表见表 2.29。

表 2.29 实训考核表

考核要素	评价标准	分值（分）	评分（分）				
			自评（10%）	小组（10%）	教师（80%）	专家（0%）	小计（100%）
条码标签的布局	（1）条码标签的布局是否合理	30					
条码符号的设计	（2）条码符号的设计是否规范	30					
Bartender 条码软件的应用能力	（3）掌握Bartender 条码软件的应用能力	30					
分析总结		10					
合计							
评语（主要是建议）							

拓展练习：

1. 要求学生利用 Bartender 软件进行火车票条码标签的设计，效果如图 2.55 所示。

图 2.55　火车票标签的示意

2. 要求学生利用 Bartender 软件进行条码标签的设计，效果如图 2.56 所示。

图 2.56　条码标签的示意

第三章 二维条码

学习目标

能力目标：
- 具备条码设计软件的应用能力；
- 了解二维条码的应用领域，能够根据应用领域选择合适的二维条码。

知识目标：
- 掌握常见的行排式二维条码和矩阵式二维条码的特点；
- 掌握典型二维条码的应用领域；
- 理解二维条码应用过程中应该注意的问题。

条码技术在火车票中的应用

1997年全国铁路系统开始计算机联网售票，启用第二代火车票，就是粉红色软纸票。众所周知，粉红色火车票最下方都有一条长长的条形码，下面还有很多数字，这就是一维条码。由于其存储容量小，只能起到一种标识作用。

火车票上条码数据的含义如下：

第一组：前面是站号和窗口代码，后面是打票日期代码（识别假票的好办法）。其中第一段前6位是站号（始发站代码），7～10位是窗口代码（应该是出票窗口代码），11～14位是打票日期。

第二组：票号（即15～21位）是车票号码，它和左上角的红色数码一样。

第三组：前面是防伪代码（通票改签时机器只能识别这个）

最后四位是里程（识别假票的最好办法），如图3.1所示。

图3.1所示 2115211039 0628 A000032 126130123919657716705596329169004 4064，其中，2115211039 代表售出票的窗口，0628 代表打票的日期，A000032 为车票号，126130123919657716705596329169004 为铁路内部的防伪加密码，4064 为到站的里程数。

2008年春节期间，公安部门查处了数千张第二代假车票。据悉，第二代假票采用的是敲图章的方法。制假者将到站地、票价和有效期刻成图章，挖掉到站地、票价和有效期后，敲上图章。这类假票底版是真票，做工精细，初看起来和真票没有什么不同，几可乱真。同时，制假者为了覆盖挖补痕迹，将刻成图章的字号、线条增粗。

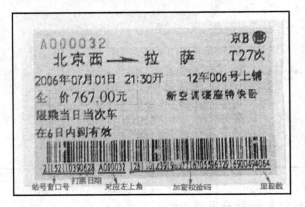

图 3.1　第二代火车车票条码含义示意图

为了有力打击假票的泛滥，保护国家财产，铁道部决定于 2009 年 12 月 10 日在全国范围内对火车票进行升级改版。此次升级最大的变化，是将车票下方的一维防伪条码变成了二维防伪图案。二维防伪图案呈方形、黑白相间，形似以前的"三维立体画"，第三代火车票如图 3.2 所示。

图 3.2　第三代火车票条码示意图

图 3.2 所示 23693001011112 A002362，其中 2369300101 代表售出票的窗口，1112 代表打票日期，A002362 为车票号（对应左上角）。

第三代火车票采用的是二维条码 QR 码。QR 码是 1994 年 9 月由日本 Denso 公司研制的一种矩阵二维码符号，QR 码除具有一维条码及其他二维条码所具有的信息容量大、可靠性高、可表示汉字及图像多种文字信息、保密防伪性强等优点外，QR 码还具有识读速度快、数据密度大、超高速识读、全方位识读等特点。

QR 码呈正方形，只有黑白两色。在 4 个角的其中 3 个，印有较小，像"回"字的正方形图案。这 3 个是帮助解码软件定位的图案，使用者无须对准扫描设备，无论以任何角度扫描，资料均可被正确读取。

二维条码技术是近几年来国际上流行的数据防伪、携带、传递的高科技手段。其具有储存量大、保密性高、追踪性高、抗损性强、备援性大、成本便宜等特性。采用二维码防伪客票系统后,售票人员根据乘客的购票类型,将相应信息(如车次、价格、售出地等信息)利用二维码制码软件加密后生成二维条码,并将其打在客票的票面上。

进站口检票,检票人员通过二维条码识读设备对客票上二维条码进行识读,系统将自动辨别车票的真伪并将相应信息存入系统中。同时,在车上检票,检票人员也可利用掌上式二维条码识读设备对客票上的二维条码进行识读,掌上识读器自动将读到的信息与自有数库中的数据进行比对,辨别客票的真伪。利用二维条码识读设备查验客票,不仅提高了工作效率,也避免了人为失误。

【引入问题】
1. 火车票历史中出现了哪些类型的条码?
2. 火车票历史中出现的条码分别有什么优缺点?

目前一维条码技术在我国已经广泛应用于商业、金融业、交通运输业、医疗卫生、邮电、制造业、仓储等领域,极大地提高了工作效率,提高了数据采集和信息处理的速度,为管理科学化和现代化做出了积极的贡献。但是,一维条码也存在很多缺陷。首先,其表征的信息量有限,一般一维条码每英寸只能存储十几个字符信息。例如,库德巴条码的最高密度为10CPI(Character Per Inches);交插25条码的最高密度为17.7CPI,EAN-128条码的最高密度为122CPI。因此,一维条码必须依赖于一个有效外部数据库的支持,一旦离开数据库的支持,条码本身没有任何意义。目前所有使用一维条码的机构都依据这种模式,附带庞大数据库的方法无法适应某些服务对象数据量巨大行业的要求。其次,一维条码只能表示字母和数字,无法表达汉字和图像。再次,一维条码不具备纠错功能,比较容易受外界干扰。

基于这个原因,人们迫切希望发明一种新的条码,除具备普通一维条码的优点外,还应同时具有信息容量大、可靠性高、保密防伪性强、成本低等优点。20世纪80年代末,国外开始研究二维条码,由一维条码表示信息发展为二维条码表示信息。目前已研制出多种码制的二维条码,如常见的PDF417、QR Code、Code49、Code16K、Code one、Data Matrix等。这些二维条码的信息密度相对于一维条码有了很大的提高。

由于二维条码信息密度和信息容量较大,它除了可以用字母、数字编码外,还可将图片、指纹、声音、汉字等信息进行编码。因此,二维条码的应用领域更加广泛。现在二维条码技术已广泛应用于公安、军事、海关、税务、工业过程控制、邮政等领域。二维条码有着十分广阔的应用前景。

3.1 二维条码的概述

3.1.1 二维条码的特性

1. 二维条码与一维条码的比较

二维条码和一维条码都是信息表示、携带和识读的手段。但是一维条码用于对"物品"进行标识,二维条码用于对"物品"进行描述。一维条码与二维条码应用的比较如图3.3所示。

二维条码除了左右(条宽)的粗细及黑白线条具有意义外,上下的条高也有意义,因此与一维条码相比，二维条码可存放的信息量较大。

二维条码具有信息量大、安全性高、读取率高、错误纠正能力强等特点。表 3.1 为二维条码与一维条码的对照表。

图 3.3　一维条码与二维条码应用的比较

表 3.1　二维条码与一维条码的比较

项目条码 类型	信息密度与信息容量	错误检验及纠错能力	垂直方向是否携带信息	用途	对数据库和通信网络的依赖	识读设备
一维条码	信息密度低，信息容量较小	可通过校验字符进行校验，没有纠错能力	不携带信息	对物品进行标识	多数应用场合依赖数据库及通信网络	可用扫描器识读，如光笔、矩阵 CCD、激光枪等
二维条码	信息密度高，信息容量大	具有错误校验和纠错能力，可根据需要设置不同的纠错级别	携带信息	对物品进行描述	可不依赖数据库及通信网络而单独应用	对于行排式二维条码可用线扫描器多次识读；对于矩阵式二维条码仅能用图像扫描器识读

2. 二维条码与磁卡、IC 卡、光卡的比较

二维条码与磁卡、IC 卡、光卡的比较见表 3.2 所示。

表 3.2　二维条码与磁卡、IC 卡、光卡的比较

比较点	二维条码	磁卡	IC 卡	光卡
抗磁力	强	弱	中等	强
抗静电	强	中等	中等	强
抗损性	强	弱	弱	弱
能否折叠	可折叠	不可折叠	不可折叠	不可折叠
能否穿孔	不可穿孔	不可穿孔	不可穿孔	不可穿孔
能否切割	不可切割	不可切割	不可切割	不可切割

3．二维条码的特点

二维条码的主要特征是二维条码符号在水平和垂直方向上均表示数据信息。除了具有一维条码的优点外，同时还具有信息容量大、可靠性高、可表示文字及图像等多种文字信息、保密防伪性强等优点，真正实现了用条码对"物品"的描述。其主要特点如下：

（1）高密度

目前应用比较成熟的一维条码如 EAN•UPC 条码，因密度较低，故仅作为一种标识数据，不能对产品进行描述。产品的有关信息，必须通过识读条码进入数据库。这就要求必须事先建立以条码表示的代码为索引字段的数据库。二维条码通过利用垂直方向的尺寸来提高条码的信息密度。通常情况下，其密度是一维条码的几十到几百倍。这样，我们就可把产品信息全部存储在一个二维条码中。要查看产品信息，只需用识读设备扫描二维条码即可，因此，不需要事先建立数据库，真正实现了用条码对"物品"的描述。

（2）具有纠错功能

纠错功能这一特性增强了条码识别的可靠性和鲁棒性。二维条码可以表示数以千计字节的数据。通常情况下，其所表示的信息不可能与条码符号一同印刷出来。如果没有纠错功能，当二维条码的某部分损坏时，该条码将无法识读而变得毫无意义。二维条码引入的纠错机制，使得二维条码在穿孔、污损、局部损坏的情况下，仍可被正确识读，如图 3.4 所示。

（a）污损　　　　　　　（b）局部损坏　　　　　　（c）穿孔

图 3.4　二维条码的纠错

（3）可表示图像等多种文字信息

多数一维条码所能表示的字符集是 10 个数字，26 个英文字母及一些特殊字符。条码字符集最大的 EAN•UCC-128 条码，所能表示的字符个数是 128 个 ASCII 字符。因此，要用一维条码表示其他语言文字（如汉字、日文等）是不可能的。大多数二维条码都具有字节表示模式，可将语言文字或图像信息转换成字节流，然后再将字节流用二维条码表示，从而实现二维条码的图像及多种语言文字信息的表示，如图 3.5 所示。

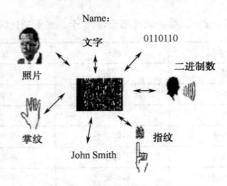

图 3.5 对数据源进行编码

（4）可引入加密机制

加密机制的引入是二维条码的又一优点，如图 3.6 所示。人们用二维条码表示身份证时，可以先用一定的加密算法将图像信息加密，然后用二维条码表示。在识别二维条码时，再以一定的解密算法进行解密，就可以恢复表示的图像信息。

图 3.6 在二维条码中引入数据加密技术

4．二维条码的功能

使用二维条码可以解决如下问题：

（1）表示包括汉字、照片、指纹、签字在内的小型数据文件；
（2）在有限的面积上表示大量信息；
（3）对"物品"进行精确描述；
（4）防止各种证件、卡片及单证的仿造；
（5）在远离数据库和不便联网的地方实现数据采集。

3.1.2　二维条码的分类

根据实现原理，二维条码通常分为层排式二维条码（又称堆积式二维条码或行排式二维条码）和矩阵式二维条码（又称棋盘式二维条码）两大类。

1．行排式二维条码

行排式二维条码的编码原理是建立在一维条码基础之上的，按需要将一维条码堆积成两行或多行。它在编码设计、校验原理、识读方式等方面继承了一维条码的一些特点，识读设备与条码印刷同一维条码技术兼容。但由于行数的增加，需要对行进行判定，其译码算法与软件也不完全同于一维条码。有代表性的行排式二维条码有 CODE49、CODE 16K、PDF417

等。其中，Code49、PDF417、Code 16K 等都是层排式二维条码。层排式二维条码可通过线性扫描器逐层实现译码，也可通过照相和图像处理技术进行译码。

2. 矩阵式二维条码

矩阵式二维条码是通过在一个矩形空间中黑、白像素的不同分布位置进行编码的。在矩阵相应元素位置上，用点（方点、圆点或其他形状）的出现表示二进制的"1"，点的不出现表示二进制的"0"，点的排列组合确定了矩阵式二维条码所代表的意义。矩阵式二维条码是建立在计算机图像处理技术、组合编码原理等基础上的一种新型图形符号自动识读处理码制。QR Code、Data Matrix、Maxi Code、Code One、矽感 CM 码（CompactMatrix）、龙贝码等都是矩阵式二维条码。绝大多数矩阵式二维条码必须采用照相技术进行识读。

图 3.7 给出了典型的行排式二维条码、矩阵式二维条码的图形，上排分别是 PDF417 条码、Code 16K 条码和 Code49 条码，它们都是行排式二维条码；下排分别是 QRcode 条码、Data Matrix 和 Maxi Code，它们都是矩阵式二维条码。

图 3.7　几种常见的二维条码图形符号

3.1.3　与二维条码有关的基本术语

（1）层排式二维条码（2D Stacked Bar Code）

层排式二维条码是由多个被截短了的一维条码层排而成的二维条码，即层排式二维条码是一种多层符号（Multi-Row Symbology）。

（2）矩阵式二维条码（2D Matrix Bar Code）

矩阵式二维条码是由中心距固定的多边形单元组成的标记，用于表示一定信息的二维条码，即矩阵式二维条码是一种二维矩阵符号（2D Matrix Symbology），它可能包含与其他单元组成规则不同的识别图形。

（3）数据字符（Data Character）

数据字符是用于表示特定信息的 ASCII 字符集的一个字母、数字或其他种类的字符。

（4）符号字符（Symbology Character）

符号字符是某种条码符号定义的表示信息的"条"、"空"组合形式。

在数据字符与符号字符之间不一定存在一一对应的关系。一般情况下，每个符号字符分配一个唯一的值。

(5)代码集(Code Set)

代码集是指数据字符转化为符号字符值的方法。

(6)码字(Codeword)

码字是二级字符的值,它是源数据向符号字符转换的一个中间值。一种符号的码字决定了该符号所有符号字符的数量。

(7)字符自校验(Chacrater Self-checking)

字符自校验是指在一个符号字符中出现一个单一的印刷错误时,识读器不会将该符号字符译成其他符号字符的特性。

(8)字符集(Character Set)

字符集是条码符号可以表示的字母、数字和符号的集合。

(9)E 错误纠正(Erasure Correction)

E 错误是指在已知位置上因图像对比度不够、存在大污点等造成的该位置符号字符无法识读,又称拒读错误。通过错误纠正码字对 E 错误进行恢复称为 E 错误纠正。对于每个 E 错误的纠正仅需一个错误纠正码字。

(10)T 错误纠正(Error Correction)

T 错误是指因某种原因将一个符号字符被识读为其他符号的错误,又称为替代错误。T 错误的位置及该位置的正确值都是未知的。对于每个 T 错误纠正需要两个错误纠正码字(一个找出位置,另一个用于纠正错误)。

(11)纠错字符(Error Correction Character)

纠错字符是二维条码中错误检测和错误纠正的字符,一般有多个错误纠正字符用于错误检测及错误纠正。

(12)纠错码字(Error Correction Codeword)

纠错码字是二维条码中纠错字符的值。

(13)错误检测(Error Detection)

用于错误检测的错误纠正字符可以检测出符号中不超出错误纠正容量的错误数量,从而保证符号不被读错。可保留一些错误纠正字符用于错误检测,这些字符被称为检测字符。错误纠正算法也可通过检测无效错误纠正计算的结果来提供错误检测功能。E 错误纠正不提供错误检测功能。

3.1.4 二维条码识读设备

二维条码的识读设备依识读原理的不同可分为以下三种。

(1)线性 CCD 和线性图像式识读器(Linear Imager)。该识读器可识读一维条码和行排式二维条码(如 PDF417),在阅读二维条码时需要沿条码的垂直方向扫过整个条码,又称为"扫动式阅读",这类产品的价格比较低廉。

(2)带光栅的激光识读器。该识读器可识读一维条码和行排式二维条码。识读二维码时将扫描光线对准条码,由光栅部件完成垂直扫描。

(3)图像式识读器(Image Reader)。该识读器采用面阵 CCD 摄像方式将条码图像摄取后进行分析和解码,可识读一维条码和二维条码。

另外,二维条码的识读设备按工作方式还可以分为手持式识读设备、固定式识读设备和平板扫描式识读设备。

二维条码的识读设备对二维条码的识读会有一些限制，但均能识别一维条码。

3.2 PDF417 条码

3.2.1 概述

PDF417 条码是由留美华人王寅敬（音）博士发明的。PDF 为英文 Portable Data File 的缩写，意为"便携数据文件"。因为组成条码的每一符号字符都是由 4 个条和 4 个空共 17 个模块构成的，所以称为 PDF417 条码。

PDF417 是一种多层、可变长度、具有高容量和纠错能力的二维条码。每一个 PDF417 符号可以表示 1108 个字节、1850 个 ASCⅡ字符或 2710 个数字的信息。

自 Symbol 公司发明 PDF417 条码并将其作为公开的标准后，PDF417 条码在许多国家得到广泛应用。在中国，二维条码被列为"九五"期间的国家重点科技攻关项目，1997 年 12 月国家正式颁布了国家标准 GB/T 17172—1997《PDF417 条码》。

3.2.2 术语及定义

（1）符号字符（Symbol Character）。符号字符是条码符号中，由特定的"条"、"空"组合而成的表示信息的基本单位。

（2）码字（Codeword）。码字是符号字符的值。

（3）簇（Cluster）。簇是构成 PDF417 条码符号字符集的子集，它与码字集对应且相互独立。

（4）全球标签标识符（Global Label Identifier，GLI）。GLI 是对数据流的一种特定解释的标识。

（5）拒读错误（Rejection Error）。拒读错误是在确定位置上的符号字符的丢失或不可译码。

（6）替代错误（Substitution Error）。替代错误是在随机位置上的符号字符的错误译码。

3.2.3 基本特性

PDF417 条码的基本特性如表 3.3 所示。

表 3.3 PDF417 条码的基本特性

项 目	特 性
可编码字符集	全部 ASCII 字符或 8 位二进制数据，可表示汉字
类型	连续型、多层
字符自校验功能	有
符号尺寸	可变，高度为 3～90 行，宽度为 90～583 个模块单位

续表

项 目	特 性
双向可读	是
错误纠正码词数	2~512 个
最大数据容量（错误纠正级别为 0 时）	每个符号可表示 1850 个文本字符，或 2710 个数字，或 1108 个字节
附加特性	可选错误纠正等级，可跨行扫描
附加选择	宏 PDF417 条码、GLI（全球标记标识符）、截短 PDF417

3.2.4 符号结构

PDF417 条码符号是一个多行结构。符号的顶部和底部为空白区。上下空白区之间为多行结构。每行数据符号字符数相同，行与行左右对齐且直接衔接。其最小行数为 3 行，最大行数为 90 行。PDF417 条码符号的结构如图 3.8 所示。每行构成要素为左空白区、起始符、左行指示符号字符、1~30 个数据符号字符、右行指示符号字符、终止符、右空白区。

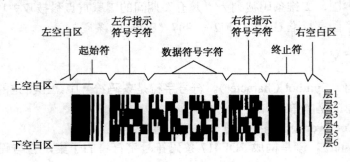

图 3.8　PDF417 条码符号的结构

PDF417 条码符号的起始符和终止符都是唯一的。自左向右由条开始，起始符的条、空组合序列为 81111113，终止符的条、空组合序列为 711311121。

空白区位于起始符之前，终止符之后，第一行之上，最后一行之下。空白区最小宽度为两个模块宽。

3.2.5 符号表示

（1）符号字符的结构

PDF417 条码每一个符号字符包括 4 个条和 4 个空，自左向右从条开始。每一个条或空由 1~6 个模块组成。在一个符号字符中，4 个条和 4 个空的总模块数为 17，如图 3.9 所示。

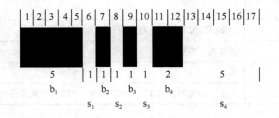

图 3.9　PDF417 符号字符的结构

(2) 码字集

PDF417 条码的码字集包含 929 个码字。码字的取值范围为 0～928。在码字集中，码字的使用遵循下列规则。

① 码字 0～899。根据当前的压缩模式和 GLI（全球标记标志符）解释，用于表示数据。

② 码字 900～928。在每一模式中，用于具有特定目的符号字符表示。具体规定如下：

a. 码字 900、901、902、913 和 924 用于模式标识；

b. 码字 925、926、927 用于 GLI；

c. 码字 922、923、928 用于宏 417 条码；

d. 码字 921 用于阅读器初始化；

e. 码字 903～912、914～920 保留待用。

(3) 符号字符的簇

PDF417 条码符号字符集由三个簇构成，每一簇包含以不同的条、空形式表示的所有 929 个 PDF417 条码的码字。在每一簇中，每一符号字符对应唯一的码字，其范围为 0～928。

PDF417 逻辑簇号为 0、3 和 6。簇号的定义适用于所有的 417 条码符号字符。PDF417 条码符号的每行只使用一个簇中的符号字符。同一簇每三行重复一次。第一行使用第 0 簇的符号字符，第二行使用第 3 簇的符号字符，第三行使用第 6 簇的符号字符，第四行使用第 0 簇的符号字符，依此类推。行号由上向下递增，最上一行行号为 1。

对于一个特定的符号字符，其簇号由下式确定：

簇号 = $(b_1-b_2+b_3-b_4+9)$ mod 9

式中 b_1～b_4 分别表示自左向右四个条的模块数。

例如，对于图 4.8 所示的符号字符，其簇号计算如下：

簇号 = $(5-1+1-2+9)$ mod 9 = 3

对于每一特定的行，使用的符号字符的簇号由下式计算：

簇号 = [(行号-1) mod 3] * 3

(4) 行指示符号字符

行指示符号字符包括左行指示符号字符（L_i）和右行指示符号字符（R_i），分别与起始符和终止符相邻接，如图 3.10 所示。行指示符号字符的值（码字）指示 417 条码的行号（i）、行数（3～90）、数据区中的数据符号字符的列数据（1～30）、错误纠正等级（0～8）。

	左行指示字符（L_i）					右行指示字符（R_i）	
	$L_1(x_1, y)$					$R_1(x_1, y)$	
	$L_2(x_2, z)$					$R_2(x_2, z)$	
	$L_3(x_3, v)$					$R_3(x_3, v)$	
起始符	$L_4(x_4, y)$					$R_4(x_4, y)$	终止符
	$L_5(x_5, z)$					$R_5(x_5, z)$	
	$L_6(x_6, v)$					$R_6(x_6, v)$	
	⋮					⋮	

图 3.10　左、右行指示符号字符

左行指示符号字符（L_i）的值由下式确定：

$$L_i = \begin{cases} 30x_i+y & \text{当 } c_i=0 \text{ 时} \\ 30x_i+z & \text{当 } c_i=3 \text{ 时} \\ 30x_i+v & \text{当 } c_i=6 \text{ 时} \end{cases}$$

右行指示符号字符（R_i）的值由下式确定：

$$R_i = \begin{cases} 30x_i+v & \text{当 } c_i=0 \text{ 时} \\ 30x_i+y & \text{当 } c_i=3 \text{ 时} \\ 30x_i+z & \text{当 } c_i=6 \text{ 时} \end{cases}$$

式中，x_i=INT [（行号－1）/3]　　　i=1，2，3，…，90；
　　　y= INT [（行号－1）/3]；
　　　v=数据区的列数－1；
　　　c_i=第 i 行的簇号。

例如，一个 PDF417 条码为 3 行、3 列，错误纠正等级为 1 级，那么（L_1，L_2，L_3）为（0，5，2），（R_1，R_2，R_3）为（2，0，5）。

3.2.6　模式结构

PDF417 条码有三种数据压缩模式：文本压缩模式（TC）、字节压缩模式（BC）和数字压缩模式（NC）。通过应用模式锁定/转移（latch/shift）码字，可以在一个 PDF417 条码符号中应用多种模式表示数据。

（1）模式锁定与模式转移码字

模式锁定与模式转移码字用于模式之间的切换，模式切换码字表如表 3.4 所示。

表 3.4　模式切换码字表

模　　式		模式锁定	模式转移
文本压缩模式（TC）	大写字母型子模式	900	
文本压缩模式（TC）	小写字母型子模式	900	
文本压缩模式（TC）	混合型子模式	900	
文本压缩模式（TC）	标点型子模式		
字节压缩模式（BC）		901/924	913
数字压缩模式（NC）		902	

模式锁定码字用于将当前模式切换为指定的目标模式，该模式切换在下一个切换之前一直有效。

模式转移码字用于将文本压缩模式（TC）暂时切换为字节压缩模式（BC）。这种切换仅对切换后的第一个码字有效，随后的码字又返回到文本压缩模式（TC）的当前子模式。

锁定模式可以将当前模式切换成任一种模式，包括切换成当前模式；字节压缩模式（BC）下不能再用字节模式转移。模式切换如图 3.11 所示。

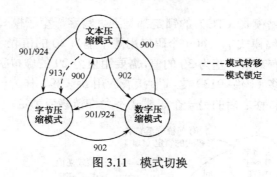

图 3.11 模式切换

（2）文本压缩模式（TC）

文本压缩模式是每一符号起始的默认有效的压缩模式。为了更有效地表示数据，文本压缩模式又分为四个子模式：大写字母型子模式（Alpha）、小写字母型子模式（Lower Case）、混合型子模式（Mixed）和标点型子模式（Punctuation）。

文本压缩模式子模式的设置是为了更有效地表示数据。每种子模式选择了文件中出现频率较高的一组字符组成字符集。在子模式中，每一个字符对应一个值（0～29），如表 3.5 所示，就可以用一个单独的码字表示一个字符对，表示字符对的码字由下式计算：

$$码字 = 30 \times H + L$$

式中，H、L 依次表示字符对中的高位和低位字符值。

表 3.5　GLI 为 0 时文本压缩模式下字符的对应值

值	大写字母型 ASCII值	大写字母型 字符	小写字母型 ASCII值	小写字母型 字符	混合型 ASCII值	混合型 字符	标点型 ASCII值	标点型 字符	值	大写字母型 ASCII值	大写字母型 字符	小写字母型 ASCII值	小写字母型 字符	混合型 ASCII值	混合型 字符	标点型 ASCII值	标点型 字符
0	65	A	97	a	48	0	59	;	15	80	P	112	p	35	#	10	LF
1	66	B	98	b	49	1	60	<	16	81	Q	113	q	45	-	45	-
2	67	C	99	c	50	2	62	>	17	82	R	114	r	46	.	46	.
3	68	D	100	d	51	3	64	@	18	83	S	115	s	36	$	36	$
4	69	E	101	e	52	4	91	[	19	84	T	116	t	47	/	47	/
5	70	F	102	f	53	5	92	\	20	85	U	117	u	43	+	34	"
6	71	G	103	g	54	6	93	]	21	86	V	118	v	37	%	124	|
7	72	H	104	h	55	7	95	_	22	87	W	119	w	42	*	42	*
8	73	I	105	i	56	8	96	,	23	88	X	120	x	61	=	40	(
9	74	J	106	j	57	9	126	!	24	89	Y	121	y	94	^	41	)
10	75	K	107	K	38	&	33	CR	25	90	Z	122	z		pl	63	?
11	76	L	108	l	13	CR	13	HT	26	32	SP	32	SP	32	SP	123	|
12	77	M	109	m	09	HT	09	,	27		11		as		11		|
13	78	N	110	n	44	,	44	:	28		ml		ml		al		,
14	79	O	111	o	58	:	58		29		Ps		ps		ps		al

注：表中 ll、ps、ml、al、pl、as 用于子模式切换。

任何模式到文本压缩模式（TC）的锁定都是到大写字母型子模式（Alpha）的锁定，如图 3.12 所示。在文本压缩模式中，每一个码字用两个基为 30 的值表示（范围为 0~29）。如果在一个字符串的尾部有奇数个基为 30 的值，需要用值为 29 的虚拟字符 ps 填充最后一个码字。如果在一个字节转移（码字 913）之前紧接着应用 ps（29）作为一个填充，那么 ps 则无效。紧跟在一个子模式转移之后的另一个子模式不允许转移或锁定。

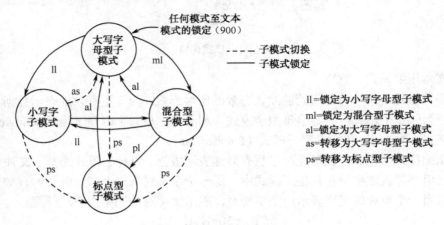

图 3.12 描述子模式的切换结构

（3）字节压缩模式（BC）

字节压缩模式（BC）通过基 256 至基 900 的转换，将字节序列转换为码字序列。

对于字节压缩模式，有两个模式锁定（901，924）。当所要表示的字节总数不是 6 的倍数时，用模式锁定 901；当所要表示的字节总数是 6 的倍数时，用模式锁定 924。

在应用模式锁定 924 的情况下，6 个字节可通过基 256 至基 900 的转换用 5 个码字表示，从左到右进行转换。

例如，一个 2 位十六进制的数据序列 01H，02H，03H，04H，05H，06H 可以表示为一个码字序列 924，1，620，89，74，846。

因为有 6 个数据单元，第一个码字选用字节压缩模式锁定码字 924，这 6 个数据字节到 5 个码字转换由下式给出：

$$1×256^5+2×256^4+3×256^3+4×256^2+5×256+6=$$
$$1×900^4+620×900^3+89×900^2+74×900+846$$

当所要表示的字节数不是 6 的倍数时，必须使用模式锁定码字 901，前每 6 个字节的转换方法与上述方法相同，对被 6 整除所剩余的字节应是：每个字节对应一个码字，逐字节用码字表示。

例如，数据序列 01H，02H，03H，04H，05H，06H，07H，08H，04H 共 9 个字节，可将其转换为码字序列 901，1，620，89，74，846，7，8，4。其中 901 为字节数不是 6 的倍数时的字节模式锁定码字；前 6 个字节应用基 256 至基 900 的转换，字节转移方法与上述方法相同；所剩余的字节 07H，08H，04H，每个码字对应一个字节，依次直接表示。

模式转移 913 用于从文本压缩模式（TC）到字节压缩模式（BC）的暂时性转移。

（4）数字压缩模式（NC）

数字压缩模式是指从基 10 至基 900 的数据压缩的一种方法。GLI 为 0 时，数字压缩用于数据位数的压缩。数字压缩模式下的数字值映射如表 3.6 所示。

表 3.6 数字压缩模式下的数字值映射

数字	ASCII 值	GLI0 字符	数字	ASCII 值	GLI0 字符
0	48	0	5	53	5
1	49	1	6	54	6
2	50	2	7	55	7
3	51	3	8	56	8
4	52	4	9	57	9

在数字模式下,将根据下述算法对数字位进行编码:

① 将数字序列从左向右每 44 位分为一组,最后一组包含的数字位可以少于 44 个。

② 对于每一组数字:首先,在数字序列前加一位有效数字 1(即前导位);然后执行基 10 至基 900 的转换。

例如,数字序列 000213298174000 的表示。

首先,对其进行分组。因它共有 15 位,故只有一组;

其次,在其最左边加 1,将得到数字序列 1000213298174000;

最后,将其转移成基 900 的码字序列,结果为 1,624,434,632,282,200。

译码算法与编码算法相反:

① 将每 15 个码字从左向右分为一组(每 15 个码字可转换成 44 个数字位),最后一组码字可少于 15 个。

② 对于每一组码字,先执行基 900 至基 10 的转换;然后去掉前导位 1。

对于上例,因只有 6 个码字,故仅能分为一组。其转换为:

$1 \times 900^5 + 624 \times 900^4 + 434 \times 900^3 + 632 \times 900^2 + 282 \times 900 + 200 = 1000213298174000$

去掉前导位 1,得:000213298174000。

没有任何转移可以进入数字压缩模式,同样无法通过模式转移从这种模式中退出。从数字模式中退出仅能通过模式锁定(900,901 或 924)及符号的结束来实现。

3.2.7 数据编码

数据区中的第一个码字是符号长度值,它表示数据码字(包括符号长度码字)的个数。模式结构的应用从第二个码字开始。文本模式的大写字母型子模式和 GLI0 译解对每一符号起始时有效;在符号中,其模式可按配给出的模式锁定或模式转移码字进行切换。

在文本压缩模式中,每一个码字由表 4.5(GLI 为 0 时文本压缩子模式下字符的对应值)中的两个基为 30 的值表示。

例如,字符串"Ad:102"可以编码为字符序列 A,ll,d,ml,:,0,2。其中:ll 为小写字母型子模式锁定;ml 为混合型子模式锁定。

可从表 4.5 得出这些字符对应的值为(0,27,3,28,14,1,0,2)。可分组为(0,27),(3,28),(14,1),(0,2)。根据公式码字=30×H+L,符号字符值计算如下:

(0×30+27,3×30+28,14×30+1,0×30+2) = (27,118,421,2)

其结果 6 个字符通过子模式切换机制用 4 个码字表示。

通过应用锁定和转移的不同压缩，可用不同的码字序列表示同一个数据字符串。

例如，输入一个 4 个字符的 ASCII 串：〈j〉，〈ACK〉，〈p〉，〈q〉

输出（序列 1）：（〈ll〉，〈j〉））（〈913〉）（〈ACK〉）（〈p〉，〈q〉）

（序列 2）：（〈901〉）（〈j〉）（〈ACK〉）（〈p〉）（〈q〉）

相对应的码字为（序列 1）：819，913，6，466

（序列 2）：901，106，6，112，113

序列 1 是先从小写字母型文本模式转移到字节压缩模式，然后又返回到小写字母型文本子模式。序列 2 是仅应用字节压缩模式。

PDF417 条码符号的形状为矩形，当码字总数不能正好填充一个矩形时，用码字 900 作为虚拟码字填充。虚拟填充码字必须放在可选的宏 417 条码控制模块和纠正码字之前。

3.2.8 全球标记标识符（GLI）

全球标记标识符（Global Label Identifier）是对数据流的一种特定解释的标记。它的表示形式为 GLIy，y 的取值范围为 0～8111799。在符号中，用相应的码字序列来表示并激活一组解释，这组解释对由数据压缩模式表示的数据流赋予一定的含义，直至下一个 GLI，否则在符号结束之前一直有效。

（1）GLI 值及码字序列

① 当 y 为 0～899 时，对应的码字序列为：927，G_1（G_1=y）。

② 当 y 为 900～810899 时，对应的码字序列为：926，G_2，G_3 [（G_2+1）×900+G_3=y]。

③ 当 y 为 810900～811799 时，对应的码字序列为：925，G_4，（810900+G_4=y）。

以上 G_1、G_2、G_3、G_4 为 0～899 的码字。

（2）GLI 应用

① GLI0～GLI899　　　　　用于国际字符集

② GLI900～GLI810899　　用于通用目的

③ GLI810900～GLI811799　用于用户自定义

在一个 PDF417 条码符号中可以应用多重 GLI。PDF417 条码符号默认的 GLI 值为 0。在起始位置，不需要 GLI 码字序列来激活这种默认解释；如果当前的 GLI 值不为 0，并希望使用 GLI0 解释，那么可使用码字序列 927，0 将其转换为默认解释。

当 GLI 值为 0 时，字节值的解释如表 3.7 所示。

表 3.7　GLI0 字符集的十进制值

值	字符	值	字符	值	字符	值	字符	值	字符	值	字符	值	字符
0	NUL	6	ACK	12	FF	18	DC2	24	CAN	30	RS	36	$
1	SOH	7	BEL	13	CR	19	DC3	25	BM	31	US	37	%
2	STX	8	BS	14	SO	20	DC4	26	SUB	32	SP	38	&
3	ETX	9	HT	15	SI	21	NAK	27	ESC	33	!	39	,
4	EOT	10	LF	16	DLE	22	SYN	28	ES	34	"	40	(
5	ENQ	11	VT	17	DC1	23	ETB	29	GS	35	#	41	)

续表

值	字符	值	字符	值	字符	值	字符	值	字符	值	字符
42	*	73	I	104	h	135	Ç	166	a	197	┤	228	Σ
43	+	74	J	105	i	136	ě	167	Ǭ	198	╞	229	σ
44	,	75	K	106	j	137	ë	168	¿	199	╟	230	μ
45	-	76	L	107	k	138	è	169	⌐	200	╚	231	τ
46	.	77	M	108	l	139	Ÿ	170	¬	201	╔	232	φ
47	/	78	N	109	m	140	î	171	1/2	202	╩	233	Ω
48	0	79	O	110	n	141	ì	172	1/4	203	╦	234	δ
49	1	80	P	111	o	142	Ä	173	¡	204	╠	235	∞
50	2	81	Q	112	p	143	Å	174	«	205	═	236	ø
51	3	82	R	113	q	144	É	175	»	206	╬	237	¢
52	4	83	S	114	r	145	æ	176	░	207	╧	238	∈
53	5	84	T	115	s	146	Æ	177	▒	208	╨	239	∩
54	6	85	U	116	t	147	ô	178	▓	209	╤	240	≡
55	7	86	V	117	u	148	ö	179	│	210	╥	241	±
56	8	87	W	118	v	149	ò	180	┤	211	╙	242	≥
57	9	88	X	119	w	150	û	181	╡	212	╘	243	≤
58	:	89	Y	120	x	151	ù	182	╢	213	F	244	∫
59	;	90	Z	121	y	152	ÿ	183	╖	214	╒	245	⌡
60	<	91	[	122	z	153	Ö	184	╕	215	╫	246	+
61	=	92	\	123	{	154	Ü	185	╣	216	╪	247	≈
62	>	93	]	124			155	¢	186	║	217	┘	248	°
63	?	94	^	125	}	156	£	187	╗	218	┌	249	•
64	@	95	_	126	~	157	¥	188	╝	219	█	250	·
65	A	96	`	127	DEL	158	Pt	189	╜	220	▄	251	√
66	B	97	a	128	Ç	159	ƒ	190	╛	221	▌	252	n
67	C	98	b	129	ě	160	á	191	┐	222	▐	253	²
68	D	99	c	130	é	161	í	192	└	223	▀	254	■
69	E	100	d	131	â	162	ó	193	┴	224	α	255	·
70	F	101	e	132	ä	163	ú	194	┬	225	β		
71	G	102	f	133	à	164	ñ	195	├	226	Γ		
72	H	103	g	134	á	165	N	196	─	227	π		

3.2.9 错误检测与纠正

每一个 PDF417 条码至少包含两个错误纠正码字,用于符号的错误检测与纠正。

(1) 错误纠正等级

PDF417 条码的错误纠正等级可由用户选择。每种错误纠正等级所对应的错误纠正码字数目如表 3.8 所示。

表 3.8　PDF417 条码的错误纠正等级

错误纠正等级	0	1	2	3	4	5	6	7	8
错误纠正码字数目	2	4	8	16	32	64	128	256	512

（2）错误纠正容量

对于一个给定的错误纠正等级，其错误纠正容量由下式确定：

$$e+2t \leq d-2=2^{(s+1)}-2$$

式中，e 表示拒读错误数目；
　　　t 表示替代错误数目；
　　　s 表示错误纠正等级；
　　　d 表示错误纠正码字数目。

错误纠正码字的总数为 $2^{(s+1)}$。其中，两个用于错误检测，其余的错误纠正码字用于错误纠正。用一个错误纠正码字恢复一个拒读错误，用两个错误纠正码字恢复一个替代错误。

当被纠正的替代错误数目小于 4 时（$s=0$ 除外），错误纠正容量由下式确定：

$$e+2t \leq d-3$$

例如，一个错误纠正等级为 3 的 PDF417 条码符号能纠正 13 个拒读错误或 7 个替代错误，或者 e 和 t 的各种组合，但必须满足上述纠正容量条件。

（3）错误检测与错误纠正码字的计算

对于一组给定的数据码字，错误纠正码字根据 Reed-Solomom 错误控制码算法计算。

① 第一步：建立符号数据多项式。

符号数据多项式如下：

$$D(x)=d_{n-1}x^{n-1}+d_{n-2}x^{n-2}+\cdots+d_1 x+d_0$$

式中，多项式的系数由数据码字区中的码字组成。其中包括符号长度码字、数据码字、填充码字、宏 417 条码控制块。每一数据码字 d_i（$i=0$，…，$n-2$，$n-1$）在 417 条码符号中的排列位置，如表 3.8 所示。

② 第二步：建立纠正码字的生成多项式。

k 个错误纠正码字的生成多项式如下：

$$g(x)=(x-3)(x-3^2)\cdots(x-3^k)=x^k+g_{k-1}x^{k-1}+\cdots+g_1 x+g_0$$

式中，k 为错误纠正码字 c_i（$i=0$，…，$k-2$，$k-1$）的个数，c_i 在 PDF417 条码符号中的排列位置如图 3.13 所示。

起始符	L_0	d_{n-1}	d_{n-2}			R_0	终止符
	L_1					R_1	
	L_{m-2}			d_0	c_{k-1}	c_{k-2}	R_{m-2}
	L_{m-1}				c_1	c_0	R_{m-1}

图 3.13　数据、行标识符及错误纠正

③ 第三步：纠正错误码字的计算。

对一组给定的数据码字和一选定的错误纠正等级，错误纠正码字为符号数据多项式 $D(x)$ 乘以 x^k，然后除以生成多项式 $g(x)$，所得的余式的各系数的补数。如果 c_i>-929，在有限域 GF（929）中的负值等于该值的补数；如果 c_i≤-929，在有限域 GF（929）中的负值等于余数（c_i/929）的补数。

（4）错误纠正等级选择

对于开放式系统，不同数量的编码数据所对应的错误纠正等级推荐值如表 3.9 所示。在 417 条码符号容易损坏的场所，建议选用较高的错误纠正等级；在封闭系统中，可选用低于推荐纠正等级的错误纠正等级。

表 3.9 PDF417 条码的推荐错误纠正等级

数据码字数	1～40	41～160	161～320	321～863
错误纠正等级	2	3	4	5

3.2.10 宏 PDF417 条码

当文件内容过长，无法用一个 PDF417 条码符号表示时，可用包含多个宏 PDF417 条码的分块表示，通过宏 PDF417 条码符号可将一个文件用 1～99999 个条码符号分块表示。

（1）控制块

宏 PDF417 条码与普通 PDF417 条码的不同之处是，它包含附加的控制信息。这些控制信息放在一个宏 PDF 的控制块中，每一个符号包含一个控制块。控制块跟在其相关的数据块之后，控制块的长度包含在符号长度码字之中，控制块给出了文件的标识（ID）、各分块之间的连接次序及文件其他相关信息。解码时，宏 PDF417 条码通过控制块信息将各分块的扫描信息重新正确地连接起来，而不须考虑扫描阅读的前后次序。

控制块以值为 928 块的标记码字开始，一直到错误纠正码字的起始位置。它最少应包含两个强制字段：块索引和文件标识。它也可以包含一定数量的可选字段。控制块的构成及其在条码符号中的位置如图 3.14 所示。

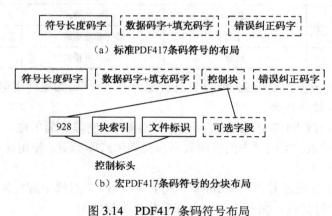

图 3.14 PDF417 条码符号布局

（2）块索引

在宏 PDF417 条码中，每一个条码符号为整个文件的一个部分。为了恢复整个文件，每一部分必须按正确次序连接起来。在控制块中的控制信息为这个组合过程的实现提供了条件。对于一个宏 PDF417 条码符号的 k 个分块，每一个条码符号的控制块中的块索引字段包含（0，k-1）的一个值，该值与分块表示的每一个条码符号的相对位置对应。

块索引包含两个码字，用 GLI0 中定义的数字压缩模式表示。在应用数字压缩之前，块索引不足 5 位时，在其前面用"0"填充，块索引最大允许值为 99998。

（3）文件标识

在一个宏 PDF417 条码符号中，每一分块的文件标识字段的值相同。文件标识是一个可变长度字段，它从块索引后的第一个码字开始，一直延伸到可选字段的起始位置（如果存在可选字段）或延伸至控制块的结束（如果不存在可选字段）。

文件标识（ID）中的每一个码字为 0~899 的一个整数值。

（4）可选字段

可选字段跟在文件标识（ID）之后，每一可选字段以一个具体的标记序列开始，一直延伸到下一个可选字段的开始（如果存在另一个可选字段）或延伸至控制块的终止（如果不存在可选字段）。除分块计数字段之外，在文件的分块表示中，这些字段总是代表总的文件属性，并且不须在多个控制块中出现。具体哪一个分块包含这些字段取决于所采用的译码器，如果一个特殊字段出现在多个分块中，那么它必须同时出现在每一个分块中。

标记序列由码字 923 和跟在 923 之后的字段标号组成。在每一个可选字段中，跟在标记序列后的数据为该字段的具体内容。任何通用目的或模式标识的码字可在这个字段中使用，不使用空缺可选字段。宏 PDF417 可选字段设计器及其内容如表 3.10 所示。

表 3.10　宏 PDF417 可选字段设计器及其内容

字段标号	内容	压缩模式	总字段长度
0	文件名	文本压缩模式	可变
1	块计数	数字压缩模式	4
2	时间标记	数字压缩模式	6
3	发送方	文本压缩模式	可变
4	接收方	文本压缩模式	可变
5	文件尺寸	数字压缩模式	可变
6	校验	数字压缩模式	4

块计数字段取值范围为 1~99999，并且总被编为两个码字。如果使用可选的块计数字段，则该字段应在每一分块中出现。

时间标记字段按 PDF417 条码的数字压缩模式编码，它以秒为单位，以 1970 年 1 月 1 日 00:00 GMT 为初始点，用已过去的时间表示源文件的时间标记。使用这种格式，可用四个码字表示任何日期。

文件尺寸字段包含通过 CCITT−16 多项式 $x^{16}+x^{12}+x^5+1$ 对整个源文件计算求得的 16 位（双字节）CRC 校验符的值。大于 6 的字段标号值作为保留值。

（5）宏 PDF417 条码终止码字

在宏 PDF417 条码的最后一个分块符号中，控制块含有一个特殊的标记用于表示文件的结束。该标记为码字 922，放置在控制块的最后。其他分块符号的控制块在可选字段后结束，而没有特殊终止码字。

3.3 快速响应矩阵码 QR Code

3.3.1 QR Code 条码特点

快速响应矩阵码 QR Code 是由日本 Denso 公司于 1994 年 9 月研制的一种矩阵二维条码,如图 3.15 所示。它除具有二维条码所具有的信息容量大、可靠性高、可表示汉字及图像多种信息、保密防伪等特点外,还具有以下特点。

图 3.15　QR Code 条码符号的标识

(1) 超高速识读

从 QR Code 码的英文名称 Quick Response Code 中可以看出,超高速识读是 QR Code 区别于 PDF417、Data Matrix 等二维条码的主要特点。用 CCD 二维条码识读设备,每秒可识读 30 个 QR Code 条码字符;对于含有相同数据信息的 PDF417 条码字符,每秒仅能识读 3 个条码字符;对于 Data Martix 矩阵码,每秒仅能识读 2～3 个条码字符。QR Code 码具有的唯一的寻像图形使识读器识读简便,具有超高速识读性和高可靠性;具有的校正图形,可有效解决基底弯曲或光学变形等情况的识读问题,使它适宜应用于工业自动化生产线管理等领域。

(2) 全方位识读

QR Code 具有全方位(360°)识读特点,这是 QR Code 优于行排式二维条码如 PDF417 条码的另一个主要特点。由于 PDF417 是通过将一维条码符号在行排高度上截短来实现的,因此它很难实现全方位识读,其识读方向角仅为±10°。

(3) 最大数据容量

① QR Code 最多可容纳数字字符 7089 个;字母数字字符 4296 个;汉字 1817 个。

② Data Martix(ECC200)最多可容纳数字字符 3116 个;字母数字字符 2335 个;汉字 778 个。

③ PDF417 最多可容纳数字字符 2710 个;字母数字字符 1850 个;汉字 554 个。

(4) 能够有效地表示中国汉字、日本汉字

QR Code 用特定的数据压缩模式表示中国汉字和日本汉字,它仅用 13bit 就可表示一个汉字,而 PDF417 条码、Data Martix 等二维条码没有特定的汉字表示模式,需用 16bit(两个字节)表示一个汉字。因此,QR Code 比其他的二维条码表示汉字的效率提高了 20%。该特点是 QR Code 条码能在中国具有良好的应用前景的主要因素之一。

(5) QR Code 与 Data Martix 和 PDF 417 的比较如表 3.11 所示。

表 3.11　QR Code 与 Data Martix 和 PDF 417 的比较

码制 项目	QR Code	Data Martix	PDF 417
符号结构			
研制单位	Denso Corp （日本）	I.D.Matrix Inc （美国）	Symbol Technologies Inc （美国）
研制分类	矩阵式		行排式
识读速度①	30 个/s	2～3 个/s	3 个/s
识读方向	全方位（360°）		±10°
识读方法	深色/浅色模块判别		条空宽度尺寸判别
汉字表示	13bit	16bit	16bit

注：① 每一符号表示 100 个字符的信息。

3.3.2　相关术语

（1）校正图形（Alignment Pattern）
用于确立矩阵符号位置的一个固定的参照图形，译码软件可以通过其在图像中有中等程度损坏的情况下，再同步图像模块的坐标映像。

（2）字符计数指示符（Character Count Indicator）
字符计数指示符定义某一模式下的数据串长度的位序列。

（3）ECI 指示符（ECI Designator）
ECI 指示符有六位数字，用于标示具体的 ECI 任务。

（4）编码区域（Encoding Region）
编码区域是指在符号中没有被功能图形占用，可以对数据或纠错码字进行编码的区域。

（5）扩充解释[Extended Channel Interpretation（ECI）]
扩充解释是指在某些码制中，对输出数据流允许有与默认字符集不同解释的协议。

（6）扩展图形（Extension Pattern）
扩充图形是指扩充解释（ECI）模式中，不表示数据的一种功能图形。

（7）格式信息（Format Information）
格式信息是一种功能图形，它包含符号使用的纠错等级及使用的掩模图形的信息，以便对编码区域的剩余部分进行译码。

（8）功能图形（Function Pattern）
功能图形是指符号中用于符号定位与特征识别的特定图形。

（9）掩模图形参考（Mask Pattern Reference）
掩模图形参考是用于符号定位与特征识别的特定图形。

（10）掩模（Masking）
在编码区域内，用掩模图形对位图进行异或（XOR）操作，其目的是使符号中深色与浅色模块数均衡，并且减少影响图像快速处理的图形出现。

（11）模式（Mode）

模式是将特定的字符集表示成位串的方法。

（12）模式指示符（Mode Indicator）

模式指示符是四位标识符，指示随后的数据序列所用的编码模式。

（13）填充位（Padding Bit）

填充位的值为 0，不表示数据，用于填充数据位流最后一个码字中终止符后面的空位。

（14）位置探测图形（Position Detection Pattern）

位置探测图形是组成寻像图形的三个相同的图形之一。

（15）剩余位（Remainder Bit）

剩余位的值为 0，不表示数据，当编码区域不能被八位的码字填满时，用于填充最后一个码字后空位。

（16）剩余码字（Remainder Codeword）

剩余码字是一种填充码字，当所有的数据码字和纠错码字不能正好填满符号的容量时，用于填充所空码字位置，它们紧跟在最后一个纠错字之后。

（17）段（Segment）

段是以同一 eci 或编码模式编码的数据序列。

（18）分隔符（Separator）

分隔符是全部由浅色模块组成的功能图形，宽度为一个模块，用于将位置探测图形与符号的其余部分分开。

（19）终止符（Terminator）

终止符用于结束表示数据位流的位图 0000。

（20）定位图形（Timing Pattern）

定位图形是指深色与浅色模块交错的图形，便于决定符号中模块的坐标。

（21）版本（Version）

版本是用于表示符号规格的系列。某一特定版本是根据它在所允许的规格系列中的位置来确定的。QR Code 条码所允许的规格系列为 21 模块×21 模块（版本 1）～177 模块×177 模块（版本 40）。它也可同时指示符号所应用的纠错等级。

（22）版本信息（Version Information）

版本信息是指在数字模式符号中，包含符号版本的信息及该数据纠错位的功能图形。

3.3.3　编码字符集

QR Code 条码的编码字符集如下：

（1）数字型数据（数字 0～9）。

（2）字母数字型数据（数字 0～9；大写字母 A～Z；9 个其他字符：空格、"$"、"%"、"*"、"+"、"-"、"."、"/"、":"）。

（3）8 位字节型 QR Code 码数据[与 JIS X 0201 一致的 JIS 八位字符集（拉丁和假名）]。

（4）日本汉字字符（与 JIS X 0208 附录 1：转换代码表示法一致的转化 JIS 字符集。注意：在 QR Code 条码中的日本汉字字符的值为：8140_{HEX}～$9FFC_{HEX}$ 和 $E040_{HEX}$～EBB_{HEX}，

可以压缩为 13 位)。

(5) 中国汉字字符(GB 2312《信息交换用汉字编码字符集 基本集》对应的汉字和非汉字字符)。

3.3.4 基本特性

QR Code 的基本特性如表 3.12 所示。

表 3.12 QR Code 码符号的基本特性

符号规格	21 模块×21 模块(版本 1)～177 模块×177 模块(版本 40)(每一规格,每边增加四个模块)
数据类型与容量(指最大规格符号版本 40~L 级)	①数字数据　　　　　　　　7089 个字符 ②字母数据　　　　　　　　4296 个字符 ③八位字节数据　　　　　　2953 个字符 ④中国汉字、日本汉字数据　1817 个字符
数据表示方法	深色模块表示二进制的"1",浅色模块表示二进制的"0"
纠错能力	①L 级:约可纠错 7%的数据码字 ②M 级:约可纠错 15%的数据码字 ③Q 级:约可纠错 25%的数据码字 ④H 级:约可纠错 30%的数据码字
结构链接(可选)	可用 1～16 个 QR Code 条码符号表示一组信息
掩模(固有)	可以使符号中深色与浅色模块的比例接近 1∶1,使因相邻模块的排列造成译码困难的可能性降为最小
扩充解释(可选)	这种方式使符号可以表示默认字符集以外的数据(如阿拉伯字符、古斯拉夫字符、希腊字母等)及其他解释(如用一定的压缩方式表示的数据)或根据行业特点的需要进行编码
独立定位功能	有

3.3.5 符号结构

(1) 符号结构

每个 QR Code 条码符号由名义上的正方形模块构成,组成一个正方形阵列,它由编码区域和包括寻像图形、分隔符、定位图形和校正图形在内的功能图形组成。功能图形不能用于数据编码。符号的四周由空白区包围。QR Code 条码版本 7 符号的结构如图 3.16 所示。

(2) 符号版本和规格

QR Code 条码版本共有 40 种规格,分别为版本 1,版本 2,…,版本 40。版本 1 的规格为 21 模块×21 模块,版本 2 的规格为 25 模块×25 模块,依此类推,每一版本比前一版本每边增加 4 个模块,直到版本 40,规格为 177 模块×177 模块。图 3.17 为版本 1 和版本 2 的符号结构。

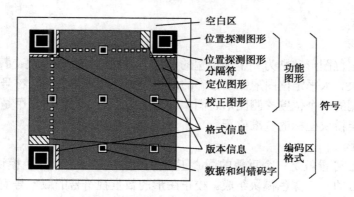

图 3.16 QR Code 条码符号的结构

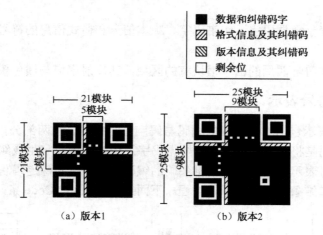

图 3.17 版本 1 和版本 2 的符号

(3) 寻像图形

寻像图形包括三个相同的位置控测图形，分别位于符号的左上角、右上角和左下角，如图 3.18 所示。每个位置探测图形可以看做是由在三个重叠的同心的正方形组成，它们分别为 (7×7) 个深色模块、(5×5) 个浅色模块和 (3×3) 个深色模块。如图 3.18 所示，位置探测图形的模块宽度比为 1∶1∶3∶1∶1。符号中其他地方遇到类似图形的可能性极小，因此可以迅速、明确地确定视场中符号的位置和方向。

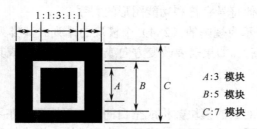

图 3.18 位置探测图形的结构

(4) 分隔符

在每个位置探测图形和编码区域之间有宽度为一个模块的分隔符，如图 4.15 所示，它全部由浅色模块组成。

（5）定位图形

水平和垂直定位图形分别为一个模块宽的一行和一列，由深/浅模块交替组成，其开始和结尾都是深色模块。水平定位图形位于上部的两个位置探测图形之间，符号的第六行。垂直定位图形位于左侧的两个位置探测图形之间，符号的第六列。它们的作用是确定符号的密度和版本，提供决定模块坐标的基准位置。

（6）校正图形

每个校正图形可看做是三个重叠的同心正方形，由（5×5）个深色模块，（3×3）个浅色模块和位于中心的一个深色模块组成。校正图形的数量视符号的版本号而定，在模式 2 的符号中，版本 2 以上（含版本 2）的符号均有校正图形。

（7）编码区域

编码区域包括表示数据码字、纠错码字、版本信息和格式信息的符号字符。

（8）空白区

空白区为环绕在符号四周的四个模块宽的区域，其反射率应与浅色模块相同。

3.3.6　二维条码符号表示

二维条码符号表示包括二维条码的编码与码字流的符号表示两部分内容，如图 3.19 所示。二维条码的编码是将数据信息转化为数据码字及根据数据码字生成纠错码字的过程；码字流的二维条码符号表示是指在完成二维条码的编码之后，按照特定码制符号字符排列规则将码字流用相应的二维条码符号表示的过程。下面主要介绍 QR Code 条码字流的符号表示。

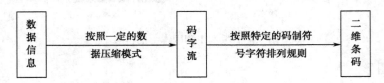

图 3.19　二维条码符号的表示

（1）码字在矩阵中的布置

① 符号字符表示。

在 QR Code 条码符号中有两种类型的符号字符：规则的和不规则的。它们的使用取决于其在符号中的位置及与其他符号字符和功能图形的关系。

多数码字在符号中表示为规则的（2×4）个模块的排列。其排列有两种方式，垂直布置（两个模块宽，四个模块高）；如果需要改变方向或紧靠校正图形或其他功能图形时，须用不规则符号字符。

② 功能图形的布置。

按照与使用的版本相对应的模块数构成空白的正方形矩阵，在寻像图形、分隔符、定位图形及校正图形相应的位置，填入适当的深色、浅色模块。格式信息和版本信息的模块位置暂时空置，其具体位置如图 3.20 和图 3.21 所示，它们对所有版本都是相同的。

校正图形从符号的左上角到右下角沿对角线对称放置。校正图形尽可能地均匀排列在定位图形与符号的相对边之间。

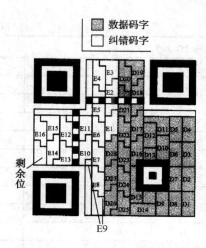
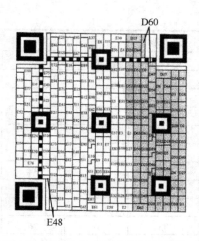

图 3.20　版本 2-M 符号的符号字符布置图　　　　图 3.21　版本 7-H 符号的符号字符布置

D1～D13-数据块 1；D14～D26-数据块 2；D27～D39-数据块 3；
D40～D52-数据块 4；D53～D66-数据块 5；E1～E26-纠错块 1；
E27～E52-纠错块 2；E53～E78-纠错块 3；E79～E104-纠错块
4；E105～E130-纠错块 5

表 3.13 给出了每一种版本的校正图形数及每一校正图形中心模块的行/列的坐标值。

表 3.13　校正图形中心模块的行/列坐标值

版本	校正图形数	中心模块的行/列坐标值					
1	0	-					
2	1	6	18				
3	1	6	22				
4	1	6	26				
5	1	6	30				
6	1	6	34				
7	6	6	22	38			
8	6	6	24	42			
9	6	6	26	46			
10	6	6	28	50			
11	6	6	30	54			
12	6	6	32	58			
13	6	6	34	62			
14	13	6	26	46	66		
15	13	6	26	48	70		
16	13	6	26	50	74		
17	13	6	30	54	78		
18	13	6	30	56	82		
19	13	6	30	58	86		
20	13	6	34	62	90		

续表

版本	校正图形数	中心模块的行/列坐标值						
21	22	6	28	50	72	94		
22	22	6	26	50	74	98		
23	22	6	30	54	78	102		
24	22	6	28	54	80	106		
25	22	6	32	58	84	110		
26	22	6	30	58	86	114		
27	22	6	34	62	90	118		
28	33	6	26	50	74	98	122	
29	33	6	30	54	78	102	126	
30	33	6	26	52	78	104	130	
31	33	6	30	56	82	108	134	
32	33	6	34	60	86	112	138	
33	33	6	30	58	86	114	142	
34	33	6	34	62	90	118	146	
35	46	6	30	54	78	102	126	150
36	46	6	24	50	76	102	128	154
37	46	6	28	54	80	106	132	158
38	46	6	32	58	84	110	136	162
39	46	6	26	54	82	110	138	166
40	46	6	30	58	86	114	142	170

例如，在一个版本 7 的符号中，表 3.13 中给出值 6，22 和 38。因此，校正图形的中心位置的行列坐标为（6，22），（22，6），（22，22），（22，38），（38，22），（38，38）。由于坐标（6，6），（6，38），（38，6）的坐标位置被位置探测图形占据，因此，那些坐标位置没有放置校正图形。

③ 符号字符的布置

在 QR Code 条码符号的编码区域中，符号字符以两个模块宽的纵列从符号的右下角开始布置，并自右向左，且交替地从下向上或从上向下安排。下面给出了符号字符及字符中位的布置原则。

a. 位序列在纵列中的布置为从右到左，向上或向下应与符号字符的布置方向一致，如图 3.22 所示。

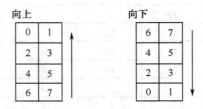

图 3.22 向上或向下的规则字符的位的布置

b. 每个码字的最高位（表示为位 7）应放在第一个可用的模块位置，以后的放在下一个模块的位置。如果布置的方向是向上的，则最高位占用规则模块字符的右下角的模块，布置的方向向下时为右上角。如果先前的字符结束于右侧的模块纵列，最高位可能占据不规则符号字符的左下角模块的位置，如图3.23所示。

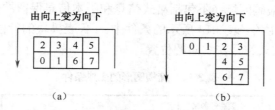

图3.23 布置方向改变的符号字符位布置示例

c. 如果符号字符的两个模块纵列同时遇到校正图形或定位图形的水平边界，可以在图形的上面或下面继续布置，如同编码区域是连续的一样。

d. 如果遇到符号字符区域的上或下边界（即符号的边缘、格式信息、版本信息或分隔符），码字中剩余的位应改变方向放在左侧的纵列中，如图3.24所示。

e. 如果符号字符的右侧模块纵列遇到校正图形或版本信息占用的区域，位的布置形成不规则排列符号字符，在相邻校正图形或版本信息的单个纵列继续延伸，如果字符在可用于下一个字符的两列之前结束，则下一个符号字符的首位放在单个纵列中，如图3.24所示。当符号的数据容量不能恰好分为整数个八位符号字符时，要用相应的剩余位填充符号的容量。在进行掩模以前，这些剩余位的值为0。根据这些规则，版本2的码字在矩阵中的布置符号如图3.25所示，版本2是25×25模块的正方形矩阵，其中一共有44（1，2，3，…，44）个信息码字，后面的是纠错码字，由纠错等级来确定数据码字和纠错码字的数目。

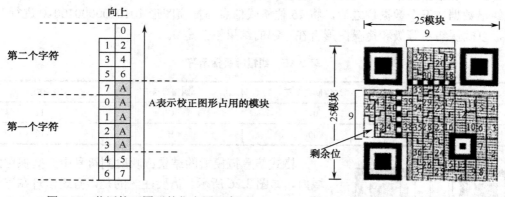

图3.24 临近校正图形的位布置示意　　图3.25 版本2符号的符号字符布置

（2）掩模

为了QR Code条码阅读的可靠性，最好均衡在安排深色与浅色模块，应尽可能避免位置探测图形的位图1011101出现在符号的其他区域。为了满足上述条件，应按以下步骤进行掩模。

① 掩模不用于功能图形。

② 用多个矩阵图形连续地对已知的编码区域的模块图形（格式信息和版本信息除外）进行XOR操作。XOR操作将模块图形依次放在每个掩模图形的深色模块的模块取反（浅色变成深色，或相反）。

③ 对每个结果图形的不合要求的部分记分，以评估这些结果。

④ 选择得分最低的图形。

表 3.14 给出了掩模图形的参考（放置于格式信息中的二进制参考）和掩模图形生成的条件。掩模图形是通过将编码区域（不包括格式信息和版本信息保留的部分）内那些条件为真的模块定义为深色而产生的。表 3.14 所示的条件中，i 代表模块的行位置，j 代表模块的列位置，(i, j) = (0, 0) 代表符号左上角的位置。

表 3.14　掩模图形的生成条件

掩模图形参考	条　件
000	(i+j) mod 2=0
001	i mod 2=0
010	j mod 3=0
011	(i+j) mod 3=0
100	((i div 2) + (j div 3)) mod 2=0
101	(i, j) mod 2+ (i, j) mod 3=0
110	((i, j) mod 2+(i, j) mod 3) mod 2=0
111	((i, j) mod 3+ (i, j) mod 2=0

（3）格式信息

格式信息为 15 位，其中有 5 个数据位，10 个是用 BCH（15，5）编码计算得到的纠错位，第一、第二数据位是符号的纠错等级，如表 3.15 所示。

格式信息数据的第 3~5 位的内容为掩模图形参考。

纠错数据在五个数据位之后，将 15 位格式信息与掩模图形 101010000010010 进行 XOR 运算，以确保纠错等级和掩模图形合在一起的结果不全是 0。

表 3.15　纠错等级指示符

纠错等级	二进制指示符	纠错等级	二进制指示符
L	01	Q	11
M	00	H	10

格式信息掩模后的结果应映射到符号中为其保留的区域内，如图 3.26 所示。需要注意的是，格式信息在符号中出现两次以提供冗余，因为它的正确译码对整个符号的译码至关重要。在图 3.26 中，格式信息的最低位模块编号为 0，最高位编号为 14，位置为 (4V+9, 8) 的模块总是深色，不作为格式信息的一部分表示，其中 V 是版本号。

例

设定纠错等级为 M　　　　　　　　　　　　　　　00
掩模图形参考　　　　　　　　　　　　　　　　101
数据　　　　　　　　　　　　　　　　　　　00101

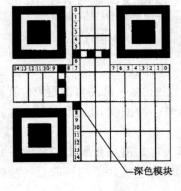

图 3.26　格式信息位置

BCH 位	0011011100
掩模前的位序列	001010011011100
用于 XOR 操作的掩模图形	101010000010010
格式信息模块图形	100000011001110

（4）版本信息

版本信息为 18 位，其中，六位数据位通过 BCH（18，6）编码计算出 12 个纠错位。六位数据为版本信息，最高位为第一位。12 位纠错信息在六位数据之后。

只有版本 7～40 的符号包含版本信息，没有任何版本信息的结果全为 0。所以不必对版本信息进行掩模。

最终的版本信息应映射在符号中预留的位置，如图 3.27 所示。需要注意的是，由于版本信息的正确译码是整个符号正确译码的关键，因此版本信息在符号中出现两次以提供冗余。版本信息的最低位模块放在编号为 0 的位置上，最高位模块放在编号为 17 的位置上，如图 3.28 所示。

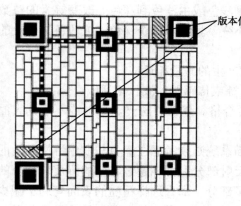

图 3.27　版本信息位置

（a）位于左下角的版本信息　（b）位于右上角的版本信息

图 3.28　版本信息的模块布置

例

版本号	7
数据	000111
BCH 位	110010010100
格式信息模块图形	000111110010010100

由（6×3）个模块组成的版本信息块放在定位图形的上面，其右侧紧临右上角位置探测图形的分隔符，由（3×6）个模块组成的版本信息块放在定位图形的左侧，其下边紧临左下角位置探测图形的分隔符。

3.3.7　符号的设计

1．符号的制作

（1）尺寸要求

X 尺寸：模块宽度将根据应用要求、采用的扫描技术及符号生成技术来确定。

Y 尺寸：模块的高度尺寸必须与模块宽度尺寸相等。

最小空白区：在符号周围的空白区宽度尺寸为 4X。

（2）供人识读字符

由于 QR Code 条码符号能包含数千个数据字符，因此供人识读的数据字符包含所有 QR Code 表示的数据信息是不切实际的。作为一种替代，可用描述性的文本而不是数据原文与符号同时印制在一起。

对字符尺寸与字体不作具体规定，并且供人识读信息可印制在符号周围的任意区域，但不能影响 QR Code 条码符号本身及空白区。

（3）符号制作原则

符号制作符合规范要求是保证整个系统成功的关键之一，同时其他因素也会影响系统的运行。因此，在确定或设计条码及矩阵条码时应考虑以下因素。

① 选择适当的印制密度。

印制密度的允许偏差是所使用的印制技术能达到的。保证模块尺寸是打印头点阵尺寸的整数倍（在平行和垂直于印刷方向的两个方向），也要保证印制增量的调整，这种调整是通过单个深色模块或相邻的深色模块组边缘（由深色到浅色或由浅色到深色）改变等量的整数像素来实现的，这样可以保证模块中心的间距保持不变，虽然对每个深色（或浅色）模块的外表位图表示的尺寸进行了调整。

② 选择识读器的分辨率和符号密度与印制技术产生的质量相适应。

③ 保证印制的条码符号的光学特性与扫描器光源或传感器的波长相适应。

④ 检查在最终标签或外包装上的条码符号是否合格。遮盖、透光、弯曲或不规则表面都能影响条码符号的识读性能。

必须考虑光滑的符号表面产生的镜面反射。扫描系统必须考虑在深色与浅色特性之间的漫反射的改变量。在某些扫描角度，反射光的镜面反射部分大大地超过希望的漫反射部分的量，从而改变了扫描特性。如果能改变材料表面的某部分，那么选择粗糙的表面有助于减少镜面效应。如果不能，必须特别仔细以保证识读符号的照明，使所希望的对比度达到最佳。

（4）符号模式的用户选择

建议将模式 2 符号应用于所有新的和开放式系统，因为校正图形的加入极大地有助于识读过程中的模块网络的确定并保持它的准确度，而且当符号版本达到 40 时，提供了很大的数据容量。由于模式 2 符号的设计对符号损坏的影响不敏感，因此通常应选择模式 2。模式 1 符号仅限于在现存的应用中使用。

（5）纠错等级的用户选择

用户应确定合适的纠错等级来满足应用需求。从 L～H 四个不同等级所提供的检测和纠错的容量逐渐增加，其代价是表示给定长度数据的符号的尺寸逐步增加。例如，一个版本为 20～Q 的符号能包含 485 个数据符号，但是如果一个较低的纠错等级可以接受，同样的数据也可用版本为 15～L 的符号表示（准确的数据容量为 523 个码字）。

纠错等级的选择与下列因素有关：

① 预计的符号质量水平，预计的符号质量等级越低，应用的纠错等级就应越高。

② 首读率的重要性。

③ 在扫描失败后，再次扫描的机会。

④ 印刷符号的空间限制了使用较高的纠错等级。

2. 符号质量

QR Code 条码符号的总体印刷质量等级为 A、B、C、D、F，是符号的译码、对比度、印制增量、轴向不一致性和未使用的纠错这五项指标的分级中的最低值。

（1）符号质量参数

① 译码。

如果该符号的整个数据信息能被成功译码，那么译码通过，译码级别为"4"级（"A"），否则为"0"级（"F"）。

② 符号对比度（SC）。

符号对比度分级依据参考译码算法中定义的符号边缘内的测试图像的所有像素（包括4X宽的空白区）的灰度值来进行。

③ 印制增量（D）。

译码时，译码算法首先建立一个高分辨率的二进制数字化测试图像，然后确定评分符号定位图形的交替模块的中心线的位置。通过检查穿过交替图形的直线的占空比与50%的差异来评估印制增量。

④ 轴向不一致性（AN）。

在测试图像的整个区域中参考译码算法最终生成一个数据模块取样点网格，这些取样点准确的水平和垂直间距是评价轴向不一致性的基础。

对相邻数据模块之间的水平间距和垂直间距分别进行计算。计算它们在整个符号中的平均值 X_{AVG} 和 Y_{AVG}。根据它们的两个平均间距的相互接近程度，对轴向不一致性进行定级。

⑤ 未使用的纠错（LEC）

QR Code 条码采用 Reed-Solomon 错误控制编码，较小的符号包含单个纠错字段，较大的符号被划分成两个或多个纠错字段。在所有情况下，应对每一个纠错字段独立分级，那么未使用纠错分级的应为任一字段中最低的值。然而，该项计算不用于格式信息，也不用于版本信息。

（2）符号的整体分级

一个 QR Code 条码符号的总体印刷质量分级是上述能达到的五项指标的分级中的最低值。表 3.16 给出了各项测试的分级尺度。

表 3.16 符号分级尺度

分级	参考译码	符号对比度（SC）	印制增量（D）	轴向不一致性 AN	未使用的纠错 LEC
4.0（A）	合格	SC≥0.7	−0.5≤D≤0.5	AN<0.06	LEC≥0.62
3.0（B）		SC≥0.55	−0.7≤D≤0.7	AN<0.08	LEC≥0.50
2.0（C）		SC≥0.40	−0.85≤D≤0.85	AN<0.10	LEC≥0.37
1.0（D）		SC≥0.20	−1.00≤D≤1.00	AN<0.12	LEC≥0.25
0.0（F）	不合格	SC<0.20	D<−1.0 或 D>1.0	AN>0.12	LEC<0.25

3.4 汉信码

汉信码是我国二维条码技术领域唯一一个完全拥有自主知识产权的二维条码国家标准，填补了我国二维条码技术的多项空白，是国家"十五"重要技术标准研究专项的研究成果，对于推动二维条码技术在我国电子政务、电子商务、安全认证、跟踪追溯、供应链物流等领域的应用，起到了积极的促进作用。

3.4.1 汉信码的特点

（1）信息容量大。

汉信码可以用来表示数字、英文字母、汉字、图像、声音、多媒体等一切可以二进制化的信息，并且在信息容量方面远远领先于其他码制。汉信码的编码容量如表 3.17 所示。汉信码信息表示如图 3.29 所示。

表 3.17　汉信码的数据容量

数字	最多 7829 个字符	汉字	最多 2174 个字符
英文字符	最多 4350 个字符	二进制信息	最多 3262 字节

图 3.29　汉信码信息表示

（2）具有高度的汉字表示能力和汉字压缩效率。

汉信码支持 GB 18030 中规定的 160 万个汉字信息字符，并且采用 12bit 的压缩比率，每个符号可表示 12～2174 个汉字字符，如图 3.30 所示。

图 3.30　汉信码汉字信息表示

（3）编码范围广。

汉信码可以将照片、指纹、掌纹、签字、声音、文字等凡可数字化的信息进行编码。

（4）支持加密技术。

汉信码是第一种在码制中预留加密接口的条码，它可以与各种加密算法和密码协议进行集成，因此具有极强的保密防伪性能。

（5）抗污损和畸变能力强。

汉信码具有很强的抗污损和畸变能力，可以被附着在常用的平面或桶装物品上，并且可以在缺失两个定位标的情况下进行识读。

（6）修正错误能力强。

汉信码采用世界先进的数学纠错理论，采用太空信息传输中采用的 Reed-Solomon 纠错算法，使得汉信码的纠错能力可以达到 30%。

（7）可供用户选择的纠错能力。

汉信码提供 4 种纠错等级，使用户可以根据自己的需要在 8%、15%、23% 和 30% 各个纠错等级上进行选择，从而具有高度的适应能力。

（8）容易制作且成本低。

利用现有的点阵、激光、喷墨、热敏/热转印、制卡机等打印技术，即可在纸张、卡片、PVC，甚至金属表面上印出汉信码。由此所增加的费用仅是油墨的成本，它可以真正称得上是一种"零成本"技术。

（9）条码符号的形状可变。

汉信码支持 84 个版本，可以由用户自主进行选择，最小码仅有指甲大小。

（10）外形美观。

汉信码在设计之初就考虑到人的视觉接受能力，所以较之现在国际的二维条码技术，汉信码在视觉感官上具有突出的特点。

3.4.2 汉信码的编码字符集

（1）数据型数据（数字 0~9）。

（2）ASCII 字符集。

（3）二进制数据（包括图像等其他二进制数据）。

（4）支持 GB 18030 大汉字字符集的字符。

3.4.3 汉信码的技术特性

汉信码的技术特性如表 3.18 所示。

表 3.18 汉信码的技术特性

符号规格	23×23（版本 1）~189×189（版本 84）
数据类型与容量（84 版本，第 4 纠错等级）/个	数字字符 7829 字母数字 4350 8 位字节数据 3262 中国常用汉字 2174
是否支持 GB 18030 汉字编码	支持全部 GB 18030 字符集汉字以及未来的扩展
数据表示法	深色模块为"1"，浅色模块为"0"
纠错能力	L1 级：约可纠错 7% 的错误 L2 级：约可纠错 15% 的错误 L3 级：约可纠错 25% 的错误 L4 级：约可纠错 30% 的错误
结构链接	无

续表

掩模	有4种掩模文案
全向识读功能	有

本章小结

根据实现原理,二维条码通常分为层排式二维条码和矩阵式二维条码两大类。

行排式二维条码的编码原理是建立在一维条码基础之上,按需要堆积成两行或多行。具有代表性的行排式二维条码有 CODE49、CODE 16K、PDF417 等。层排式二维条码可通过线性扫描器逐层实现译码,也可通过照相和图像处理进行译码。

矩阵式二维条码是在一个矩形空间通过黑、白像素在矩阵中的不同分布进行编码。在矩阵相应元素位置上,用点(方点、圆点或其他形状)的出现表示二进制"1",点的不出现表示二进制"0",点的排列组合确定了矩阵式二维条码所代表的意义。QR Code、Data Matrix、Maxi Code、Code One、矽感 CM 码(CompactMatrix)、龙贝码等都是矩阵式二维条码。绝大多数矩阵式二维条码必须采用照相方法识读。

练 习 题

一、填空题

1. 从符号学的角度讲,二维条码和一维条码都是信息表示、携带和识读的手段。但从应用角度讲,尽管在一些特定场合可以选择其中的一种来满足需要,但它们的应用侧重点是不同的:一维条码用于对"物品"进行标示,二维条码用于对"物品"进行_____。

2. 二维条码通常分为两种类型:行排式二维条码和_____。

3. 组成条码的每一符号字符都是由4个条和4个空共17个模块构成,所以称为_____条码。

4. 信息量容量大、安全性高、读取率高、_____等特性是二维条码的主要特点。

5. 具有全方位(360°)识读特点的二维条码是_____。

6. 堆积式二维条码或层排式二维条码也称做_____。

二、选择题

1. 以下哪种是矩阵式二维条码?(   )
   A. CODE 16K   B. QR Code   C. CODE 49   D. PDF417

2. 以下哪种是行排式二维条码?(   )
   A. Data Matrix   B. QR Code   C. CODE 16K   D. Code One

3. 每一个PDF417条码符号均由多层堆积而成,其层数为(   )层。
   A. 2~8   B. 16~17   C. 4~17   D. 3~90

4. 具有全方位360°识读特点的二维条码是(   )。
   A. PDF417   B. Code 49   C. CODE 16K   D. QR Code

5. PDF417 每一个符号字符由（　　）个模块构成，其中包含有 4 个条和 4 个空，每个条、空由 1～6 个模块组成。

　　A．7　　　　　　　　B．17　　　　　　C．16　　　　　　D．128

6. PDF417 提供了三种数据组合模式，分别是（　　）。

　　A．文本组合模式　　　　　　　　B．图形组合模式
　　C．数字组合模式　　　　　　　　D．字节组合模式

7. （　　）用特定的数据压缩模式表示中国汉字和日本汉字，它仅用 13bit 就可表示一个汉字，而其他二维条码没有特定的汉字表示模式，需用 16bit（两个字节）表示一个汉字。

　　A．PDF417　　　　B．Data Matrix　　C．Code 49　　　D．QR Code

8. QR Code 条码的特点包括（　　）。

　　A．超高速识读　　　　　　　　　B．全方位识读
　　C．能够有效地表示中国汉字　　　D．以上都包括

三、判断题

（　　）1．一维条码用于对物品进行标示，二维条码用于对物品进行描述；二维条码在垂直方向携带信息，一维条码在垂直方向不携带信息。

（　　）2．二维条码与磁卡、IC 卡、光卡相比，抗磁力强，抗损性强，但不可折叠、局部穿孔、局部切割。

（　　）3．PDF417 条码是由留美华人王寅敬（音）博士发明的。PDF 取自英文 Portable Data File 三个单词的首字母，意为"便携数据文件"。因为组成条码的每一个符号字符都是由 4 个条和 4 个空共 17 个模块构成的，所以称为 PDF417 条码。

（　　）4．QR Code 具有全方位（360°）识读特点，这是 QR Code 优于行排式二维条码如 PDF417 条码的主要特点之一。

（　　）5．中国——二维条码列为九五期间的国家重点科技攻关项目。1997 年 12 月国家标准 GB/T 17172—1997《四一七条码》正式颁布。

（　　）6．使用一维条码，必须通过连接数据库的方式提取信息才能明确条码所表达的信息含义。

四、简答题

1．目前常用的二维条码有哪些？
2．行排式二维条码与矩阵式二维条码的编码原理有何不同？
3．简述 QR Code 条码的特点。
4．简述 PDF417 的符号结构。
5．简述一维条码与二维条码各自的特点，分析它们之间的区别。

实训项目　Bartender 软件和 Access 的连接

[能力目标]

掌握 Bartender 软件和 Access 建立数据源的连接。

[实验仪器]

1．一台计算机。

2．一套 Bartender 软件和一套 Microsoft Office 2003 软件。

[实验内容]

（1）建立 Access 数据源。

打开 Microsoft Office Access 2003 程序，单击"文件"按钮，再单击"新建"按钮，单击新建"空数据库"，将出现如图 3.31 所示的界面。

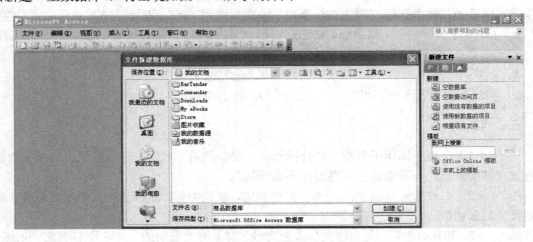

图 3.31　新建空数据库

单击"创建"按钮后，将出现如图 3.32 所示的创建表窗口。

单击"新建"按钮，将出现如图 3.33 所示的"新建表"窗口。

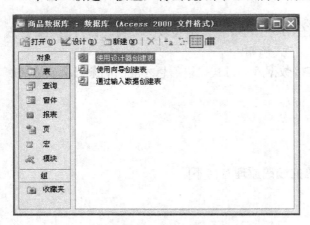

图 3.32　创建表　　　　　　　　　　　图 3.33　新建表

选择"导入表"，可以将其他格式的数据库，导入到 Access 数据库中，建好后的商品数据库如图 3.34 所示。还可以选择"通过输入数据创建表"，建立 Access 数据库。

（2）利用 Bartender 软件设计如图 3.35 所示的标签。

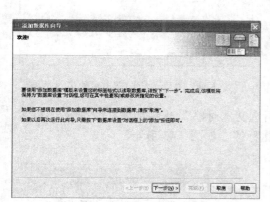

图 3.34　建好后的商品数据库　　　　图 3.35　利用 Bartender 软件设计的标签

（3）单击"设置和查看数据库"按钮，将出现如图 3.36 所示的添加数据库向导示意。

单击"下一步"按钮，将进行"选择要使用的数据库类型"，选择"Microsoft Access"选项，将得到如图 3.37 所示的示意图。

图 3.36　添加数据库向导　　　　　　图 3.37　选择要使用的数据库类型

单击"下一步"按钮，指定要使用的数据库名，如图 3.38 所示。
单击"测试连接"按钮，将出现如图 3.39 所示的测试连接的信息示意。

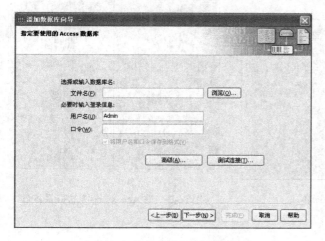

图 3.38　指定要使用的数据库名　　　　图 3.39　测试连接信息

单击"下一步"按钮，将出现"选择表"对话框，如图 3.40 所示。
单击"完成"按钮，完成数据库的设置。

（4）进行标签的设置，单击"样本文本"，出现"修改所选文本对象"对话框，选择"数据源"，将源中的"屏幕数据"修改成"数据库字段"，选择相应的数据库字段，如图 3.41 所示。

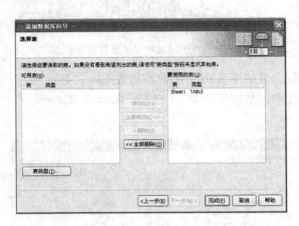

图 3.40　"选择表"对话框　　　　　　　图 3.41　"修改所选文本对象"对话框

根据上述方法进行其他文本和条码的"修改所选文本对象"，出现如图 3.42 所示的标签。
单击"打印预览"按钮，将出现连接好的批量标签，如图 3.43 所示。

图 3.42　完成连接的单个标签　　　　　图 3.43　与 Access 连接的批量标签

[实训考核]
实训考核如表 3.19 所示。

表 3.19　实训考核表

考核要素	评价标准	分值（分）	评分（分）				
			自评（10%）	小组（10%）	教师（80%）	专家（0%）	小计（100%）
条码标签的布局	（1）条码标签的布局是否合理	30					
条码符号的设计	（2）条码符号的设计是否规范	30					
Bartender 条码软件的应用能力	（3）掌握 Bartender 软件和 Access 建立数据源的连接	30					
分析总结		10					
合计							
评语（主要是建议）							

第四章
GS1 系统

📑 **能力目标：**
- 能够完成 GS1 系统成员的申请注册工作；
- 具备应用供应链管理全球标准的能力。

📖 **知识目标：**
- 掌握 GS1 系统的应用领域和内容；
- 理解并掌握应用标志符体系；
- 掌握 GS1-128 条码的符号结构和校验符的计算方法。

条码技术在植入性医疗器械中的应用

植入性医疗器械是医疗器械产品中潜在风险最高的一类器械，由于这类产品在使用过程中的高风险和高利润的特征，使得其在销售、采购、价格、使用过程中还会引发一系列其他管理无序的问题，甚至造成伤害事件或医患纠纷，因而受到公众和监管部门的高度关注。我国 2007 年首先试验建立了植入性医疗器械与患者直接关联的追溯系统，系统使用 GS1 标准标示医疗器械，并在上海地区的医院广泛应用。

生产企业或代理销售企业在植入性医疗器械产品销售之前，需申报产品主条码，申报信息包括产品生产商的主条码代码、产品名称、规格型号、产品注册号等产品的基本信息。在追溯系统中，企业通过销售链或直接向医院销售产品，将产品数据信息送到医院的产品数据库，也可获得医院的相关数据。

医院在手术后对产品身份代码进行自动识别和记录，该产品信息与患者关联医疗信息要向药监/卫生数据平台上报，同时与医院财务管理相连接，用于处理财务记录。

在医疗器械被实际使用后，可以根据条码符号表示的信息快速、准确地追溯出每一个/批产品的生产公司、生产时间、有效期等信息，反之也可以根据企业或医疗机构的医疗器械的使用记录，结合监管部门所掌握的产品基本信息、医疗机构的病人信息、医疗器械产品的生产信息和销售信息，可突出医疗器械产品的流通信息和质量跟踪及信息追溯。

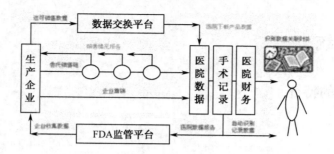

【引入问题】
1. 简述条码技术如何实现医疗器械的跟踪与追溯。
2. 条码技术实现医疗器械的跟踪与追溯的主要瓶颈是什么？

GS1 全球统一标识系统（也称 EAN·UCC 系统）是国际物品编码协会开发、管理和维护，在全球推广应用的一个编码及数据自动识别的标准体系。它包含三部分内容：编码体系、可自动识别的数据载体和电子数据交换标准协议。编码体系是整个 GS1 系统的核心，它实现了对不同物品的唯一编码。GS1 系统的物品编码体系主要包括六个部分：全球贸易项目代码、系列货运包装箱代码、全球可回收资产标识符、全球单个资产标识符、全球位置码和全球服务关系代码。

4.1 GS1 系统的形成

1. 欧洲物品编码系统（European Article Numbering System，EAN）

国际物品编码协会（International Article Numbering Association，简称 EAN International）是一个国际性的非官方的非营利性组织。1981 年更名为"国际物品编码协会"。EAN 组织的宗旨是开发和协调全球性的物品标识系统，促进国际贸易的发展。

2. 美国统一编码委员会

美国统一编码委员会（Uniform Code Council，UCC）是一家致力于全球贸易标准化的非营利性组织。成立三十多年来，美国统一编码委员会一直以顾客需求为导向，孜孜不倦地改进与创新标准化技术，并不断探索适用于全球供应链的有效解决方案。

3. EAN 与 UCC 的联盟

国际物品编码协会（EAN）自成立以来，不断加强与美国统一编码委员会（UCC）的合作，先后两次达成 EAN/UCC 联盟协议，以共同开发管理 EAN·UCC 系统。

1989 年，EAN 和 UCC 双方共同合作，开发了 UCC/EAN-128 码，简称 EAN-128 码。2002 年 11 月 26 日 EAN 正式接纳 UCC 成为 EAN 的会员。UCC 的加入有助于发展、实施和维护 EAN·UCC 系统，有助于实现制定无缝的、有效的全球标准的共同目标。

2005 年 2 月，EAN 正式更名为 GS1（Globe Standard 1）。EAN·UCC 系统被称为 GS1 系统。GS1 系统被广泛应用于商业、工业、产品质量跟踪追溯、物流、出版、医疗卫生、金融保险和服务业等领域，在现代化经济建设中发挥着越来越重要的作用。

4.2 GS1 系统

4.2.1 GS1 系统的特征

1. 系统性

GS1 系统拥有一套完整的编码体系，采用该系统对供应链各参与方、贸易项目、物流单元、资产、服务关系等进行编码，解决了供应链上信息编码不唯一的难题。这些标识代码是计算机系统信息查询的关键字，是信息共享的重要手段。同时，也为采用高效、可靠、低成本的自动识别和数据采集奠定了基础。

此外，其系统性还体现在它通过流通领域电子数据交换规范（EANCOM）进行信息交换。EANCOM 以 GS1 系统代码为基础，是联合国 EDIFACT 的子集。这些代码及其他相关信息以 EDI 报文形式传输。

2. 科学性

GS1 系统对不同的编码对象采用不同的编码结构，并且这些编码结构间存在内在联系，因而具有科学性。

3. 全球统一性

GS1 系统广泛应用于全球流通领域，已经成为事实上的国标标准。

4. 可扩展性

GS1 系统是可持续发展的。随着信息技术的发展与应用，该系统也得到了不断发展和改善。产品电子代码（Electronic Product Code，EPC）就是该系统的新发展。

4.2.2 GS1 系统的主要内容

GS1 系统是一个以全球统一的物品编码体系为中心，集条码、射频等自动数据采集、电子数据交换等技术系统于一体的服务于物流供应链的开放的标准体系。采用这套系统，可以实现信息流和实物流快速、准确的无缝连接。它包含三部分内容：编码体系、可自动识别的数据载体和电子数据交换标准协议。这三个部分之间相互支持，紧密联系。编码体系是整个 GS1 系统的核心，其实现了对不同物品的唯一编码；数据载体是将供肉眼识读的编码转化为可供机器识读的载体，如条码符号等；然后通过自动数据采集技术（ADC）及电子数据交换（EDI&XML），以最少的人工介入，实现自动化操作。

1. 编码体系

GS1 系统包含一套全球统一的标准化编码体系。编码体系是 GS1 系统的核心，是对流通领域中所有的产品与服务，包括贸易项目、物流单元、资产、位置和服务关系等的标识代码及附加属性代码，如图 4.1 所示。附加属性不能脱离标识代码独立存在。

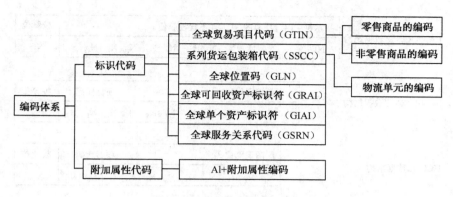

图 4.1　GS1 系统的编码体系

由图 4.1 可知，GS1 系统的物品编码体系主要包括六个部分：全球贸易项目代码（Global Trade Item Number，GTIN）、系列货运包装箱代码（Serial Shipping Container Code，SSCC）、全球可回收资产标识符（Global Returnable Asset Identifier，GRAI）、全球单个资产标识符（Global Individual Asset Identifier，GIAI）、全球位置码（Global Location Number，GLN）和全球服务关系代码（Global Service Relation Number，GSRN）。

GTIN 是全球贸易项目提供唯一标识的一种代码（或数据结构）。对贸易项目进行编码和符号表示，能够实现商品零售化（POS）、进货、存货管理、自动补货、销售分析及其他业务运作的自动化。

物流单元（SSCC）即系列货运包装箱代码，用于对物流单元（运输或贮藏）的唯一标示。通过 SSCC 建立商品物理流动与相关信息间的链接，就能使商品物流单元的实际流动被逐一跟踪和自动记录。

全球位置码（物理、功能或法律实体）是贸易伙伴之间在进行电子商务中使用 XML、EDI 等技术时，利用物理位置的标记来反映物流单元的路线信息，实现实物和信息之间的有效流动。

全球可回收资产标识符和全球单个资产标志符是用于对可回收资产和单个资产的标示和管理。

2．数据载体

GS1 系统以条码符号、射频标签等可自动识别的载体承载编码信息，从而实现流通过程中的自动数据采集。

① 条码符号。

条码是目前 GS1 系统中的主要数据载体，是应用比较成熟的一种自动识别技术。

GS1 系统的条码符号主要有 EAN/UPC 条码、ITF-14 条码和 GS1-128 条码三种，如图 4.2～图 4.5 所示。GS1 系统标识代码与条码符号的对应关系如图 4.6 所示。

② 射频识别。

射频识别的基本原理是电磁理论，它利用射频标签承载信息，射频标签和识读器间通过感应无线电波或微波能量进行非接触式双向识别。

它的优点是不局限于视线，识别距离比光学系统远，射频识别卡可具有读写能力，可携带大量数据，难以伪造和智能化等。

EAN·UCC-14数据结构	指示符	内含项目的GTIN（不含校验位）											校验位
	N_1	N_2	N_3	N_4	N_5	N_6	N_7	N_8	N_9	N_{10}	N_{11}	N_{12}	N_{13}	N_{14}

EAN·UCC-13数据结构	厂商识别代码							项目代码				校验位
	N_1	N_2	N_3	N_4	N_5	N_6	N_7	N_8	N_9	N_{10}	N_{11}	N_{12}	N_{13}

UCC-12数据结构	厂商识别代码						项目代码				校验位
	N_1	N_2	N_3	N_4	N_5	N_6	N_7	N_8	N_9	N_{10}	N_{11}	N_{12}

EAN·UCC-8数据结构	前缀码			项目代码				校验位
	N_1	N_2	N_3	N_4	N_5	N_6	N_7	N_8

图 4.2　EAN·UCC 的四种数据结构

EAN-13　　　　EAN-8　　　　UPC-A　　　　UPC-E

图 4.3　EAN·UPC 商品条码

包装指示符

图 4.4　ITF-14 条码

应用标识符

图 4.5　GS1-128 条码

3．电子数据交换协议

　　GS1 系统的电子数据交换（Electronic Data Interchange，EDI）是用统一的报文标准传送结构化数据。它通过电子方式从一个计算机系统传送到另一个计算机系统，使人工干预最小化。GS1 系统正是提供全球一致性的信息标准结构，支持电子商务的应用。

　　GS1 为了提高整个物流供应链的运作效益，在 UN·EDIFACT 标准（联合国关于管理、商业、运输业的电子数据交换规则）的基础上开发了流通领域电子数据交换规范——EANCOM。EANCOM 是一套以 GS1 编码系统为基础的标准报文集。

　　GS1 的 ebXML 实施方案是根据 W3CXML 规范和 UN·CEFACT ebXML 的 UMM 方法学把商务流程和 ebXML 语法完美地结合在一起，制定了一套由实际商务应用驱动的 ebXML 整合标准，并用 GS1 系统针对 ebXML 标准实施建立的 GSMP 机制进行全球标准的制定与维护。

图 4.6　GS1 系统标识代码与条码符号的对应关系

4.2.3　应用领域

GS1 系统是系统化标识体系，可以在许多行业、部门、领域实现物品编码的标准化，促进行业间信息的交流、共享，同时也为行业间的电子数据交换提供了通用的商业语言。而这多方面的应用是依赖 GS1 系统的六项主要内容来完成的。它们分别是标识代码体系、附加信息编码体系、应用标识符体系、条码符号体系、用于电子数据交换（EDI）的 EANCOM 报文标准与可扩展标识语言（XML/EDI）和射频识别（RFID）。

GS1 系统目前有六大应用领域，分别是贸易项目的标识、物流单元的标识、资产、位置与服务的标识和特殊应用。随着用户需求的不断增加，GS1 的应用领域必将不断扩大和发展。其系统应用领域如图 4.7 所示。

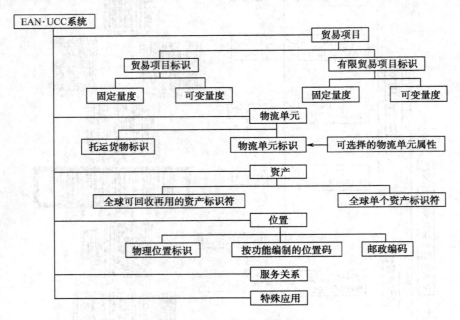

图 4.7 GS1 系统的应用领域

全球贸易项目代码（GTIN）是目前 GS1 编码体系中应用最广泛的标识代码，GTIN 有四种数据结构：EAN·UCC-14、EAN·UCC-13、EAN·UCC-12、EAN·UCC-8，如图 4.8 所示。这四种结构可以对不同包装形态的商品进行唯一编码。其中，EAN·UCC-14、EAN·UCC-13 和 EAN·UCC-12 主要用于对非零售商品的标识，EAN·UCC-13、EAN·UCC-12 和 EAN·UCC-8 主要用于对零售商品的标识。

贸易项目的标识分为定量贸易项目的标识、变量贸易项目的标识、包含一个物流单元内的定量贸易项目的标识和包含一个物流单元内的变量贸易项目的标识。标识定量贸易项目和变量贸易项目的应用标识符为 AI（01），标识包含在一个物流单元内的定量贸易项目和变量贸易项目的应用标识符为 AI（02）。贸易项目的标识均由代码 GTIN（ ）表示。

以不定量出售的贸易项目称为变量贸易项目，如以米为单位出售的地毯。这种贸易项目的编码遵循店内码中的具体规则。书籍、连续出版物、活页乐谱或不公开出售的产品有特殊的规则。

非零售渠道销售的贸易项目称为变量贸易项目，可有多种包装方式，例如纤维板箱、加盖或绑扎的托盘、缠绕薄膜的托架、装瓶子的板条箱等。

4.3 GS1 系统的条码符号体系

4.3.1 全球贸易项目代码

全球贸易项目代码（GTIN）是为贸易项目提供唯一标识的一种代码。对贸易项目进行编码和条码符号表示，能够实现商品零售（POS）、进货、存货管理、自动补货、销售分析和其他业务运作的自动化。例如，1 瓶可乐、1 箱可乐、1 瓶洗发水和 1 瓶护发素的组合包装，可以是零售的，也可以是非零售的。

贸易项目标识分为定量贸易项目的标识、变量贸易项目的标识、包含在一个物流单元内的定量贸易项目的标识和包含在一个物流单元内的变量贸易项目的标识。标识定量贸易项目和变量贸易项目的应用标识符为 AI（01），标识包含在一个物流单元内的定量贸易项目和包含在一个物流单元内的变量贸易项目的应用标识符为 AI（02）。其中，定量贸易项目是指按商品件数计价消费的消费单元；变量贸易项目是指按基本计量单位计价，以随机数量销售的消费单元。

贸易项目有四种不同编码结构的 GTIN：EAN•UCC-13、EAN•UCC-8、EAN•UCC-12 和 EAN•UCC-14。选择何种编码结构取决于贸易项目的特征和用户的应用范围。GS1 系统的一个主要应用是标识零售贸易项目。这些贸易项目用 EAN•UCC-13 来标识，北美地区用 EAN•UCC-12 来标识。如果是小型的贸易项目，就使用 EAN•UCC-8 或 UPC-E 来标识。

从以下几个角度，用户考虑条码符号的选择：
① 贸易项目是否有足够的可用空间印制或粘贴条码。
② 用条码表示的信息的类型：仅仅使用 GTIN，还是将 GTIN 和附加信息同时使用。
③ 扫描条码符号的操作环境：是用于零售还是非零售（如仓库中的货架作业）。

不同的贸易项目标识代码可选用不同的条码符号进行标识，具体方案如图 4.8 所示。

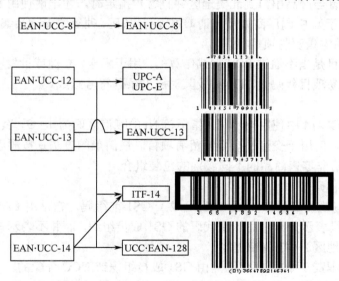

图 4.8　不同的贸易项目标识代码选择条码符号的方案

1．定量贸易项目代码

GTIN 有四种编码结构：EAN•UCC-13、EAN•UCC-8、EAN•UCC-12 及 EAN•UCC-14，这四种编码结构可以对不同包装形态的商品进行唯一编码。其中，EAN•UCC-14、EAN•UCC-13 和 EAN•UCC-12 主要用于非零售商品的标识，EAN•UCC-13、EAN•UCC-12

和 EAN·UCC-8 主要用于零售商品的标识。

定量贸易项目编码的结构如表 4.1 所示。

表 4.1 定量贸易项目标识的结构一览表

	指示符	GS1 标识代码	校验符
EAN·UCC-14 编码结构	N_1	$N_2\ N_3\ N_4\ N_5\ N_6\ N_7\ N_8\ N_9\ N_{10}\ N_{11}\ N_{12}\ N_{13}$	N_{14}
EAN·UCC-13 编码结构		厂商识别代码 ──────→ ←────── 服务项目代码	校验符
		$N_1\ N_2\ N_3\ N_4\ N_5\ N_6\ N_7\ N_8\ N_9\ N_{10}\ N_{11}\ N_{12}$	N_{13}
EAN·UCC-12 编码结构		厂商识别代码 ──────→ ←────── 项目代码	校验符
		$N_1\ N_2\ N_3\ N_4\ N_5\ N_6\ N_7\ N_8\ N_9\ N_{10}\ N_{11}$	N_{12}
EAN·UCC-8 编码结构		EAN·UCC-8 前缀码 ──────→ ←────── 项目代码	校验符
		$N_1\ N_2\ N_3\ N_4\ N_5\ N_6\ N_7$	N_8

① 零售中的定量贸易项目标识。

在我国,零售贸易项目的标识代码主要采用 GTIN 中的 EAN·UCC-13、EAN·UCC-8 两种数据结构。只有当产品出口到北美地区并且客户指定时,才申请使用 EAN·UCC-12 代码(用 UPC 条码表示)。中国厂商如需申请 UPC 商品条码,须经中国物品编码中心统一办理。

② 非零售中的定量贸易项目标识。

非零售贸易项目是指不通过 POS 扫描结算的,用于配送、仓储或批发等操作的商品。其标识代码由全球贸易项目代码(GTIN)及其对应的条码符号组成。

(1)指示符

只在 EAN·UCC-14 中使用指示符。指示符 N_1 的赋值区间为 1~9,其中 1~8 用于定量的非零售贸易项目,9 用于变量的非零售贸易项目。最简单的方法是按顺序分配指示符,即将 1、2、3…分配给非零售商品的不同级别的包装组合。

(2)厂商识别代码

前两位 N_1、N_2 或前三位 N_1、N_2、N_3 组成了 GS1 前缀码,它是由 EAN 和 UCC 分配给成员组织的代码,只表示分配厂商识别代码的 GS1 成员组织,而并不表示该贸易项目在该成员组织所在国家(地区)生产或销售。

紧随 GS1 前缀码之后的厂商代码是由 GS1 成员组织或 UCC 分配的。

GS1 前缀码和厂商代码组成了厂商识别代码。在我国,中国物品编码中心根据厂商的需要,负责为其分配厂商识别代码。

(3)项目代码

项目代码由 1~6 位数字组成,是无含义代码。也就是说,项目代码中的每一个数字既不表示分类,也不表示任何特定信息。

分配项目代码最简单的方法是以流水号形式为每一个贸易项目编码。

（4）校验符

校验符是 GTIN 最右端的末位数字。它是通过代码中的其他所有数字计算得出，主要是用来确保正确识读条码或正确组成代码。

注意事项：代码应作为一个整体使用，不能拆分处理。

2. 变量贸易项目代码

变量贸易项目是指出售、订购或生产的产品的量是可以改变的。例如，蔬菜、水果、粮食、鱼、肉、布料等。

变量贸易项目的标识与定量贸易项目的标识的区别在于：EAN·UCC-14 中的指示符 N_1 只能为数字 9，表示该项目为一个变化量度的贸易项目；定量贸易项目的标识 EAN·UCC-14 中的指示符 N_1 可以为 1～8 的任何一个数字。

变量贸易项目的代码由 13 位数字组成，编码的结构如表 4.2 所示。

表 4.2　变量贸易项目编码结构

结构种类	前缀码	商品项目代码			校验符
		商品种类代码	价格（度量值）校验符	价格（度量值）代码	
结构 1	$N_{13}N_{12}$	$N_{11}N_{10}N_9N_8N_7N_6$	无	$N_5N_4N_3N_2$	N_1
结构 2	$N_{13}N_{12}$	$N_{11}N_{10}N_9N_8N_7$	无	$N_6N_5N_4N_3N_2$	N_1
结构 3	$N_{13}N_{12}$	$N_{11}N_{10}N_9N_8N_7$	N_6	$N_5N_4N_3N_2$	N_1
结构 4	$N_{13}N_{12}$	$N_{11}N_{10}N_9N_8$	N_7	$N_6N_5N_4N_3N_2$	N_1

① 零售中的变量贸易项目标识。

零售中的变量贸易项目标识，一般是由零售商进行分配。在结算时用条码符号表示的信息通常应包括重量、数量或价格，例如，新鲜蔬菜、水果、粮食、鱼、肉、熟食等散装商品，在销售过程中都是以随机重量销售，每一位顾客购买这些商品的重量、价格可能都不同，这些没有包装的商品，自然也不可能有预先印刷在商品外包装上的商品条码。散装商品对于方便顾客采购、扩大商场的经营领域、提高商场的销售额都起到重要作用。而这些商品的销售信息要输入商场计算机管理信息系统，就必须使用店内码（bar code in-store）。店内码是为完善商业自动化管理系统而设计的只能在商店内部使用的条码标识，它是对规则包装商品上所使用商品条码的一个重要补充。

需要注意的是，变量贸易项目的条码符号表示是一种国内的解决方案，当产品用于跨国（地区）贸易时不得使用。对于需要出口的产品，厂商必须有效地采用产品进口国（地区）的解决方案。

② 非零售中的变量贸易项目标识。

非零售中的变量贸易项目用指示符为"9"的 EAN·UCC-14 标识，为完成一个贸易项目的标识，必须有贸易项目的度量。

（1）前缀码

前缀码（$N_{13}N_{12}$）由两位数字组成，其值为 20，21，22～29 预留给其他闭环系统。用于指示该 13 位数字代码为商店用于标识商品变量消费单元的代码。

(2) 商品项目代码

商品项目代码（$N_{11} \sim N_2$）由 10 位数字组成，包括商品种类代码、价格（度量值）代码及其校验符。其中，商品种类代码用于表示变量消费单元的不同种类；价格（度量值）代码用于表示某一具体变量消费单元的价格（度量值）信息。

(3) 校验符

校验符的计算同商品条码校验符的计算方法。在结构 3 和结构 4 中，价格（度量值）所对应的校验符的计算方法采用加权积计算方法。

(4) 加权积

在价格（度量值）校验符的计算过程中，首先要对价格（度量值）代码中的每位数字位置分配一个特定的加权因子，加权因子包括 2-、3、5+、5-。用加权因子按照特定的规则对价格（度量值）代码进行数学运算后的结果称为加权积。表 4.3 至表 4.6 分别给出了加权因子 2-、3、5+、5-所对应的加权积。

表 4.3 加权因子 2-对应的权积

代码数值	0	1	2	3	4	5	6	7	8	9
加权积	0	2	4	6	8	9	1	3	5	7

规律：代码数值×2，若小于 10，直接取个位数作为加权积；若大于 10，取个位数并减 1 作为加权积。

表 4.4 加权因子 3 对应的权积

代码数值	0	1	2	3	4	5	6	7	8	9
加权积	0	3	6	9	2	5	8	1	4	7

规律：代码数值×3，若小于 10，直接取个位数作为加权积；若大于 10，取个位数作为加权积。

表 4.5 加权因子 5+对应的权积

代码数值	0	1	2	3	4	5	6	7	8	9
加权积	0	5	1	6	2	7	3	8	4	9

规律：代码数值×5，若小于 10，直接取个位数作为加权积；若大于 10，取十位数与个位数相加作为加权积。

表 4.6 加权因子 5-对应的权积

代码数值	0	1	2	3	4	5	6	7	8	9
加权积	0	5	9	4	8	3	7	2	6	1

规律：代码数值×5，个位数−十位数，取正数。

4 位数字价格（度量值）代码校验符的计算方法（价格或度量值代码位置序号从左至右顺序排列）：

第①步：按照表 4.7 确定 4 位数字价格（度量值）代码中每位数所对应的加权因子，然后根据表 4.3 至表 4.6 确定相应的加权积。表 4.7 表示 4 位数字数字价格（度量值）代码加权因子的分配规则。

表 4.7　表示 4 位数字价格（度量值）代码加权因子的分配规则

代码位置序号	1	2	3	4
价格（度量值）代码	N_5	N_4	N_3	N_2
加权因子	2-	2-	3	5-

第②步：将第①步的结果相加求和。
第③步：将第②步的结果乘以 3，所得结果的个位数字即为校验符的值。
例：价格代码 2875（28.75 元）校验符的计算。表 4.8 表示价格代码 2875 校验符的计算过程。

表 4.8　表示价格代码 2875（28.75 元）校验符的计算过程

代码位置序号		1	2	3	4
加权因子		2-	2-	3	5-
价格代码		2	8	7	5
1. 查表得加权积		4	5	1	3
2. 求和		4 + 5 + 1 + 3 = 13			
3. 和乘以 3		13×3=39			
4. 积的个位数即为所求价格校验符的值		9			

5 位数字价格（度量值）代码校验符的计算方法（价格或度量值代码位置序号从左至右顺序排列）：

第①步：按照表 4.9（表示 5 位数字数字价格（度量值）代码加权因子的分配规则）确定 5 位数字价格（度量值）代码中每位数所对应的加权因子，然后根据表 4.3～表 4.6 确定相应的加权积。

表 4.9　表示 5 位数字价格（度量值）代码加权因子的分配规则

代码位置序号	1	2	3	4	5
价格（度量值）代码	N_6	N_5	N_4	N_3	N_2
加权因子	5+	2-	5-	5+	2-

第②步：将第①步的结果相加求和。
第③步：用大于或等于第②步所得结果且为 10 的最小整数倍的数减去第②步所得结果。
第④步：在表 5.6 中，查找加权积中与第三步所得结果数值相同的加权积所在同一列中的代码值即为所求校验符的值。
例：价格为 14685（146.85 元）校验符的计算，如表 4.10 所示。

表 4.10 价格为 14685（146.85 元）校验符的计算

代码位置序号	1	2	3	4	5
加权因子	5+	2-	5-	5+	2-
价格代码	1	4	6	8	5
1.查表得权值	5	8	7	4	9
2.求和	5 +	8 +	7 +	4 +	9=33
3.用 10 减去和的个位数所得的个位数值				10-3=7	
4.查表得到加权积 7 所对应的代码数值			6		

4.3.2 储运单元条码

1. 储运单元与条码标识

为便于搬运、仓储、订货、运输等，由消费单元组成的商品包装单元称为储运单元。储运单元分为定量储运单元和变量储运单元。定量储运单元是由定量消费单元组成的储运单元；变量储运单元是由变量消费单元组成的储运单元。

与消费单元同为一体的定量储运单元，应共用一个商品项目代码，按消费单元编码方法构成 13 位代码，用 EAN-13 条码标识。内含的消费单元为同一类的定量储运单元，可以在 13 位代码前加指示符"0"构成 14 位代码，用 ITF-14 条码标识；如果仍用原商品项目代码，可按有关规定选用不同指示符构成不同的 14 位代码，用 ITF-14 或 GS1-128 码标识。内含非同类消费单元的定量储运单元可用 EAN-13 条码或 ITF-14 条码标识。定量储运单元编码与条码标识的选择如表 4.11 所示。

表 4.11 定量储运单元与条码标识

序号	与消费单元关系	条码标识	指示字符（V）	厂商识别代码	商品项目代码	检验码	备注
1	同为一体	EAN-13	/	不变	原代码	C	
2	内含同类消费单元	EAN-13	/	不变	新代码	C	
		ITF-14	0	不变		C	
		ITF-14 或 GS1-128	1~8	不变	原代码	C	不同包装不同 C 值
3	内含非同类消费单元	EAN-13	/	不变	新代码	C	
		ITF-14	0	不变		C	

变量储运单元由 14 位数字的主代码和 6 位数字的附加代码组成，主代码用 ITF-14 条码，附加代码用 ITF-6 条码标识，代码结构如表 4.12 所示。指示字符 9 表示主代码后面有附加代码；厂商识别代码与商品项目代码的编码规则同消费单元，只是商品项目代码只能表示储运单元的产品种类；商品数量代码表示基本计量单位（如米、公斤等）的数量；校验符的计算同商品条码 EAN-13 校验符计算方法。

表 4.12 变量储运单元与条码标识

条码形式	主代码			附加代码		备注
	指示字符 LI	厂商识别代码与商品项目代码	校验符	商品数量	校验符	
ITF14+ITF6	9	$N_1N_2N_3N_4N_5N_6N_7N_8N_9N_{10}N_{11}N_{12}$	C_1	$Q_1Q_2Q_3Q_4Q_5$	C_2	条码字符组成同交插二五条码

2. ITF-14 条码符号和 ITF-6 条码符号

ITF-14 和 ITF-6 条码的字符集、条码符号组成均同交插二五条码。

ITF-14 和 ITF-6 条码是连续型，定长，具有自校验功能，且条空都表示信息的双向条码。它的条码字符集、条码字符的组成与交插二五条码相同。

ITF-14 条码只用于标识非零售的商品。ITF-14 条码对印刷精度要求不高，比较适合直接印刷（热转换或喷墨）于表面不够光滑、受力后尺寸易变形的包装材料上，如瓦楞纸或纤维板上。

ITF-14 条码由矩形保护框、左侧空白区、条码字符、右侧空白区组成，如图 4.9 所示。它们的结构为加上矩形保护框的交插二五条码；供人识读的字符置于保护框的下面。

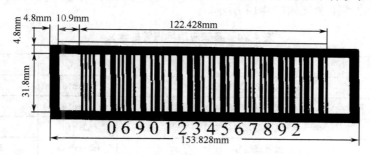

图 4.9　ITF-14 条码符号

只在 ITF-14 中使用指示符。指示符的赋值区间为 1~9，其中 1~8 用于定量贸易项目；9 用于变量贸易项目。最简单的编码方法是从小到大依次分配指示符的数字，即将 1，2，3…分配给贸易单元的每个组合。

4.3.3　应用标识符

1. 应用标识符的定义与格式

应用标识符（Application Identifier，简称 AI）是标识编码应用含义和格式的字符。其作用是指明跟随在应用标识符后面的数字所表示的含义。

应用标识符由 2~4 位数字组成。应用标识符后面的数据部分由一组字符组成，其具体位数及字符由表 4.13 所示的应用标识符格式来表示。

表 4.13　应用标识符的格式

应用标识符格式	含义
a	字母字符
n	数字字符
an	字母、数字字符
i	表示字符个数
ai	定长，表示 i 个字母字符

续表

应用标识符格式	含义
ni	定长，表示 i 个数字字符
ani	定长，表示 i 个字母、数字字符
a…i	表示最多 i 个字母字符
n…i	表示最多 i 个数字字符
an…i	表示最多 i 个字母、数字字符

2. 应用标识符的含义

应用标识符的具体含义如表 4.14 所示。

表 4.14　条码应用标识符的含义

应用标识符	含　义	格式	数据段名称
00	系列货运包装箱代码 SSCC-18	n2+n18	SSCC
01	全球贸易项目代码	n2+n14	GTIT
02	物流单元内贸易项目的 GTIN	n2+n14	CONTENT
10	批号或组号	n2+an…20	BATCH/LOT
11①	生产日期（年、月、日）	n2+n6	PROD DATE
12	付款截止日期	n2+n6	DUE DATE
13①	包装日期（年、月、日）	n2+n6	PACK DATE
15①	保持期（年、月、日）	n2+n6	BEST BEFORE 或 SELL BY
17①	有效期（年、月、日）	n2+n6	USE BY 或 EXPIRY
20	产品变体	n2+n2	VARIANT
21	连续号	n2+an…20	SERIAL
22	数量、日期、批号（医疗保健业用）	n2+an…29	QTY/DATE/BATCH
23	组号（过渡用）	n2+n…19	BATCH/LOTIOT
240	由厂商分配的附加的产品标识	n3+an…30	ADDITIONAL ID
241	客户方代码	n3+an…30	CUST.PART No
250	二级连续号	n3+an…30	SECONDARYSERIAL
251	源实体参考代码	n3+an…30	REF TO SOURCE
30	可变数量	n2+n…8	VAR COUNT
310	净重/kg	n3+n6	见计量单位表
311	长度或第一尺寸/m	n3+n6	见计量单位表
312	宽度、直径或第二尺寸/m	n3+n6	见计量单位表
313	高度、厚度或第三尺寸/m	n3+n6	见计量单位表
314	面积/m²	n3+n6	见计量单位表
315	净容积/L	n3+n6	见计量单位表
316	净体积/m³	n3+n6	见计量单位表

续表

应用标识符	含义	格式	数据段名称
320	净重/lb	n3+n6	见计量单位表
330	总重/kg	n3+n6	见计量单位表
331	长度或第一尺寸（运输配给系统用）/m	n3+n6	见计量单位表
332	宽度、直径或第二尺寸（运输配给系统用）/m	n3+n6	见计量单位表
333	高度、厚度或第三尺寸（运输配给系统用）/m	n3+n6	见计量单位表
334	面积（运输配给系统用）/m^2	n3+n6	见计量单位表
335	总容积（运输配给系统用）/L	n3+n6	见计量单位表
336	总体积（运输配给系统用）/m^3	n3+n6	见计量单位表
340	总重（运输配给系统用）/lb	n3+n6	见计量单位表
356	净重/oz	n3+n6	见计量单位表
400	客户购货订单号码	n3+an…30	ORDER NUMBER
401	客户托运代码	n3+an…30	CONSIGNMENT
402	货运表识代码	n3+n13	SHIP TO LOC
410	以 EAN-13 表示的交货地点（运抵）位置码	n3+n13	SHIP TO LOC
411	以 EAN-13 表示的受票（发票）方位置码	n3+n13	BILL TO
412	以 EAN-13 表示的供货方位置码	n3+n13	PURCHASE FROM
413	最终收货方全球位置码	n3+n13	SHIP FOR LOC
414	表示贸易实体的 EAN 位置码	n3+n13	LOC NO
420	收货方与供货方在同一国家（或地区）收货方的邮政编码	n3+an…9	SHIP TO POST
421	前置三位 ISO 国家（或地区）代码收货方的邮政编码	n3+n3+an…9	SHIP TO POST
7001	北约物资代码	n3+n13	NSN
7002	联合国/欧洲经济委员会（UN/ECE）肉类胴体与分割产品分类	n4+an…30	MEAT CUT
703s④	具有 3 位 ISO 国家代码的加工者批准号码	n4+an…30	
8001	卷状产品—长、宽、内径、方向、叠压层数	n4+n14	DIMENSIONS
8002	蜂窝式移动电话的电子系列号	n4+an…20	SMT No
8003	可重复使用的资产 UPC/EAN 代码与连续号	n4+n14+an…16	GRAI
90	双方认可的内部使用	n2+an…30	INTERNAL
91	公司内部使用	n2+an…30	INTERNAL
96	货运公司（内部用）	n2+an…30	INTERNAL
97	公司内部使用	n2+an…30	INTERNAL
98	公司内部使用	n2+an…30	INTERNAL
99	内部使用	n2+an…30	INTERNAL

① 当只表示年和月，不表示具体日数时，日数以"00"代替；
② 另加一位长度指示符；
③ 另加一位小数点指示符；
④ s 指示加工者的顺序。

注：1lb=0.45kg。

3. 应用标识符链接的语法规定

根据《EAN·UCC 通用规范》中对应用标识符的规定和条码应用领域的不同,某些应用标识符必须共同出现在同一条码符号中,而另外一些应用标识符则不能共同出现在同一条码符号中。

例如,应用标识符(AI)的使用受确定的规则支配。有些 AI 必须同时使用,例如,AI(02)之后必须紧跟着 AI(37),即为了标识一物流单元内包涵的贸易项目,必须在 GTIN 前使用应用标识符"02",此后必须跟随标识其数量的信息,用应用标识符"37"作为数量信息开始的标志。有些 AI 不能同时使用,例如,AI(01)和 AI(02),这是由于应用标识符"01"是用来表示一个独立贸易项目,而应用标识符"02"是用来标识包含在一个物流单元内的贸易项目,当某商品的状态只能居其一,因此这两个应用标识符不可以连用。

相反的情况是,AI(01)用来标识其后出现的 GTIN,而 AI(02)则标识物流单元中的贸易项目,两者应用于不同的领域,因此不会共同出现在一个条码中。AI(10)其后跟随的是一般商品的批号,而应用于医疗卫生行业的二级数据 AI(22)是专门标识医药产品的,因此它们不能链接。此外,贸易项目的初始加工的应用标识符 AI(423)不能与贸易项目的全程加工的应用标识符 AI(426)链接。图 4.10 为 GS1-128 条码符号表示应用标识符图例。

(01)03123451234569(15)991224(10)LV111

图 4.10 GS1-128 条码符号表示应用标识符图例

4. 应用标识符的好处

应用标识符的好处如下:
① 为数据提供标准含义。
② 在全世界范围内使用,解释可靠、一致。
③ 为数据自动识别和采集、电子数据交换提供统一的平台。

4.3.4 物流单元条码

1. 物流单元的定义和编码

物流单元是为需要通过供应链进行管理的运输和/或仓储而建立的组合项目。例如,一箱有不同颜色和大小的 12 件裙子和 20 件夹克的组合包装,一个 40 箱饮料的托盘(每箱 12 盒装)都可作为一个物流单元。

物流单元可通过标准的 GS1 标识代码系列货运包装箱代码(SSCC,Serial Shipping Container Code)来标识,SSCC 结构图如表 4.15 所示。

表 4.15 SSCC 编码结构

AI	SSCC			校验符
	扩展位	厂商识别代码	系列代码	
00	N_1	$N_2N_3N_4N_5N_6N_7N_8N_9N_{10}N_{11}N_{12}N_{13}N_{14}N_{15}N_{16}N_{17}$		N_{18}

物流单元必须用 SSCC 来标识，SSCC 对每一特定的物流单元都是唯一的，并且可满足所有的物流应用。

SSCC 将物流单元上的条码信息与该物流单元的标识代码，以及贸易伙伴间通过电子数据交换（EDI）传送的有关信息连接起来。在用 EDI 来传递详细信息或数据库中已有的这些信息时，SSCC 用做访问这些信息的关键字。所有的贸易伙伴都能扫描识读表示 SSCC 的 GS1-128 条码符号，交换含有物流单元全部信息的 EDI 报文，并且读取时能够在线得到相关文件以获得这些描述信息。目前，除了表示 SSCC 的 GS1-128 条码符号以外，还可以在条码中增加附加信息单元 AI 来表示，当物流单元可能由多种贸易项目构成，在其尚未形成时，无法事先将含 SSCC 在内的条码符号印在物流单元的包装上，因此，通常情况下，物流标签是在物流单元确定时附加在上面的。

如果一个物流单元同时也是贸易单元，就必须遵循《EAN·UCC 通用规范》中有关"贸易项目"的规定。因此，应生成一个条码符号表示所有需求信息的单一标签。

《EAN·UCC 通用规范》对于物流单元的标签作出了相应的规定。SSCC 及其在物流单元上的应用是其中最重要的部分。

2．系列货运包装箱代码

对于需要在供应链中进行跟踪和追溯的物流单元，系列货运包装箱代码 SSCC 可为其提供唯一标识。

厂商如果希望在 SSCC 数据中区分不同的生产厂（或生产车间），可以通过分配每个生产厂（或生产车间）SSCC 区段来实现。SSCC 在发货通知、交货通知和运输报文中公布。

扩展位：用于增加 SSCC 系列代码的容量，由厂商分配。例如，0 表示纸盒，1 表示托盘，2 表示包装箱等。

厂商识别代码：由各国物品编码中心负责分配给用户，用户通常是组合物流单元的厂商。SSCC 在世界范围内是唯一的，但并不表示物流单元内贸易项目的起始点。

系列代码：是由取得厂商识别代码的厂商分配的一个系列号，用于组成 $N_1 \sim N_{17}$ 字符串。系列代码一般为流水号。

3．物流标签

（1）信息的表示

物流标签上表示的信息有两种基本的形式：由文本和图形组成的供人识读的信息；为自动数据采集设计的机读信息。作为机读符号的条码是传输结构化数据的可靠而有效的方法，允许在供应链中的任何节点获得基础信息。表示信息的两种方法能够将一定的含义添加于同一标签上。GS1 物流标签由 3 部分构成，各部分的顶部包括自由格式信息，中部包括文本信息和对条码解释性的供人识读的信息，底部包括条码和相关信息。

（2）标签设计

物流标签的版面划分为 3 个区段：供应商区段、客户区段和承运商区段。当获得相关信息时，每个标签区段可在供应链上的不同节点使用。此外，为便于人、机分别处理，每个标签区段中的条码与文本信息是分开的。

标签制作者，即负责印制和应用标签者，决定标签的内容、形式和尺寸。

对所有 GS1 物流标签来说，SSCC 是唯一的必备要素。如果需要增加其他信息，则应符合《EAN·UCC 通用规范》的相关规定。

一个标签区段是信息的一个合理分组。这些信息一般在特定时间才能被知道。标签上有 3 个标签区段，每个区段表示一组信息。一般来说，标签区段从顶部到底部的顺序依次为：承运商、客户和供应商，然后根据需要可做适当调整。

① 供应商区段。

供应商区段所包含的信息一般是供应商在包装时知晓的。SSCC 在此作为物流单元的标识。如果过去使用 GTIN，现在也可以与 SSCC 一起使用。

对供应商、客户和承运商都有用的信息，如生产日期、包装日期、有效期、保质期、批号、系列号等，皆可采用 GS1-128 条码符号来表示。

② 客户区段。

客户区段所包含的信息，如到货地、购货订单代码、客户特定运输路线和装卸信息等，通常是在订购时和供应商处理订单时知晓的。

③ 承运商区段。

承运商区段所包含的信息，如到货地邮政编码、托运代码、承运商特定运输路线、装卸信息等，通常是在装货时知晓的。

④ 条码符号和供人识读字符的设计。

为了方便获得信息，条码符号表示在每个区段下部，而文本表示在每个区段上部。

⑤ 标签尺寸。

标准的标签尺寸为 105mm×148mm，其他尺寸的标签主要是根据要求和物流单元尺寸而定。作为用户参考，一般标签宽度为固定值 105mm，而标签高度随着数据要求而改变。

⑥ 标签示例。

图 4.11 是最基本的标签，在该标签中，GS1-128 条码符号仅表示 SSCC。

图 4.12 是含承运商区段、客户区段和供应商区段的标签。图中最上面的一个标签为承运上的信息，其中"420"表示收货方与供货方在同一国家（或地区）收货方的邮政编码，从图 4.12 的文字中可以看出，这个物流标签所标识的货物是从美国的 Boston 运送到 Dayton，是在同一个国家中进行运输；"401"表示货物托运代码。中间的物流标签标识的是客户的信息，"410"其后跟随的是交货地点的（运抵）位置码，也就是客户的位置码。最下面的标签是供应商区段的内容，"00"其后跟随的是要发运的物流单元。

图 4.11　最基本的物流标签

图 4.12　包含供应商、客户和承运商的标签

4. GS1-128 条码符号

GS1-128 条码由国际物品编码协会（EAN）和美国统一代码委员会（UCC）共同设计而成。它是一种连续型、非定长、有含义的、高密度、高可靠性、两种独立的校验方式的代码。ISO、CEN 和 AIM 所发布的标准中将紧跟在起始字符后面的功能字符 1（FNC1）定义为：专门用于表示 GS1 系统应用标识符数据（见图 4.13），以区别于 code 128 码。应用标识符（Application Identifier，简称 AI）是标识编码应用含义和格式的字符。其作用是指明跟随在应用标识符后面的数字所表示的含义。GS1-128 条码是唯一能够表示应用标识的条码符号。GS1-128 可编码的信息范围广泛包括项目标识、计量、数量、日期、交易参考信息、位置等。GS1-128 条码字符如图 4.14 所示。

图 4.13　GS1-128 条码

图 4.14　GS1-128 条码字符

（1）符号特点

① GS1-128 条码是由一组平行的条和空组成的长方形图案；

② 除终止符（stop）由 13 个模块组成外，其他字符均由 11 个模块组成；

③ 在条码字符中，每 3 个条和 3 个空组成一个字符，终止符由 4 个条和 3 个空组成。条或空都有 4 个宽度单位，可以从 1 个模块宽到 4 个模块宽。

④ GS1-128 条码有一个由字符 START A（B 或 C）和字符 FNC1 构成的特殊的双字符起始符，即 START A（B 或 C）+FNC1（见图 4.15）；

⑤ 符号中通常采用符号校验符。符号校验符不属于条码字符的一部分，也区别于数据代码中的任何校验符；

⑥ 符号可从左、右两个方向阅读；

⑦ 符号的长度取决于需要编码的字符的个数，被编码的字符可从 3 位到 32 位（含应用标识符），因此很难规定条码图案的长度；

⑧ 对于一个特定长度的 GS1-128 条码符号，符号的尺寸可随放大系数的变化而变化。放大系数的具体数值可根据印刷条件和实际印刷质量确定。一般情况下，条码符号的尺寸是指标准尺寸（放大系数为 1）。放大系数的取值范围可从 0.25~1.2。

（2）符号结构

GS1-128 条码是一种可变长度的连续型条码，可表示 3~32 位数字符号。其结构由起始符、数据符、校验符、终止符及左右侧空白区组成。它用一组平行的"条"、"空"及其相应的字符表示，每个条码字符除终止符由四个"条"、三个"空"共 13 个模块组成外，均由三个"条"、三个"空"共 11 个模块组成；每个条空由 1~4 个模块构成。

GS1-128 条码符号的结构要求如图 4.15 所示。

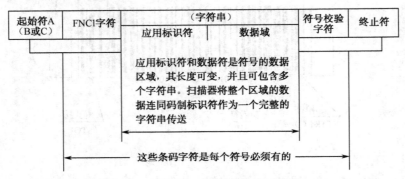

图 4.15　GS1-128 条码符号结构示意图

（3）条码符号的构成

① 条码符号表示的字符代码的位置。

数据代码必须以眼睛可读的形式标在条码符号的上方或下方。校验符不属于数据字符的一部分，因此不以人眼可读的形式标出。

GS1-128 条码符号对相应的数据代码的位置和字符类型不作具体规定，但必须字迹清晰，摆放合理。

② GS1-128 条码符号的标准尺寸。

GS1-128 条码符号的标准尺寸取决于编码字符的数量。表中 N 是数据字符与辅助字符个数之和。GS1-128 条码符号中的左、右空白区不得少于 10 模块宽。在标准尺寸下，模块宽是 1.00mm。因此包括空白区在内，GS1-128 条码的整个宽度为（11N+66）mm。

③ 尺寸选择。

GS1-128 条码的放大系数可根据 EAN 条码的印刷条件和允许的条码误差而定。

在实际选择放大系数时，不仅要考虑印刷增益，而且要考虑该条码符号所附着的 GS1-128 条码或 ITF 条码符号的尺寸，二者要匹配。在 GS1-128 条码中，条码字符模块的宽度不能小于 EAN·UCC-13 或 ITF 条码中最窄条宽度的 75%。

系列储运包装上，应用标识符为"00"的标准应用标识，其 GS1-128 条码符号的最小放大系数为 0.5，最大放大系数为 0.8。

④ 符号的位置。

GS1-128 条码符号最好平行地置于 EAN·UCC-13 或 ITF 等主码符号的右侧。称 EAN·UCC-13 或 ITF 为主码符号，是由于它们用来标识贸易项目的代码或编号，相对而言，GS1-128 条码的特点在于标识这些贸易项目的附加信息。在留有足够空白区的条件下，尽可能缩小两个符号间的距离，符号的高度应相同。

⑤ GS1-128 条码符号长度最小的原则。

a．起始符的选择。

如果数据以 4 位或 4 位以上的数字型数据符开始，则使用起始符 C；

如果数据中在小写字母字符之前出现 ASCII 控制字符（如 NUL），则使用起始符 A；

其他情况，使用起始符 B。

b．如果使用起始符 C，并且数字个数为奇数，则在最后一位数字前插入字符集 A 或字符集 B。

c．如果在字符集 A 或字符集 B 中同时出现 4 位或 4 位以上的数字字符：如果数字型数据字符的个数为偶数，则在第一个数字之前插入 CODE C 字符，将字符集转换为字符集 C；如果数字型数据字符的个数为奇数，则在第一个数字之后插入 CODE C 字符，将字符集转换为字符集 C。

d．使用字符集 B，并且数据中出现 ASCII 控制字符时：如果在该控制字符之后，在另一个控制字符之前出现一个小写字母字符，则在此控制字符之前插入转换字符；否则，在控制字符之前插入 CODE A，将字符集转换为字符集 A。

e．用字符集 A，并且数据中出现小写字母字符时：如果在该小写字母字符之后，在另一个小写字母字符之前出现一个控制字符，则在该小写字母字符之前插入转换字符；否则，在小写字母字符之前插入 CODE B，将字符集转换为字符集 B。

f．在字符集 C 中出现一个非数字字符，则在该非数字字符之前插入 CODE A 或 CODE B，具体应用参照 a。

注 1：在以上规则中，"小写字母"的含义为字符集 B 中字符值为 64~95（ASCII 值为 96~127）的字符。即所有的小写字母字符和字符 "'，{，|，}，~，DEL"。"控制字符"的含义为字符集 A 中字符值为 64~95（ASCII 值为 00~31）的字符。

注 2：如果 FNC1 出现在起始符之后的第 1 个位置或在数字字段中的第奇数个位置时，将 FNC1 视为 2 位，以确定合适的字符集。

⑥ 校验符。

GS1-128 条码的符号校验符总是位于终止符之前。校验符的计算是按模 103 的方法，通过对终止符外的所有符号代码值的计算得来的。计算方法如下：

a．从起始字符开始，赋予每个字符一个加权因子；

b．从起始符开始，每个字符的值（见 GB/T 15425—2002）与相应的加权因子相乘；

c．将上一步中的积相加；

d．将上一步的结果除以 103；

e．第四步的余数即为校验符的值。

校验符的条码表示见 GB/T 15425—2002。如果余数是 102，那么校验符的值与功能符 FNC1 的值相等，这时功能符 FNC1 只能充当校验符。

例：请计算 GS1-128 条码"AIM1234"的校验码，计算过程见表 4.16 所示。

表 4.16　GS1-128 条码"AIM1234"的校验码

字符	Start B	FNC1	A	I	M	Code C	12	34
字符值（步骤 1）	104	102	33	41	45	99	12	34
权值（步骤 2）	1	1	2	3	4	5	6	7
乘积（步骤 3）	104	102	66	123	180	495	72	238
乘积的和（步骤 4）	1380							
除以 103（步骤 5）				1380÷103=13　余数 41				
余数校验字符的值				41				

例：请计算 GS1-128 条码"28765AIM6"的校验符，计算过程如表 4.17 所示。

表 4.17　GS1-128 条码"28765AIM6"的校验符

字符	Start C	FNC1	28	76	Code B	5	A	I	M	6
字符值（步骤 1）	105	102	28	76	100	21	33	41	45	22
权值（步骤 2）	1	1	2	3	4	5	6	7	8	9
乘积（步骤 3）	105	102	56	228	400	105	198	287	360	198
乘积的和（步骤 4）	2039									
除以 103（步骤 5）					2039÷103=19　余数 82					
余数校验码的值					82					

例：请计算 GS1-128 条码"ABC NUL a1348"的校验符，计算过程如表 4.18 所示。

表 4.18　GS1-128 条码"ABC NUL a1348"的校验符

字符	Start A	FNC1	A	B	C	NUL	Code B	a	CodeC	13	48
字符值（步骤 1）	103	102	33	34	35	64	100	21	99	13	48
权值（步骤 2）	1	1	2	3	4	5	6	7	8	9	10
乘积（步骤 3）	103	102	66	102	140	320	600	455	792	117	480
乘积的和（步骤 4）	3277										
除以 103（步骤 5）						3277÷103=31　余数 84					
余数校验码的值						84					

（3）编码规则

GS1-128 条码有三种不同的字符集，分别为字符集 A、字符集 B 和字符集 C。字符集 A 包括所有标准的大写英文字母、数字字符、控制字符、特殊字符及辅助字符；字符集 B 包括所有标准的大写和小写英文字母、数字字符、特殊字符及辅助字符；字符集 C 包括 00～99 的 100 个数字及辅助字符。因为字符集 C 中的一个条码字符表示两个数字字符，因此，使用该字符集表示数字信息可以比其他字符集信息量增加一倍，即条码符号的密度提高一倍。这个字符集交替使用 128 个 ASCⅡ码编码。GB/T 15425—2002 列出了 GS1-128 条码的所有 A、B、C 三种字符集。

GS1-128 条码字符集如表 4.19 所示，其中单元宽度列中的数值表示模块的数目。

表 4.19 GS1-128 条码字符集 A、B、C

符号字符值	字符集 A	ASCII值字符集 A	字符集 B	ASCII值字符集 B	字符集 C	单元宽度（模块数）						条、空排列										
						B	S	B	S	B	S	1	2	3	4	5	6	7	8	9	10	11
0	SP	32	SP	32	00	2	1	2	2	2	2											
1	!	33	!	33	01	2	2	2	1	2	2											
2	"	34	"	34	02	2	2	2	2	2	1											
3	#	35	#	35	03	1	2	1	2	2	3											
4	$	36	$	36	04	1	2	1	3	2	2											
5	%	37	%	37	05	1	3	1	2	2	2											
6	&	38	&	38	06	1	2	2	2	1	3											
7					07	1	2	2	3	1	2											
8	(	40	(	40	08	1	3	2	2	1	2											
9	)	41	)	41	09	2	2	1	2	1	3											
10	*	42	*	42	10	2	2	1	3	1	2											
11	+	43	+	43	11	2	3	1	2	1	2											
12	,	44	,	44	12	1	1	2	2	3	2											
13	-	45	-	45	13	1	2	2	1	3	2											
14	.	46	.	46	14	1	2	2	2	3	1											
15	/	47	/	47	15	1	1	3	2	2	2											
16	0	48	0	48	16	1	2	3	1	2	2											
17	1	49	1	49	17	1	2	3	2	2	1											
18	2	50	2	50	18	2	2	3	2	1	1											
19	3	51	3	51	19	2	2	1	1	3	2											
20	4	52	4	52	20	2	2	1	2	3	1											
21	5	53	5	53	21	2	1	3	2	1	2											
22	6	54	6	54	22	2	2	3	1	1	2											
23	7	55	7	55	23	3	1	2	1	3	1											
24	8	56	8	56	24	3	1	1	2	2	2											
25	9	57	9	57	25	3	2	1	1	2	2											
26	:	58	:	58	26	3	2	1	2	2	1											
27	;	59	;	59	27	3	1	2	2	1	2											
28	<	60	<	60	28	3	2	2	2	1	1											
29	=	61	=	61	29	3	2	2	1	2	1											
30	>	62	>	62	30	1	1	1	2	2	2											
31	?	63	?	63	31	2	1	2	1	2	2											
32	@	64	@	64	32	2	3	2	1	2	1											
33	A	65	A	65	33	1	1	1	3	2	3											

续表

符号字符值	字符集A	ASCII值字符集A	字符集B	ASCII值字符集B	字符集C	单元宽度（模块数）						条、空排列										
						B	S	B	S	B	S	1	2	3	4	5	6	7	8	9	10	11
34	B	66	B	66	34	1	3	1	1	2	3											
35	C	67	C	67	35	1	3	1	3	2	1											
36	D	68	D	68	36	1	1	2	3	1	3											
37	E	69	E	69	37	1	3	2	1	1	3											
38	F	70	F	70	38	1	3	2	3	1	1											
39	G	71	G	71	39	2	1	1	3	1	3											
40	H	72	H	72	40	2	3	1	1	1	3											
41	I	73	I	73	41	2	3	1	3	1	1											
42	J	74	J	74	42	1	1	2	1	3	3											
43	K	75	K	75	43	1	1	2	3	3	1											
44	L	76	L	76	44	1	3	2	1	3	1											
45	M	77	M	77	45	1	1	3	1	2	3											
46	N	78	N	78	46	1	1	3	3	2	1											
47	O	79	O	79	47	1	3	3	1	2	1											
48	P	80	P	80	48	3	1	3	1	2	1											
49	Q	81	Q	81	49	2	1	1	3	3	1											
50	R	82	R	82	50	2	3	1	1	3	1											
51	S	83	S	83	51	2	1	3	1	1	3											
52	T	84	T	84	52	2	1	3	3	1	1											
53	U	85	U	85	53	2	1	3	1	3	1											
54	V	86	V	86	54	3	1	1	1	2	3											
55	W	87	W	87	55	3	1	1	3	2	1											
56	X	88	X	88	56	3	3	1	1	2	1											
57	Y	89	Y	89	57	3	1	2	1	1	3											
58	Z	90	Z	90	58	3	1	2	3	1	1											
59	[	91	[	91	59	3	3	2	1	1	1											
60	\	92	\	92	60	3	1	4	1	1	1											
61	]	93	]	93	61	2	2	1	4	1	1											
62	^	94	^	94	62	4	3	1	1	1	1											
63	_	95	_	95	63	1	1	1	2	2	4											
64	NUL	00	`	96	64	1	1	1	4	2	2											
65	SOH	01	a	97	65	1	2	1	1	2	4											
66	STX	02	b	98	66	1	2	1	4	2	1											
67	ETX	03	c	99	67	1	4	1	1	2	2											

续表

符号字符值	字符集A	ASCII值字符集A	字符集B	ASCII值字符集B	字符集C	单元宽度（模块数）						条、空排列										
						B	S	B	S	B	S	1	2	3	4	5	6	7	8	9	10	11
68	EOT	04	d	100	68	1	4	1	2	2	1											
69	ENQ	05	e	101	69	1	1	2	2	1	4											
70	ACK	06	f	102	70	1	1	2	4	1	2											
71	BEL	07	g	103	71	1	2	2	1	1	4											
72	BS	08	h	104	72	1	2	2	4	1	1											
73	HT	09	i	105	73	1	4	2	1	1	2											
74	LF	10	j	106	74	1	4	2	2	1	1											
75	VT	11	k	107	75	2	4	1	2	1	1											
76	FF	12	l	108	76	2	2	1	1	1	4											
77	CR	13	m	109	77	4	1	3	1	1	1											
78	SO	14	n	110	78	2	4	1	1	1	2											
79	SI	15	o	111	79	1	3	4	1	1	1											
80	DLE	16	p	112	80	1	1	1	2	4	2											
81	DC1	17	q	113	81	1	2	1	1	4	2											
82	DC2	18	r	114	82	1	2	1	2	4	1											
83	DC3	19	s	115	83	1	1	4	2	1	2											
84	DC4	20	t	116	84	1	2	4	1	2	1											
85	NAK	21	u	117	85	1	2	4	2	1	1											
86	SYN	22	v	118	86	4	1	1	2	1	2											
87	ETB	23	w	119	87	4	2	1	1	1	2											
88	CAN	24	x	120	88	4	2	1	2	1	1											
89	EM	25	y	121	89	2	1	2	1	4	1											
90	SUB	26	z	122	90	2	1	4	1	2	1											
91	ESC	27	{	123	91	4	1	2	1	2	1											
92	FS	28	|	124	92	1	1	1	1	4	3											
93	GS	29	}	125	93	1	1	1	3	4	1											
94	RS	30	~	126	94	1	3	1	1	4	1											
95	US	31	DEL	127	95	1	1	4	1	1	3											
96	FNC3		FNC3		96	1	1	4	3	1	1											
97	FNC2		FNC2		97	4	1	1	1	1	3											
98	SHIFT		SHIFT		98	4	1	1	3	1	1											
99	CODE C		CODE C		99	1	1	3	1	4	1											
100	CODE B		FNC4		CODE B	1	1	4	1	3	1											

续表

符号字符值	字符集A	ASCII值字符集A	字符集B	ASCII值字符集B	字符集C	单元宽度（模块数）						条、空排列										
						B	S	B	S	B	S	1	2	3	4	5	6	7	8	9	10	11
101	FNC4		CODE A		CODE A	3	1	1	1	4	1											
102	FNC1		FNC1		FNC1	4	1	1	1	3	1											
103			Start A			2	1	1	4	1	2											
104			Start B			2	1	1	2	1	4											
105			Start C			2	1	1	2	3	2											

（4）辅助字符

GS1-128 条码有九个辅助字符：START A、CODE A、SHIFT、START B、CODE B、STOP、START C、CODE C、FNC 1。辅助字符的条码表示见 GB/T 15425—2002。

起始符（Start Character）决定当前所使用的字符集。在条码符号中，使用 CODE A、CODE B、CODE C 字符，可以改变所使用的字符集。

字符 CODE A、CODE B、CODE C 所引起的字符集变化可以保持到条码符号的结束或遇到下一个字符变换符号时为止。其功能相当于英文打字机上的"SHIFT LOCK"（转换锁住）键。

功能符 FNC1 的主要用途是充当 GS1-128 条码的双字符起始符的一部分，有时 FNC1 也可以充当条码符号的校验符，这种概率仅有 1%。除此之外，功能符 FNC 1 绝不能出现在 GS1-128 条码的其他部位。

字符 START A（B 或 C）表明了 GS1-128 条码开始时的编码字符集。当数据字符是 4 个以上（含 4 位）的数字字符（包括应用标识符）开始时，应使用辅助字符 START C，即按字符集 C 进行编码。

字符集 A 包括所有标准的大写英文字母、数字字符 0~9、标点字符、控制字符（ASCII 值为 00~95 的字符）和 7 个特殊字符。字符集 B 包括所有标准的大写英文字母、数字字符 0~9、小写英文字母、标点符号、控制字符（ASCII 值为 32~127 的字符）和 7 个特殊字符。字符集 C 包括 100 个两位数字 00~99 和 3 个特殊字符。采用字符集 C 时，每个条码符号表示两位数字。

"SHIFT"字符仅能使条码符号中 SHIFT 字符后边的第一个字符从字符集 A 转换到字符集 B，或从字符集 B 转换到字符集 A，从第二个字符开始恢复到 SHIFT 以前所用的字符集。

"SHIFT"字符仅能在字符集 A 和字符集 B 之间的转换上使用，它无法使用当前的编码字符进入或退出字符集 C 状态。

"SHIFT"字符的作用相当于英文打字机上的 SHIFT 键。

STOP 字符表示 GS1-128 条码符号的终止。它的长度比其他字符多两个模块，即由 13 个模块组成。

GS1-128 条码符号具有特殊的双字符起始符，它由 START A（B 或 C）和 FNC1 两个字符组成。正是特殊的双字符起始符，使 GS1-128 条码区别于 AIM（Automatic Indentification Manufacturer）的普通 128 码。

(5) 字符串编码/译码规则

所有的条码码制都用特殊的条码字符标志条码符号的开始和结束，GS1-128 条码以起始符 A、B 或 C 来开始并决定其后条码字符的解释。GS1-128 条码在紧跟起始符后的位置上使用 FNC1 字符，在全球范围内这一双字符起始图形仅供 EAN·UCC 系统使用。这样可以将 GS1-128 条码与 128 条码区分开来。

GS1-128 条码符号是非定长条码符号，必须保证具备以下两个条件：

① 编码的数据字符的数量不能超过 48 个。

② 整个符号的物理长度不能超过 165mm。

GS1-128 条码符号的最大长度允许在一个条码符号中对多个字符串进行编码，这种编码方式称为链接。链接的编码方式比分别对每个字符串进行编码节省空间，因为只使用一次符号控制字符。同时，一次扫描也比多次扫描的准确性更高，不同的元素串可以以一个完整的字符串从条码扫描器中传送。

对于从链接的条码符号中传送的不同字符串需要进行分析和加工，为简化操作并缩减符号的长度，对一些字符串的长度进行了预先的设定（见表 4.20）。

表 4.20 预定义长度指示符

使用预定义长度应用标识符的字符串表			
应用标识的前 2 位	字符数（应用标识符的数据域）	应用标识的前 2 位	字符数（应用标识符的数据域）
00	20	17	8
01	16	(18)	8
02	16	(19)	8
(03)	16	20	4
(04)	18	31	10
11	8	32	10
12	8	33	10
13	8	34	10
(14)	8	(35)	10
15	8	(36)	10
(16)	8	41	16

① 预定义长度的应用标识符。

表 4.20 包含了所有已被预定义长度，并且不需要分隔符的应用标识符。表 5.20 所列的字符数是限定的字符长度，并且永远不变，括号中的数字是预留的尚未分配的应用标识符。

② 应用标识符（23n）。

前 2 位为 23 的应用标识符是一个特例，紧跟其后的一位数字指示了字符串的长度，因此，当应用标识符 23n 与其他字符串一起使用时，不需要分隔符。

(6) 链接

应用 GS1-128 条码符号时，可以将多个字符串链接起来。不变的预定义长度（字符数）说明了与前 2 位应用标识符有关的字符串的总长度（包括应用标识符）。应用标识符前 2 位没有预定义长度指示符（见表 4.20 中列出的数据），即使其应用标识符说明的数据是定长的，也要将其视为可变长度的数据。

① 预定义长度字符串的链接。

构造一个由预定义长度的应用标识符链接的字符串时，不需使用数据分隔字符。每个字符串后紧跟下一个应用标识符，最后是校验符及终止符。

例如：将 EAN·UCC 全球贸易项目标识代码（GTIN）95012345678903 与净重 4kg（见图 4.16 和图 4.17）链接就不需要使用数据分隔字符。从预定义长度指示符表 4.20 中可见：

01 预定义字符串长度为 16 位。
31 预定义字符串长度为 10 位。

图 4.16　物品编码与净重的分别表示

图 4.17　物品编码与净重的链接表示

② 可变长度字符串。

对于可变长度字符串的链接（指所有应用标识符的前 2 位不包含在表 4.20 中的情况），需要使用数据分隔字符。数据分隔符使用 FNC1 字符。FNC1 紧跟在可变长度数据串最后一个字符的后面，FNC1 后紧跟下一个字符串的应用标识符。如果字符串为编码的最后部分，则其后不用 FNC1 分隔符，而是紧跟校验符和终止符。

例如，将每个计量单位的价格（365 个货币单位）与批号（123456）（见图 4.18 和图 4.19）链接时，需要在每个计量单位的价格后面使用数据分隔字符。

图 4.18　每个计量单位的价格与批号的分别表示

```
        每个计量单位的价格365+批号：12345
```

[条码图]

```
(8005)000365  (10)123456
```

图 4.19　每个计量单位的价格与批号的链接表示

③ 预定义长度和可变长度字符串。

当预定义长度字符串与其他字符串混合链接时，建议将预定义长度字符串放在可变长度字符串的前面，可以减少链接所需的条码字符。

④ ITF-14 与 GS1-128 条码及其他码制的混合使用

EAN·UCC-14 编码可以用 ITF-14 表示，也可以用 GS1-128 条码表示。当要表示全球贸易项目标识代码的附加信息时，要使用 GS1-128 条码。在这种情况下，GTIN 可以用 ITF-14 或 GS1 系统的其他码制表示，而附加的数据要用 GS1-128 条码表示。

4.3.5　全球位置码

全球位置码（GLN）是用来标识作为一个法律实体的机构或组织的代码。GLN 还可用来标识物理位置或公司内的功能实体。全球位置码的应用是有效实施 EDI 的前提。

1. 编码结构

全球位置码（Global Location Number，GLN）能够唯一标识任何物理实体、功能实体和法律实体。每一个贸易关系可能涉及若干个厂商、供应商和客户，还可能有物流服务提供者。而对于每一个厂商来说，可能涉及几个部门。贸易伙伴需要在自己的文件里，明确标识与贸易相关的所有位置及其功能。位置码采用 EAN·UCC-13 编码结构，使用 GLN 的厂商必须将其所有的位置码及其相对应的相关信息告知其贸易伙伴。GLN 的使用有两种方式：一种是在 EDI 报文中用来标识所有相关的物理位置；另一种是与应用标识符一起用条码符号进行表示。目前 GLN 只能用 GS1-128 表示。表 4.21 表示某一收货人的 GLN 结构。

表 4.21　某一收货人的 GLN 结构

应用标识符	厂商识别代码　位置参考代码	校验符
410	$N_1 N_2 N_3 N_4 N_5 \ N_6 \ N_7 \ N_8 \ N_9 \ N_{10} \ N_{11} \ N_{12}$	N_{13}

2. 条码符号表示与应用

当用条码符号表示位置码时，应与位置码应用标识一起使用。条码符号采用 GS1-128 条码。位置码应用标识符如表 4.22 所示。

表 4.22 位置码应用标识符

位置码应用标识符	表示形式	含 义
410	410+位置码	将货物运往位置码表示的某一物理位置
411	411+位置码	开发票或账单给位置码表示的某一实体
412	412+位置码	从位置码开始的某一实体处订货
413	413 位置码	将货物运往某处，再运往位置码表示的某一物理位置
414	414+位置码	某一物理位置
415	415+位置码	从位置码表示的某一物理位置开发票

例如，4106929000123455 表示将货物运到或交给位置码为 6929000123455 的某一实体，410 为相关的应用标识符。

3. 应用示例

位置码主要应用于 EDI。在 EDI 的标准报文中，关于参与方的标识必须用位置码。下例是位置码在电子数据交换中应用的范例。该交换包括三个发货通知和四个发票。交换的发送日期为 1994 年 1 月 2 日。发送公司的 EAN 位置码为 5412345678908，接收公司的 EAN 位置码为 6929000123455。

UNB+UNOA：2+5412345678908：14+6929000123455：14+940102：1000+12345555
++++++EANCOM'
UNG+DESADV+5412345678908：14+6929000123455：14+940102：1000+98765555
+UN+D：93A：EAN00X'

（三个发货通知）

UNE+3+98765555'
UNG+INVOIC+5412345678908：14+692900012345：14+940102：1000+98765556
+UN+D：93A：EAN00X'

（四个发票）

765556'
UNZ+2+12345555'

利用 GS1 系统可通过 EDI/EANCOM 传送商业单证信息。表 4.23 是发送配送中心的库存数据报告报文。该报文从零售商发送给供应商，发送日期为 2001 年 1 月 1 日。零售商向供应商通告了在它的所有配送中心 2000 年 12 月 31 日的货物库存，这些货物用 GTIN 标识。产品 A-GTIN:5412345100102-55 个单位；产品 B-GTIN:5412345100560-12 个单位；产品 C-GTIN:5412345100782-325 个单位。零售商的 GS1 全球位置码为 8491668326689，供应商的 GS1 全球位置码为 5410738100029。

表 4.23　EDI 库存数据报告报文示例

UNH+ME00001+INVRPT:D:96A:UN:EAN004′	报头文
BGA+35+IVR21599+9′	库存报告编号 IVR21599
DTM+137:200101001:102′	报文日期：2001 年 1 月 1 日
DTM+366:20001231:102′	库存报告日期：2000 年 12 月 31 日
NAD+BY+4891668326689:9′	买方 EAN.UCC 全球位置码 4891668326689
NAD+SU+5410738100029:9′	供货方 EAN.UCC 全球位置码 5410738100029
LIN+1+54123451500102:EN′	产品 A 的 GTIN 为 54123451500102
QTY+145:55′	实际库存量为 55
LIN+2+5412345100560:EN′	产品 B 的 GTIN 为 5412345100560
QTY+145:12′	实际库存量为 12
LIN+2+5412345100782:EN′	产品 C 的 GTIN 为 5412345100782
QTY+145:325′	实际库存量为 325
LIN+13+ME000001′	报文尾，共有 13 个段

4.3.6　资产代码标识

资产编码采用 GS1 系统进行资产标识，用于对可回收资产或单个资产的标识和管理。每个拥有 GS1 厂商识别代码的企业都可以分配资产标识代码。

1．全球可回收资产的标识

可回收资产是具有一定价值的、可再次使用的包装或运输设备，如啤酒桶、汽缸、塑料托盘或板条箱。GS1 全球可回收资产标识符的使用，实现了资产的跟踪和全部有关数据的记录。

对于这种资产的管理，因为它在全球范围流动，要对这种资产进行跟踪和管理，如果没有全球性的一个标识是很难做到的。所以，GS1 可回收资产标识符的使用实现了可回收资产的全球跟踪和全部有关数据的记录。

全球可回收资产标识的分配：
① 资产标识代码是必备项：一系列同种资产应分配同一个资产标识代码。
② 系列编号是可选项：由资产所有人来分配，表示具有某给定资产类型编码的单个资产，该字段是字母—数字型的。

2．全球单个资产的标识

在 GS1 系统中，单个资产被认为是具有任何特性的物理实体。

典型应用是记录飞机零部件的生命周期。可从资产购置直到其退役，对资产进行全过程跟踪。

每个单个资产都应该有一个唯一的单个资产标识符，并且不包含"分类"因子。

标识资产的应用标识符包括 GS1 全球可回收资产标识符 AI（8003）和 GS1 全球单个资产标识符 AI（8004）。其数据格式如表 4.24 和表 4.25 所示。

表 4.24 GS1 全球可回收资产标识符

条码类型	字符串格式		
	应用标识符	资产标识代码 (厂商识别代码 → ← 资产类型 校验位)	系列代码（可选择的）
UCC-12	8003	$0\,0\,N_1N_2N_3N_4N_5N_6N_7N_8N_9N_{10}N_{11}N_{12}$	X_1--可变→X_{1n}
EAN·UCC-13	8003	$0\,0\,N_1N_2N_3N_4N_5N_6N_7N_8N_9N_{10}N_{11}N_{12}N_{13}$	X_1--可变→X_{1n}

表 4.25 GS1 全球单个资产标识符

应用标识符	字符串格式	
	单个资产代码	
	厂商识别代码 →	← 个人资产项目代码
8004	$N_1...N_1$	$N_{1+1}...$变长 $X_{1+1(=10)}$

4.3.7 服务标识代码

标识 GS1 全球服务关系代码的应用标识符 AI（8018）。

GS1 全球服务关系代码可以用于标识在一个服务关系中服务的接受方，为服务供应方提供了存储相关服务数据的方法。服务项目代码由服务的供应方分配，服务参考号的结构和内容由具体服务的供应方决定。其数据格式如表 4.26 所示。

表 4.26 GS1 全球服务关系代码的标识

应用标识符	字符串格式		
	GS1 全球服务关系代码		
	厂商识别代码 →	← 服务项目代码	校验位
8018	$N_1N_2N_3N_4N_5N_6N_7N_8N_9N_{10}N_{11}N_{12}N_{13}N_{14}N_{15}N_{16}N_{17}N_{18}$		

4.4 供应链管理全球标准

经济全球化和全球信息化进程的加快，迫使企业面临着越来越激烈的市场竞争。现代企业要追求最佳的经济效益，在市场竞争中取得领先地位，仅仅着眼于优化利用本企业内部的资源是远远不够的，还需要借助于其他有关企业的资源，实现优势互补，共同增强竞争力，才能达到快速响应消费者的需求、迅速占领市场的目的。为此，制造商着眼于在全球范围内寻求与其相关的供应商、销售商建立合作伙伴关系，结成利益共同体，形成一条从供应商、制造商、销售商到最终用户的供应链。针对供应链的所有环节实施同步化和集成化的管理，使供应链上的企业能实现"共赢"、取得竞争优势，这种经营运作模式就是所谓的"供应链管理"。为了实现对供应链的高效管理，必须制定一套供应链管理的全球标准，实现全球产品统一标识、全球产品统一分类、全球数据同步化、全球统一电子通信标准、数据载体和数据采集技术全球通用、物流设施和装备相互兼容,从而保证供应链中的信息流和实物流畅通无阻,提高供应链的整体效益。

高效的消费者反应(Efficient Customer Responses,简称 ECR)的最终目标是建立一个具有高效反应能力和以客户需求为基础的系统,提高整个供应链的效率,从而大大降低整个系统的成本、库存和物质储备,同时为客户提供更好的服务。ECR 系统的四大要素如表 4.27 所示。

表 4.27 ECR 系统的四大要素

快速产品引进(Efficient Product Introductions)	最有效地开发新产品,进行产品的生产计划,以降低成本
快速商店分类(Efficient Store Assortment)	通过第二次包装等手段,提高货物的分销效率,使库存及商店空间的使用率最优化
快速促销(Efficient Promotion)	提高仓储、运输、管理和生产效率,减少预先购买、供应商库存及仓储费用,使贸易和促销的整个系统效率最高
快速补充(Efficient Replenishment)	包括电子数据交换(EDI),以需求为导向的自动连续补充和计算机辅助订货,使补充系统的时间和成本最优化

为了通过有效实施全球和地区标准消除非增值过程和重复操作,从而以更低成本提高供应链效率,亚洲 ECR 委员会采纳了一套供应链标准,它们是全球产品标识、全球产品分类、全球数据同步化、B2B 电子通信 EDI/XML、托盘标准、产品电子代码(EPC)与电子标签。例如,唯一产品标识代码可以在供应链上跟踪与追溯产品;B2B 电子交易的结构化数据格式可排除数据重新进入和映射的重复工作;标准的托盘尺寸可消除货物运输过程中不同托盘间的手工搬运。所有这些都会提高生产和工作效率。

ECR 不但适用于大中型的零售商和制造商,也适用于小型零售商和供应商。随着零售行业的发展,ECR 将促使整个行业内各方面进行合作、制定行业标准,推动行业高效、良性地发展。

4.4.1 全球产品标识

一个标准的编码系统不仅可以很好地推动买卖双方的信息交换,还可以进一步实现整个供应链的信息共享与透明。没有标准的编码系统,公司不得不保留对照表,这些对照表会造成因翻译错误和高额维护费而引起的效率低下。

通过计算机数据库存储产品信息并通过一个唯一的代码访问产品信息,全球产品标识克服了内部编码(专有编码)的局限性。因为所用代码全球唯一,因此指示产品、服务、位置的代码之间不会产生歧义。

全球产品标识包括:全球贸易项目代码(GTIN)、全球位置码(GLN)和系列货运包装箱代码(SSCC)。

1. 全球贸易项目代码(GTIN)

GTIN 是指全球贸易项目(产品和服务)系统标识符。GTIN 全球唯一,可以以条码符号形式表示以便实现自动识别和数据采集。通常使用的条码是 UPC 和 EAN-13 符号。实际上

GTIN 有四种数据结构：EAN·UCC-8，UCC-12，EAN·UCC-13 和 EAN·UCC-14。GTIN 可以用 EAN·UPC，ITF-14 和 GS1-128 码制条码编码。新开发码制的 RSS 码（Reduced Space Symbology）和 EAN·UCC 复合码，特别适用于数据需求量大，但空间有限的贸易项目。

2．全球位置码（GLN）

位置标识（物理、功能或法律实体）要求在贸易伙伴之间通过电子商务（XML，EDI 等）、物理位置标记及物流单元的路线信息，实现实物和信息的有效流动。

位置码在电子商务中是一个重要的概念，因为这些位置码提供了和电子交易（流程）有关的所有位置的唯一、明确和有效的标识。根据这些标识，网络可以准确地把信息发送到指定的工作站或应用程序中。

GLN 已经被 UN/EDIFACT 和标准化国际组织（ISO 6532）认可，是标识任一物理、功能或法律实体的数据编码。

3．系列货运包装箱代码（SSCC）

不考虑具体内容，SSCC 把每一个物流单元作为单独的实体唯一标识。当应用到集装箱或货品的包装上，SSCC 由 EAN·UCC 物流标签上的应用标识符 AI（）和 GS1-128 条码形式表示，并可被供应链中所有参与方用来管理货物从发送方到目的地的位置移动。SSCC 同时也是 ISO 15394 海运和陆运标签标准。

4.4.2　全球产品分类

标识代码用于项目的明确标识，例如用唯一的 GTIN 标识"ABC 计算机"。分类代码则不同，用于把相似的项目组成共同的品类，例如用唯一的代码标识"计算机设备"。采用国际标准，对产品和服务进行分类，对于公司间简化商务是必要的。产品和服务用行业认同的产品分类明确标识可以更有效地采购，支持营销功能以发现客户并提供更好的客户分销渠道。分类体系作为参考代码，为产品与服务信息的多种语言转述提供服务。

随着全球交换和数据池的快速增长，最终不同交换的分类标准将会达成一致。全球分类标准能够帮助消费者在互联网上快速标识和确定商品。针对这种情况，GCI 组织成立了全球产品分类工作组，开发出了一套适用于全球的、灵活的产品分类系统。这套系统可以支持涉及商业 IT 项目的开发、维护、授权和查询等各个环节。重点在制定一套全球同步化的分类标准。

GCI 全球产品分类工作组采用等级和产品属性相结合的混合框架。等级和产品属性不超过三个层次：组——类别（例如水果类），变量——种（例如苹果、柠檬）和特征属性。组和变量反映行业需要，而产生的品类名则被作为选择标准用于分类和搜索。结合等级层次的属性让用户从多个视角审视同一种产品。这样在系统中，产品只描述一次，但产品的不同用户可以有自己的看法。同时，属性能够和任何等级层次一起用来满足特别的查询。

4.4.3　全球数据同步化

为成功实施简单电子商务模型，组织需要将商业流程合理化并采用策略以协调信息，在交易前贸易伙伴间实现主数据同步化是协调信息的先决条件。主数据是指贸易伙伴认同的商业信息，这些信息一段时间内保持不变，并在每次交易中不需要重新传输。项目描述、交付地点都是主数据。这些主数据在供应链（原材料、采购、运输和支付）的所有商业文件中都会重复使用。

然而，既然有时在上百个地方输入和修改数据，零售商（买方）必须与每一个供应商最新的（更改的、过期的）产品信息同步。因此，从众多供应商那里获取和更新信息给零售商（买方）带来了极高的成本。此外，纸面形式的信息交换既不能将信息整合到信息系统之中，也不能实现自动更新。并且，陈旧产品信息的存在将会阻碍信息系统，造成有缺陷的订单和发票。

GCI全球数据同步化工作组已经描绘出全球数据同步化如何工作的愿景。在这个愿景下，每个制造商或零售商选择本部数据池来存储交易产品的信息和他们自己的位置信息。数据池必须与涉及的标准一致，这些标准包括 GTIN 和 GLN 编码结构、全球产品分类、项目和贸易方记录内容要求等。载数据池的每个项目在信息发布和与其他数据池同步前必须在全球注册中心注册。注册中心确保每个准入点的唯一注册并指示用户返回本部数据池，有关项目或贸易方的完整的信息集存储在本部数据池中。然后，贸易方可以使用同步化引擎自动更新自身的数据池。

4.4.4 B2B 电子通信 EDI/XML

1. B2B 电子通信 EDI

EDI 通常被认为是电子商务的中枢。基于互联网或增值网络（VAN）的通用格式，EDI 能够使贸易伙伴实现计算机系统间标准化信息的直接自动传输，因此没有人工介入。

UN/EDIFACT（联合国管理、商业和运输业电子数据交换）是最广为接受的 EDI 报文标准。EANCOM 是 UN/EDIFACT 的一个子集，它是目前亚洲和欧洲最流行的 EDI 应用标准，并已经被亚洲 EDIFACT 委员会采购工作组作为亚洲采购 EDI 标准采纳。

2. 可扩展标记语言（XML）

XML 标准是 EDI 的补充。XML 是可生成标记语言的元语言，标记语言可以对互联网上的特别文件或报文实例编码。GCI 和 EAN·UCC 的合作应用由 UN/EDIFACT（联合国管理、商业和运输业促进中心）与 OASIS（结构化信息标准推进组织）开发的 ebXML 作为 XML 商业交易标准。

4.4.5 托盘盘标准

四面进入式，1200mm×1000 mm 托盘是亚洲杂货业和快速消费品品行业的推荐标准。标准托盘有最小为一吨的安全工作负载。托盘标准化提供了托盘交换的平台。理想情况下，货物能够在同一个托盘上从制造商，通过分销商，再运输到零售店。货物不需要不同托盘间人工转换，提高了生产和工作效益。

4.4.6 产品电子代码（EPC）与电子标签

射频识别（RFID）是一种非接触式的自动识别技术。RFID 不会替代像条码一样的已经使用的基础技术，但可作为一个补充工具来支持供应链应用。例如，RFID 能够扫描带有各式内部箱子的整个托盘，而不是卸下托盘后再扫描每一个箱子。同时 RFID 标签能够在通过供应链时添加或删除信息。射频识别被认为是 EDI 的补充：关键信息在标签中编码，大量数据通过电子方式互换。

多年来，因为缺乏一套共用的标准，RFID 技术一直未被广泛应用于供应链管理。随着射频识别技术趋于成熟，可为供应链提供前所未有的、近乎完美的解决方案，公司能够及时了解每个商品在其供应链上任何时间的位置信息，实现供应链上信息的透明化。有多种方法可以实现这一目标，但我们所找到的最好的解决方法是建立产品电子代码（EPC）系统，给每一个商品唯一的号码——"牌照"——产品电子代码（EPC）。

类似条码，EPC 用一组编号来代表制造商及其产品，不同的是 EPC 还另外用一组数字来唯一地标识单品。96 位或 64 位产品电子代码是唯一存储在 RFID 标签微型芯片中的信息。这使得 RFID 标签能够维持低廉的成本并保持灵活性，因为在数据库中无数的动态数据能够与 EPC 标签相链接。EPC 标签由天线、集成电路、连接集成电路与天线的部分、天线所在的底层四部分构成。EPC 标签有主动型、被动型和半主动型三种类型。

EPC 的作用是为 RFID 标签提供编码及译码的一致标准，使得 RFID 标签可在整个供应链内任何时候提供产品的流向数据。每一标签上载有的独有分辨编号，能够将有关产品的数据传送到下一个互联的数据库上，使有关的个体能够透过如互联网的网络来分享同一产品数据库的内容。EPC 给予每一个产品单独编号，EPC 标准的出现让每个产品信息有共同的沟通语言，这将给 RFID 市场更大的发展基础，同时加速了 RFID 技术应用的步伐。

EPC 系统是 GS1 系统的一个重要组成部分，EPC 编码与现行 GTIN 兼容。EAN 和 UCC 成立了非营利性组织 EPCglobal，通过 EAN 和 UCC 在全球 100 多个国家和地区地成员组织推广应用 EPC，以引领 EPC 在供应链管理上的应用及发展。中国物品编码中心（ANCC）负责 EPC 在中国的注册、管理和标准化等方面的工作。

4.5　GS1 应用现状和发展

目前，GS1 标识系统在我国的零售业得到了普遍应用，遍布城乡的大小超市几乎都采用了以商品条码表示的零售贸易项目代码进行销售管理和扫描结算，大大提高了结算的速度和准确性，实现了对销售情况的动态管理。

随着经济和技术的不断发展，GS1 系统不断完善，以满足应用的需求。目前，GS1 正在通过技术创新、技术支持和制定物流供应和管理的多行业标准，以市场为中心，不断研究和开发，为所有商业需求提供有效的创新解决方案，以实现"在全球市场中采用一个标识系统"的目标，并且在射频识别、RSS、复合码、XML、高容量数据载体、数据语法及全球运输项目、全球位置信息网络、鲜活产品跟踪和国际互联产品电子目录等领域和项目中不断开发，扩展 GS1 系统的应用领域，迎接新经济和新技术带来的挑战和变化。

本 章 小 结

GS1 系统的物品编码体系主要包括 6 个部分：全球贸易项目代码、系列货运包装箱代码、全球可回收资产标识符、全球单个资产标识符、全球位置码和全球服务关系代码。

GTIN 是全球贸易项目提供唯一标识的一种代码。GTIN 主要包括 4 种不同的编码结构：EAN·UCC-13、EAN·UCC-8、EAN·UCC-12 和 EAN·UCC-14。

储运单元是为便于搬运、仓储、订货、运输等，由消费单元组成的商品包装单元。储运单元主要有 ITF-14 和 ITF-6 条码。物流单元是为需要通过供应链进行管理的运输和/或仓储而建立的组合项目。物流单元可通过标准的 GS1 标识代码系列货运包装箱代码 SSCC 来标识。

ECR 采纳了一套供应链标准，它们包括全球产品标识、全球产品分类、全球数据同步化、B2B 电子通信 EDI/XML、托盘标准、产品电子代码（EPC）与电子标签 6 个部分。

练 习 题

一、填空题

1. 贸易项目的标识均由代码（　　　）表示。
2. 标识定量贸易项目和变量贸易项目的应用标识符为（　　　）。
3. 变量贸易项目的的标识是 EAN·UCC-14 数据结构的一个特殊应用，与定量度贸易项目的标识的区别在于 N1 只能为数字（　　　），表示此项目为一个变化量度的贸易项目。
4. 物流标签的版面划分为 3 个区段：供应商区段、客户区段和（　　　）。
5. （410）6929000123455 表示将货物运到或交给位置码为 6929000123455 的某一实体，（　　　）为相关的应用标识符。
6. 应用标识符（AI）的作用是（　　　）。
7. GS1 系统以（　　　）和射频标签作为自动识别的载体承载编码信息，从而实现流通过程中的自动数据采集。
8. GS1 系统的（　　　）用统一的报文标准传送结构化数据。

二、选择题

1. GS1 系统目前拥有的应用领域有（　　　）。
   A．贸易项目的标识　　　　　　　　B．物流单元的标识
   C．服务关系的标识　　　　　　　　D．位置的标识
2. 标识代码体系包括（　　　）。
   A．贸易项目　　B．物流单元　　C．资产　　D．位置
3. 零售变量贸易项目代码的（　　　）由 10 位数字组成，包括商品种类码、价格代码及校验符。
   A．前缀码　　B．店内码　　C．商品项目代码　　D．空白区
4. 以下（　　　）不是贸易项目 4 种编码结构的 GTIN。
   A．EAN·UCC-8　　B．UCC-12　　C．CODE 39　　D．EAN -13
5. 项目标识代码 EAN·UCC-14 的条码符号可以用 GS1-128 和（　　　）来表示。
   A．EAN·UCC-13　　B．EAN·UCC-8　　C．UCC-12　　D．ITF-14

6. 零售变量贸易项目的前缀为（　　）。
   A. 2　　　　B. 01　　　　C. 20~29　　　　D. 9
7. GS1 系统在供应链中跟踪和自动记录物流单元使用的代码（　　）是为物流单元提供唯一标识的代码。
   A. GTIN　　　　B. GSRN　　　　C. SSCC　　　　D. GLN
8. 全球位置码的应用是有效实施 EDI 的（　　）。
   A. 前提　　　　B. 基础　　　　C. 条件　　　　D. 因素
9. 条码符号表示带保护框是（　　）。
   A. GS1-128　　　　B. EAN-13　　　　C. EAN-8　　　　D. ITF-14
10. 贸易项目的（　　）特征发生变化时，需要分配一个新的 GTIN。
    A. 种类　　　　B. 商标　　　　C. 包装的尺寸　　　　D. 数量
11. 如果包装箱上已经使用了 EAN-13、UPC-A、ITF-14 或 GS1-128 等标识贸易项目的条码符号，印有条码符号的物流标签应（　　）。
    A. 取消
    B. 贴在上述条码的旁边
    C. 覆盖已有的条码符号
    D. 与已有条码保持一致的水平位置

三、判断题

（　　）1. SSCC 是唯一标识物流单元的标识代码，使每个物流单元的标识在全球范围内唯一。

（　　）2. GLN 的使用有两种方式，一种是在 EDI 报文中用来标识所有相关的物理位置，另一种是与应用标识符一起用条码符号进行标识，但是目前 GLN 只能用 GS1-128 表示。

（　　）3. GS1 全球位置码（Global Location Number，GLN）能够唯一标识任何物理实体、功能实体和法律实体。

（　　）4. EDI 用统一的报文标准传送结构化数据，它通过电子方式从一个计算机系统传送到另一计算机系统，使人工干预最小化。

（　　）5. 编码的基本原则是每一个不同的贸易项目对应一个单独的、唯一的 GTIN。

（　　）6. 通过扫描识读物流单元上表示 SSCC 的 GS1-128 条码符号，建立商品流动与相关信息间的链接，能逐一跟踪和自动记录物流单元的实际流动，同时也可以广泛用于运输行程安排、自动收货等。

（　　）7. 从本质上讲，ECR 要求企业在观念上密切合作，充分利用信息技术，实现双赢或多赢的目的。

（　　）8. 物流单元标签上的条码符号的高度大于等于 32mm。

（　　）9. 物流单元标签人工识读的数据由数据名称和数据内容组成，内容与条码表示的单元数据串一致，数据内容字符高度不小于 7 mm。

（　　）10. 物流单元标签文本要清晰易读，并且字符高度不小于 3mm。

（　　）11. GS1-128 条码符号的标准尺寸取决于编码字符的数量。

（　　）12. 当储运包装商品不是零售商品时，应在 13 位代码前补 "0" 变成 14 位代码，采用 ITF-14 或 EAN-128 条码表示。

（　　）13. 标准组合式储运包装商品是多个相同零售商品组成的标准组合包装商品。

（　）14．GS1-128 条码符号的最大长度允许在一个条码符号中对多个字符串进行编码，这种编码方式称为链接。

（　）15．当只有 SSCC 或 SSCC 和其他少量数据时，物流单元标签的尺寸可选择 105 mm×148 mm。

（　）16．储运包装商品的编码采用 13 位或 14 位数字代码结构。

（　）17．GS1 系统是以全球统一的物品编码体系为中心，集条码、射频等自动数据采集、电子数据交换等技术系统于一体的，服务于物流供应链的封闭的标准体系。

（　）18．GS1 系统是一套全球统一的标准化编码体系。编码系统是 GS1 系统的核心。

（　）19．GS1 为了提高整个物流供应链的运作效益，在 UN/EDIFACT 标准（联合国关于管理、商业、运输业的电子数据交换规则）的基础上开发了流通领域电子数据交换规范——EANCOM。

四、简答题

1．简述 GS1 系统包括的内容。
2．简述 GS1 系统的主要特征。
3．简述 GS1 系统主要的应用领域。
4．当印刷标签的面积不能容纳 EAN-13 条码时，可采用 EAN-8 条码，这种说法正确吗？请简要说明理由。

五、计算题

1．请计算 GS1-128 码 12167Abc6 的校验符。
2．请计算 GS1-128 码 12ABc16758 的校验符。
3．请计算价格代码 56388（563.88 元）的校验符。

实训项目　Bartender 软件利用 ODBC 连接数据库

任务一　利用 ODBC 建立数据源

[能力目标]
掌握用 ODBC 建立数据源。
[实验仪器]
1．一台正常工作的电脑。
2．一套 Bartender 软件和一套 Microsoft Office 2003 软件。
[实验内容和步骤]
（1）建立数据源的说明。
在使用 ODBC 建立数据源之前，首先必须要建立一个数据库，ODBC 具有多种应用程序的驱动程序，因此可以建立 Excel 或 Access 等多种形式的数据库。本实验以 Excel 数据库为例，建立 Excel 数据源 "book_print"，工作表 Sheet 1 建立后如图 4.20 所示，工作表 Sheet 2 建立后如图 4.21 所示。

图书名称	图书ISBN	出版社	出版时间	条码
物流信息技术	978-7-5024-4666-6	冶金出版社	200806	9787502446666
信息技术开发实训	7-121-02552-3	电子工业出版社	200808	9787121025525
VB程序开发	978-7-113-08790-6	铁道出版社	200801	9787113087960
信息系统与编码	978-7-113-08155-3	铁道出版社	200804	9787113086190
计算机应用基础	978-7-113-08155-3	铁道出版社	200702	9787113077747
计算机组成原理	978-7-113-07774-7	铁道出版社	200806	9787113022968
物流信息技术应试指南	7-121-02296-6	电子工业出版社	200806	9787121022968
数据库原理与应用	978-7-302-17165-2	清华大学出版社	200901	97887302171652
条码技术及应用	978-7-121-08756-1	电子工业出版社	200906	9787121087567
物流地理	978-7-040-31842-5	高等教育出版社	201105	9787040318425

图 4.20　book_print 工作表 Sheet 1

作者	条码	校验码
董秀科	9787502446666	6
董国平	9787121025525	5
赵万元	9787113087960	0
张莲	9787113086190	0
邹燕南	9787113077747	7
王坤	9787113022968	8
谢惜娇	9787121022968	8
李春葆	97887302171652	2
李军红	9787121087567	7
谢金龙	9787040318425	5

图 4.21　book_print 工作表 Sheet 2

（2）建立数据源的具体方法。

方法一：通过数据源 ODBC 进行数据源的建立。

① 打开"控制面板"，选择"管理工具"中的"数据源（ODBC）"，弹出"ODBC 数据源管理器"窗口，如图 4.22 所示。该对话框当前显示的选项卡是"系统 DSN"，可以面向登录 Windows 的所有用户，而"用户 DSN"选项卡仅仅面向当前登录 Windows 的用户。我们推荐选择"系统 DSN"选项卡，任何情况下，都不能在"用户 DSN"和"系统 DSN"选项卡上创建同名的项。

② 单击"添加"按钮，会看到"创建新数据源"的窗口，因为事先建立了 Excel 表格，选择"Driver do Microsoft Excel（*.xls）"，单击"完成"，如图 4.23 所示。

图 4.22　ODBC 数据源管理器（1）

图 4.23　ODBC 数据源管理器（2）

③ 本实验中数据源名设为"book_print"，然后单击"选择工作簿"，出现如图 4.24 所示的窗口。

④ 单击"选择工作簿"，找到刚刚建立的 book_print.xls 的存储位置，选中然后单击"确定"，如图 4.25 所示。

⑤ 返回到"ODBC 数据源管理器"窗口，显示刚才建立名为 book_print 的资料源，一切无误，选择"确定"，如图 4.26 所示。

此时，完成了数据源的建立工作。

方法二：利用 BarTender 软件建立数据源。

① 打开 BarTender 软件，单击 图标进行操作，弹出"添加数据库向导"面板，选择"下一步"，如图 4.27 所示。

图 4.24 ODBC 数据源管理器（3）

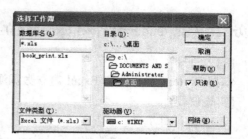
图 4.25 ODBC 数据源管理器（4）

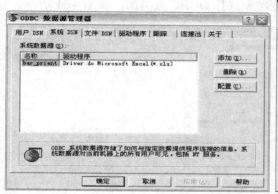
图 4.26 ODBC 数据源管理器（5）

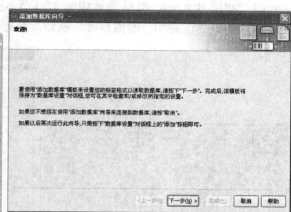
图 4.27 数据库设置（1）

② 选择"ODBC 数据源"，单击"下一步"，如图 4.28 所示。
③ 选择"系统数据源"，单击"下一步"，如图 4.29 所示。

图 4.28 数据库设置（2）

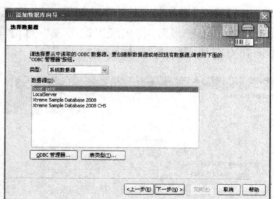
图 4.29 数据库设置（3）

至此就完成了数据源建立。但是请注意数据库的表不能与 Bartender 软件同时开启，不然连接数据库时会报错。

任务二　Bartender 软件和 Excel 建立数据源的连接

[能力目标]

掌握 Bartender 软件和 Excel 建立数据源的连接。

[实验仪器]

1．一台计算机。

2．一套 Bartender 软件和一套 Microsoft Office 2003 软件。

[实验内容]

（1）利用 Bartender 软件设计如图 4.30 所示的标签。

（2）单击"设置和查看数据库"按钮，数据类型选择 ODBC 数据源，如图 4.31 所示。

图 4.30　Bartender 软件设计的标签

图 4.31　选择要使用的数据库类型

选择要使用的 Excel 文件，如图 4.32 所示。

单击"下一步"，将出现"选择表"对话框，将 Excel 的工作表 Sheet 1 和工作表 Sheet 2 添加到"要使用的表"，如图 4.33 所示。

图 4.32　选择要使用的 Excel 文件

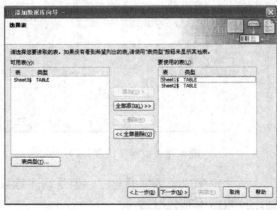

图 4.33　选择表文件

单击"下一步",将出现[连接表],如图 4.34 所示。
单击"内部联接",将出现"连接类型"对话框,选择"左外部连接",如图 4.35 所示。

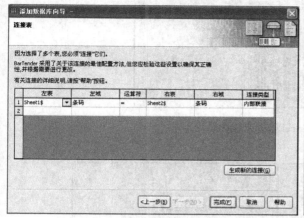
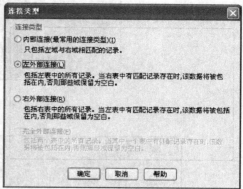

图 4.34　连接表　　　　　　　　　图 4.35　连接类型对话框

单击"完成"按钮,完成 Excel 数据库的设置。
(3)单击如图 4.30 所示的"样本文本",将属性中的"屏幕数据"修改为"数据库字段",如图 4.36 所示。

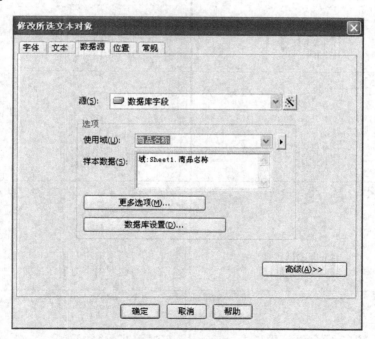

图 4.36　文本对象修改对话框

按照上述方法修改完成后,出现如图 4.37 所示的设计界面。
单击"打印预览",将出现连接好的批量标签,如图 4.38 所示。

图 4.37 与 Excel 数据库连接的标签

图 4.38 与 Excel 连接的批量标签

[实训考核]

实训考核如表 4.27 所示。

表 4.27 实训考核表

考核要素	评价标准	分值（分）	评分（分）				
			自评（10%）	小组（10%）	教师（80%）	专家（0%）	小计（100%）
条码标签的布局	(1) 条码标签的布局是否合理	30					
条码符号的设计	(2) 条码符号的设计是否规范	30					
Bartender 条码软件的应用能力	(3) 掌握 Bartender 软件和 ODBC 建立数据源的连接	30					
分析总结		10					
合计							
评语（主要是建议）							

第五章

常见条码

- 能力目标：
  - 掌握一维条码和二维条码应用的领域；
  - 能够根据应用领域选择合适的一维条码和二维条码；
  - 具备条码设计软件的应用能力。
- 知识目标：
  - 掌握常见的一维条码和二维条码的字符集、符号结构和编码规则；
  - 理解一维条码和二维条码的特点；
  - 熟悉一维条码和二维条码应用的领域。

引导案例

国航航班可凭短信条码登机

自 2008 年 5 月 8 日起，国航国内航班推出手机乘机服务，旅客凭航空公司短信发来的"二维条码"，无须再到机场柜台办理登机牌，可直接登机。

只要预订国航的电子客票后，旅客将会收到一条短信，告知国航手机乘机登记服务网址。单击短信中的网址办理乘机手续后，旅客手机中将会收到一个二维条码电子登机牌，旅客可凭条码，在 T3 航站楼任意通道办理安检手续。工作人员用仪器扫过黑白相间的"二维条码"，即可认证旅客身份，并在登机口办理登机手续，无须再提前到达机场办理登机牌，也不必自行打印登机牌，实现全程无纸化。

【引入问题】

我国国航航班的短信条码最可能是什么条码？为什么？

条码的种类很多，已知的条码种类就有 250 种之多。目前使用频率最高的几种一维条码码制主要有：EAN、UPC、39 条码、25 条码、交插 25 条码、库德巴码和 UCC·EAN-128 条码。不同的码制适用于不同的应用场合。

5.1 几种常用的一维条码

5.1.1 二五条码

二五条码是一种只有"条"表示信息的非连续型条码。每一个条码字符由规则排列的五个"条"组成，其中有两个"条"为宽单元，其余的"条"和"空"及字符间隔都是窄单元，故称为"二五条码"。图 5.1 是表示"123458"的二五条码结构。

图 5.1　表示"123458"的二五条码

二五条码的字符集为数字字符 0～9，字符的二进制表示如表 5.1 所示。二五条码由左侧空白区、起始符、数据符、终止符及右侧空白区构成。空不表示信息，宽单元用二进制的"1"表示，窄单元用二进制的"0"表示，起始符用二进制"110"表示（二个宽单元和一个窄单元），终止符用二进制"101"表示（中间是窄单元，两边是宽单元）。因相邻字符之间有字符间隔，所以二五条码是非连续型条码。

表 5.1　二五条码的字符集和条码字符

字符	对应的二进制表示及条码字符		字符	对应的二进制表示及条码字符	
	二进制表示	条码字符		二进制表示	条码字符
0	00110		5	10100	
1	10001		6	01100	
2	01001		7	00011	
3	11000		8	10010	
4	00101		9	01010	

二五条码是最简单的条码，它研制于 20 世纪 60 年代后期，到 1990 年由美国正式提出。这种条码只含数字 0～9，应用比较方便。主要用于包装、运输和国际航空系统为机票进行顺序编号等。但二五条码不能有效地利用空间，人们在二五条码的启迪下，将条表示信息，扩展到也用空表示信息。因此在二五条码的基础上又研制出了"条"、"空"均表示信息的交插二五条码。

5.1.2 交插二五条码

交插二五条码（Interleaved 2 of 5 Bar Code）是在二五条码的基础上发展起来的，由美国的 Intermec 公司于 1972 年发明。它弥补了二五条码的许多不足之处，不仅增大了信息容量，而且由于自身具有校验功能，还提高了交插二五条码的可靠性。交插二五条码起初广泛应用于仓储及重工业领域，1987 年开始用于运输包装领域。1987 年日本引入了交插二五条码，用于储运单元的识别与管理。1997 年我国也研究制定了交插二五条码标准（GB/T 16829—1997），主要应用于运输、仓储、工业生产线和图书情报等领域的自动识别管理。

交插二五条码是一种条、空均表示信息的连续型、非定长、具有自校验功能的双向条码。它的字符集为数字字符 0～9。图 5.2 是表示"3185"的交插二五条码的结构。

从图 5.2 中可以看出，交插二五条码由左侧空白区、起始符、数据符、终止符及右侧空白区构成。它的每一个条码数据符由 5 个单元组成，其中 2 个是宽单元（表示二进制的"1"），3 个窄单元（表示二进制的"0"）。条码符号从左到右，表示奇数位数字符的条码数据符由条组成，表示偶数位数字符的条码数据符由空组成。组成条码符号的条码字符个数为偶数。当条码字符所表示的字符个数为奇数时，应在字符串左端添加"0"，如图 5.3 所示。

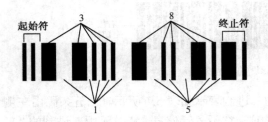

图 5.2　表示"3185"的交插二五条码

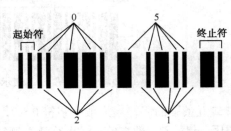

图 5.3　表示"251"的条码（字符串左端加"0"）

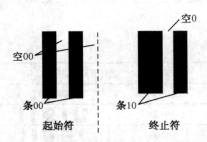

图 5.4　交插二五条码的起始符和终止符

起始符包括两个窄条和两个窄空，终止符包括两个条（一个宽条、一个窄条）和一个窄空，如图 5.4 所示。它的字符集为数字字符 0～9。

5.1.3　三九条码

三九条码（Code 39）是于 1975 年由美国的 Intermec 公司研制的一种条码，它能够对数字、英文字母及其他字符等 44 个字符进行编码。由于它具有自检验功能，使得三九条码具有误读率低等优点，首先在美国国防部得到应用。目前广泛应用于汽车行业、材料管理、经济管理、医疗卫生和邮政、储运单元等领域。我国于 1991 年研究制定了三九条码标准（GB/T 12908—2002），推荐在运输、仓储、工业生产线、图书情报、医疗卫生等领域应用三九条码。

三九条码是一种条、空均表示信息的非连续型、非定长、具有自校验功能的双向条码。

1. 符号特征

三九条码的每一个条码字符由 9 个单元组成（5 个条单元和 4 个空单元），其中 3 个单元是宽单元（用二进制的"1"表示），其余是窄单元（用二进制的"0"表示），故称为"三九条码"。

三九条码可编码的字符集包括：

① A～Z 和 0～9 的所有数字字母；

② 特殊字符：空格 $ % + － · /；

③ 起始符/终止符，每个条码字符共 9 个单元，其中有 3 个宽单元和 6 个窄单元，共包

括5个"条"和4个"空";非数据字符等于2个符号字符。

2. 符号结构

三九条码符号包括:左右两侧空白区,起始符、条码数据符(包括符号校验字符)、终止符,如图5.5所示。条码字符间隔是一个空,它将条码字符分隔开。三九条码字符集、条码符号及二进制对应关系如表5.2所示。在供人识读的字符中,三九条码的起始符和终止符通常用"*"表示,此字符不能在符号的其他位置作为数据的一部分,并且译码器不应将它输出。

图 5.5 表示"CODE"的三九条码

表 5.2 三九条码字符集、条码符号及二进制对应关系

字符	B	S	B	S	B	S	B	S	B	ASCII 值
0	0	0	0	1	1	0	1	0	0	48
1	1	0	0	1	0	0	0	0	1	49
2	0	0	1	1	0	0	0	0	1	50
3	1	0	1	1	0	0	0	0	0	51
4	0	0	0	1	1	0	0	0	1	52
5	1	0	0	1	1	0	0	0	0	53
6	0	0	1	1	1	0	0	0	0	54
7	0	0	0	1	0	0	1	0	1	55
8	1	0	0	1	0	0	1	0	0	56
9	0	0	1	1	0	0	1	0	0	57
A	1	0	0	0	0	1	0	0	1	65
B	0	0	1	0	0	1	0	0	1	66
C	1	0	1	0	0	1	0	0	0	67
D	0	0	0	0	1	1	0	0	1	68
E	1	0	0	0	1	1	0	0	0	69
F	0	0	1	0	1	1	0	0	0	70
G	0	0	0	0	0	1	1	0	1	71
H	1	0	0	0	0	1	1	0	0	72
I	0	0	1	0	0	1	1	0	0	73

续表

字符	B	S	B	S	B	S	B	S	B	ASCII 值
J	0	0	0	0	1	1	1	0	0	74
K	1	0	0	0	0	0	0	1	1	75
L	0	0	1	0	0	0	0	1	1	76
M	1	0	1	0	0	0	0	1	0	77
N	0	0	0	0	1	0	0	1	1	78
O	1	0	0	0	1	0	0	1	0	79
P	0	0	1	0	1	0	0	1	0	80
Q	0	0	0	0	0	0	1	1	1	81
R	1	0	0	0	0	0	1	1	0	82
S	0	0	1	0	0	0	1	1	0	83
T	0	0	0	0	1	0	1	1	0	84
U	1	1	0	0	0	0	0	0	1	85
V	0	1	1	0	0	0	0	0	1	86
W	1	1	1	0	0	0	0	0	0	87
X	0	1	0	0	1	0	0	0	1	88
Y	1	1	0	0	1	0	0	0	0	89
Z	0	1	1	0	1	0	0	0	0	90
—	0	1	0	0	0	0	1	0	1	45
.	1	1	0	0	0	0	1	0	0	46
空格	0	1	1	0	0	0	1	0	0	32
$	0	1	0	1	0	1	0	0	0	36
/	0	1	0	1	0	0	0	1	0	47
+	0	1	0	0	0	1	0	1	0	43
%	0	0	0	1	0	1	0	1	0	37
*	0	1	0	0	1	0	1	0	0	无

注：1. *表示起始符/终止符；
2. B 表示条，S 表示空。0 代表一个窄单元，1 代表一个宽单元。

3．字符编码

三九条码的条码字符值分配表如表 5.3 所示。

表 5.3　三九条码字符值分配表

编码字元	相对值	编码字元	相对值	编码字元	相对值
0	0	F	15	U	30
1	1	G	16	V	31
2	2	H	17	W	32

续表

编码字元	相对值	编码字元	相对值	编码字元	相对值
3	3	I	18	X	33
4	4	J	19	Y	34
5	5	K	20	Z	35
6	6	L	21	-	36
7	7	M	22	.	37
8	8	N	23	（SPACE）	38
9	9	O	24	$	39
A	10	P	25	/	40
B	11	Q	26	+	41
C	12	R	27	%	42
D	13	S	28		
E	14	T	29		

4．附加的特性

（1）校验字符

三九条码的校验字符是可选的。对于数据安全性要求比较高的应用，应该使用一个符号校验字符。该校验字符应紧接在最后一个数据字符之后和终止符之前。

如果采用符号校验字符，校验字符的计算方法如下：

① 通过查表 5.3，得到每一个数据字符相应的字符值。

② 计算出所有数据字符值的总和。

③ 将数值的总和除以 43。

④ 将步骤③所得的余数在表 5.3 中查对应的字符就是符号校验字符。译码器可以输出 43 模数的符号校验字符。

例如：请计算三九条码"*S123$5*"数据的校验符，其计算过程如表5.4所示。

表 5.4　数值为"S123$5"三九条码校验符的计算

数据字符	S	1	2	3	$	5	
字符值	28	1	2	3	39	5	
总和	78						
除以 43	78÷43=1…35						
数值 35 对应	Z						
带有校验符的数据字符	S	1	2	3	$	5	Z

计算三九条码的校验符时，既可以选用 GB/T 17710 标准描述的算法，也可以选用相应规范规定的算法。数据校验字符应该是数据串的最后一位字符并被译码器输出。

（2）供人识读的字符

供人识读通常应该同其对应的三九条码一起印刷，表示起始符和终止符的"*"也可印刷。字符的大小和字体没有规定，但不应占用空白区，该字符可以印在条码符号周围。

（3）可选择的数据传输方式

为了满足特定应用的需要，译码器可以通过编程来识读非标准形式的 39 条码符号。这里有以下三个方案：全 ASCII 码、信息追加和控制函数。由于使用这些特性需要特殊的译码器，所以一般的应用中不宜使用，以免它们和标准的三九条码符号相互混淆。

① 全 ASCII 码。使用两个字符符号可以将与 GB/T 1998 一致的 128 个 ASCII 码全部字符集进行编码，这两个字符集由（"$"、"+"、"%"、"/"）四个字符中的一个和 26 个英文字母的一个构成。

② 信息追加。有时将长的信息分割为多个短的符号，利于方便使用。如果三九条码符号的第一个字符为空格，经过编程的译码器会将该空格后的信息添加到前一个信息的尾部。当读到的信息头一个字符不是空格，数据库被追加到缓冲区，再将缓冲区中的整个信息输出，然后清空缓冲区。此时，数据的顺序非常重要，应该采取措施确保以正确的次序撷取符号。

③ 控制函数。一种附加的系统专用模式，这一模式可以用于封闭系统，不能用于开放系统。通过将（"$"、"%"、"+"、"—"、"."、"/"）（ASCII 值为 36、37、43、45、46、47）集合的两个符号字符进行组合，就能为系统编制 36 个控制函数。译码器将对这些符号进行特殊处理，并执行这些定义过的函数。不应输出这些字符组合的文字翻译，不应采用符号标识符。

（4）符号标识符

符号标识符可以通过编好程序的条码译码器作为数据前缀符加到译码数据上。ISO/IEC 15424 为三九条码分配的符号标识符为：] Am。其中：

]，代表第 93 号 ASCII 码字符；

A，是 39 条码的代码字符；

m，是一个修饰字符，其值代表一些应用和操作方面的选项。

m=0，没有校验字符，也没有 ASCII 码全集处理，所有数据按译码原样输出；

m=1，43 模符号校验字符有效并输出；

m=3，43 模符号校验字符有效但不输出；

m=4，进行 ASCII 码全集转换，没有校验字符；

m=5，进行 ASCII 码全集转换，43 模符号校验字符有效并输出；

m=7，进行 ASCII 码全集转换，43 模符号校验字符有效但不输出。

不应该用条码字符对该符号标识进行编码，但应该由译码器产生，译码器译码完成后，将此信息作为一个数据信息的前缀。

（5）符号特征

可编码的字符集：除一些特殊字符外的所有数字字母集（注意，这里不含全 ASCII 码控制函数选择）。

数据字符的数目：可变，最长为 16 个字符。

符号校验字符：应该使用并输出 43 模的符号校验字符。

数据校验字符：无。

5.1.4 库德巴条码

库德巴条码是于 1972 年研制出来的，它广泛应用于医疗卫生和图书馆行业，也应用于邮政快件领域。美国输血协会还将库德巴条码规定为血袋标识的代码，以确保操作准确，保护人类生命安全。

我国于 1991 年研究制定了库德巴条码国家标准（GB/T12909—1991）。库德巴条码是一种条、空均表示信息的非连续型、非定长、具有自校验功能的双向条码。它由条码字符及对应的供人识别字符组成。

它的字符集包括：
① 数字字符 0~9（10 个数字）；
② 英文字母 A~D（4 个字母）；
③ 特殊字符：—（减号）；
　　　　　　$（美元符号）；
　　　　　　：（冒号）；
　　　　　　/（斜杠）；
　　　　　　.（圆点）；
　　　　　　+（加号）。

图 5.6　表示"A12345678B"的库德巴条码

由图 5.6 可以看出，库德巴条码由左侧空白区、起始符、数据符、终止符及右侧空白区构成。它的每一个字符由 7 个单元组成（4 个条单元和 3 个空单元），其中 2 个或 3 个是宽单元（用二进制"1"表示），其余是窄单元（用二进制"0"表示）。

库德巴条码字符集中的字母 A、B、C、D 只用于起始字符和终止字符，其选择可任意组合。当 A、B、C、D 用做终止字符时，也可分别用 T、N、#、E 来代替。库德巴条码的字符、条码字符及二进制表示如表 5.5 所示。

表 5.5　库德巴条码字符、条码字符及二进制表示对照表

字符	条码符号	二进制表示条空		字符	条码符号	二进制表示条空	
		（条）	（空）			（条）	（空）
1		0010	001	$		0100	010
2		0001	010	-		0010	010
3		1000	100	；		1011	000
4		0100	001	/		1101	000
5		1000	001	.		1110	000
6		0001	100	+		0111	000
7		0010	100	A		0100	011

续表

字符	条码符号	二进制表示条空 (条)	二进制表示条空 (空)	字符	条码符号	二进制表示条空 (条)	二进制表示条空 (空)
8		0100	100	B		0001	110
9		1000	010	C		0001	011
0		0001	001	D		0010	011

5.2 几种常用的二维条码

5.2.1 Code 49

Code 49 是一种多层、连续型、可变长度的条码符号，如图 5.7 所示。它可以表示全部的 128 个 ASCII 字符。每个 Code 49 条码符号由 2～8 层组成，每层有 18 个条和 17 个空。层与层之间由一个层分隔条分开。每层包含一个层标识符，最后一层包含表示符号层数的信息。

表 5.6 为 Code 49 条码的特性。

图 5.7　Code 49 条码

表 5.6　Code 49 条码的特性

项　目	特　性
可编码字符集	全部 128 个 ASCII 字符
类型	连续型，多层
每个符号字符单元数	8（4 条，4 空）
每个符号字符模块总数	16
符号宽度	81X（包括空白区）
符号高度	可变（2～8 层）
数据容量	2 层符号：9 个数字字母型字符或 15 个数字字符 8 层符号：49 个数字字母型字符或 81 个数字字符
层自校验功能	有
符号校验字符	2 个或 3 个，强制型
双向可译码性	是，通过层
其他特性	工业特定标志，字段分隔符，信息追加，序列符号连接

5.2.2 Code 16K

Code 16K 条码是一种多层、连续型可变长度的条码符号，如图 5.8 所示。它可以表示全 ASCII 字符集的 128 个字符及扩展 ASCII 字符。它采用 UPC 及 Code 128 字符。一个 16 层的 Code 16K 符号，可以表示 77 个 ASCII 字符或 154 个数字字符。Code 16K 通过唯一的起始符/终止符标识层号，通过字符自校验及两个模 107 的校验字符进行错误校验。

图 5.8　Code 16K 条码

表 5.7 为 Code 16K 条码的特性。

表 5.7　Code 16K 条码的特性

项　　目	特　　性
可编码字符集	全部 128 个 ASCII 字符
类型	连续型，多层
每个符号字符单元数	6（3 条，3 空）
每个符号字符模块总数	11
符号宽度	81X（包括空白区）
符号高度	可变（2～16 层）
数据容量	2 层符号：7 个数字字母型字符或 14 个数字字符 8 层符号：49 个数字字母型字符或 1541 个数字字符
层自校验功能	有
符号校验字符	2 个，强制型
双向可译码性	是，通过层（任意次序）
其他特性	工业特定标志，区域分隔符，信息追加，序列符号连接，扩展数量长度选择

5.2.3　RSS 系列条码

为了满足 EAN·UCC 系统用户的需求，为非常小的产品项目（如注射器，小瓶，电信电路板）、随机计量的零售项目（如肉、家禽和袋装农产品）、单个农产品项目（如苹果和橘子）、可用空间不足以提供项目所有信息的物流单元（如混合贸易项目托盘的内容信息）提供更好的自动识别方法，国际物品编码协会（EAN）和美国统一代码委员会（UCC）开发了 RSS（Reduced Space Symbology）条码符号。它是一种一维条码和二维条码的组合码，其中：

一维条码组成部分可以是：

① UCC/EAN-128 条码；

② UPC/EAN 条码；

③ Reduced Space Symbology（RSS）条码。

二维条码组成部分可以是：

① CC-A（一种专用于混合码的 PDF417 微码的变体）；

② CC-C（标准 PDF417）。

RSS 系列条码解决了以下技术问题：部分符号能够被全方位扫描；符号能适应限定的空

间，并在有限空间范围内提供足够的信息；符号与现存的广泛应用的采集技术最大化兼容；符号是现存 EAN·UCC 系统数据载体的补充；符号提供最简单的解决方案，以满足最大用户群体。

和其他线形条码相比，RSS 系列条码制具有更高的密度，因为它可以表示更多的字符，如表 5.8 所示。

表 5.8 数据密度比较

码 制	每个数字的模块数
ITF-14	8.0
EAN/UPC	7.0
UCC·EAN-128	5.5
限定式 RSS	4.1

1. RSS 系列条码符号

RSS 条码是 EAN·UCC 系统中使用的系列线形码制。RSS 条码符号有 3 种基本类型：RSS-14 系列、限定式 RSS 和扩展式 RSS。其中 RSS-14 系列和扩展式 RSS 两种类型具有满足不同应用要求的多种版本。

RSS-14 系列对 AI（01）单元数据串进行编码，可以被全方位扫描器扫描。限定式 RSS 系列对 AI（01）单元数据串进行编码，用于不能在全方位扫描环境中进行扫描的小项目。扩展式 RSS 系列对 EAN·UCC 系统主要项目标识符及附加 AI 单元数据串（例如重量和有效期）进行编码，可以被全方位扫描器扫描。

2. RSS-14 系列

RSS-14 系列对应用标识符 AI（01）单元数据串进行编码：它有四个版本：RSS-14、截短式 RSS-14 系列、层排式 RSS-14 和全方位层排式 RSS-14。所有四种版本采用同样的方式进行编码。层排式 RSS-14 是 RSS-14 的一个变体。在应用中，当 RSS-14 太宽时，可以进行堆叠。它有两个版本：适宜于小项目标识的截短式版本和适宜于全方位扫描器识别的高级版本。

图 5.9 表示 RSS-14 条码符号结构，一个 RSS-14 符号包括四个数据字符和两个定位图形。RSS-14 系列在四个独立的段中能够被扫描，每个由一个数据字符和相邻的定位图形组成。两个定位图形按 79 的校验值编码，以保证数据的安全。

图 5.9 RSS-14 条码符号结构

左右两侧的保护符由一个窄条和一个窄空组成。RSS-14 不需要空白区。

（1）RSS-14

RSS-14 条码符号是为全方位扫描器而设计的。其宽为 96×，高为 33×，以 1× 的空开始，以 1× 的条结束（×表示一个模块的宽度）。例如，模块大小为 0.25mm（0.010 英寸）的 RSS-14 条码符号，其宽为 24mm（0.96 英寸），高为 8.25mm（0.33 英寸），如图 5.10 所示。

（2）截短式 RSS-14（RSS-14 truncated）

截短式 RSS-14 是将 RSS-14 条码符号高度减小的版本，主要是为了不需要全方位扫描识别的小项目而设计的。其宽为 96×，高为 13×。例如，模块大小为 0.25mm（0.010 英寸）的截短式 RSS-14 条码符号，其宽为 24mm（0.96 英寸），高为 3.25mm（0.13 英寸），如图 5.11 所示。

图 5.10　RSS-14 条码　　　　　图 5.11　截短式 RSS-14 条码

（3）层排式 RSS-14（RSS-14 stacked）

层排式 RSS-14 是 RSS-14 条码符号高度减小、两行堆叠的版本，主要是为了不需要用全位扫描器识别的小项目而设计的。其宽为 50×，高为 13×。两行之间分隔符的高度为 1×。例如，模块大小为 0.25mm（0.010 英寸）的层排式 RSS-14 条码符号，其宽为 12.5mm（0.5 英寸），高为 3.25mm（0.13 英寸），如图 5.12 所示。

（4）全方位层排式 RSS-14（RSS-14 stacked omni-directed）

全方位层排式 RSS-14 是由两行完全高度 RSS-14 堆叠而成，是为全方位扫描器识读而设计的。其宽为 50×，高为 69×。两行之间分隔符的高度为 1×。例如，模块大小为 0.25mm（0.010 英寸）的全方位层排式 RSS-14 条码符号，其宽为 12.5mm（0.5 英寸），高为 17.25mm（0.69 英寸），如图 5.13 所示。

图 5.12　层排式 RSS-14 条码　　　　　图 5.13　全方位层排式 RSS-14 条码

3. 限定式 RSS（RSS limited）

限定式 RSS 系列对应用标识符 AI（01）单元数据串进行编码。这个单元数据串是建立在 UCC-12、EAN·UCC-8、EAN·UCC-13 或 EAN·UCC-14 数据结构基础上的。然而，当使用 EAN·UCC-13 或 EAN·UCC-14 数据结构时，只允许指示符的值为 1。当指示符数值大于 1 时，必须使用 RSS-14 系列来表示 EAN·UCC-14 数据结构。

限定式 RSS 条码是为不需要全方位扫描器识别的小项目的 POS 系统而设计的，其宽为 74×，高为 10×，以 1× 的空开始，以 1× 的条结束。例如，模块大小为 0.25mm（0.010 英寸）的限定式 RSS-14 条码符号，其宽为 18.5mm（0.74 英寸），高为 2.5mm（0.10 英寸），如图 5.14 所示。

图 5.14 限定式 RSS 条码

限定式 RSS 包括两个数据符和一个校验字符。校验字符对以 89 为模的校验值进行编码，以保证数据安全。左右两侧的保护符由一个窄条和一个窄空组成。限定式 RSS 条码不需要空白区。

4. 扩展式 RSS

扩展式 RSS 系列是长度可以变化的线形码制，能够对 74 个数字字符或 41 个字母字符的 AI（）单元数据串数据进行编码。扩展式 RSS 主要是为 POS 系统和其他应用系统中项目的主要数据和补充数据进行编码而设计的。它除了可以被全方位槽式扫描器扫描外，还具有和 UCC·EAN-128 条码相同的作用，主要是为重量可变的商品、易变质的商品、可跟踪的零售商品和代金券设计的。

图 5.15 为具有 6 个段的扩展式 RSS。扩展式 RSS 系列包含一个校验字符、3~12 个数据字符和 2~11 个定位图形，取决于条码的长度。在扩展式 RSS 符号中，每个段都能够被扫描，由数据字符或相邻的定位图形组成。校验字符对以 211 为模的校验值进行编码，以保证数据安全。

图 5.15 扩展式 RSS 的结构

左右两侧的保护符由一个窄条和一个窄空组成。扩展式 RSS 系列不需要空白区。

（1）扩展式 RSS（RSS Expanded）

扩展式 RSS 条码符号的宽度可以变化，从 4 个到 22 个符号字符，或者宽度从最小的 102× 到最大的 534×，高度为 34×。条码以 1× 的空开始，以 1× 的条或者 1× 的空结束。例如，模块大小为 0.25mm（0.010 英寸）的扩展式 RSS 条码符号，其宽为 37.75mm（1.51 英寸），高为 8.5mm（0.34 英寸），如图 5.16 所示。

(2) 扩展层排式 RSS（RSS Expanded Stacked）

扩展层排式 RSS 条码符号是扩展式 RSS 的多行堆叠版本。它可以被印刷成 2～20 个段，有 2～11 行。它的结构包括行与行之间的 3 个模块高的分隔符，它主要是为全方位扫描器（例如零售槽式扫描器）而设计的。例如，模块大小为 0.25mm（1.02 英寸）的扩展层排式 RSS 条码符号，其宽为 25.5mm（1.02 英寸），高为 17.75mm（0.71 英寸），如图 5.17 所示。

图 5.16　扩展式 RSS

图 5.17　扩展层排式 RSS

图 5.17 中条码第二排末端的白色空间不是条码的组成部分，可做其他用途，例如加文字。当条码区域或印刷结构不够宽，不能容纳完整的单行扩展式 RSS 时，使用扩展层排式 RSS。它主要是为重量可变的商品、易变质的商品、可跟踪的零售商品和赠券而设计的。

5.2.4　Data Matrix 条码

Data Matrix 条码是一种矩阵式二维条码。它有两种类型，即 ECC000-140 和 ECC200，图 5.18 所示为 ECC000-140 的 Data Matrix 条码。ECC000-140 具有几种不同等级的卷积纠错功能；而 ECC200 则使用 Reed-Solomon 纠错。在最新的应用中，ECC200 使用得更多。ECC000-140 的应用仅限于一个单独的部门控制产品和条码符号的识别，并负责整个系统运行的情况。

图 5.18　ECC000-140 的 Data Matrix 条码

Data Matrix 条码的特性如表 5.9 所示。

表 5.9　Data Matrix 条码的特性

项　目	特　性
可编码字符集	全部 ASCII 字符及扩展字符
类型	矩阵式二维条码
符号宽度	ECC000-140：9～49，ECC200：10～144
符号高度	ECC000-140：9～49，ECC200：10～144
最大数据容量	2335 个文本字符，3116 个数字或 1556 个字节
数据追加	允许一个数据文件使用最多 16 个条码符号表示

Data Matrix 条码主要用于电子行业小零件的标识，例如 Intel 奔腾处理器的背面就印制了这种条码。

5.2.5 Maxicode 条码

图 5.19 Maxicode 条码

Maxicode 条码是一种固定长度（尺寸）的矩阵式二维条码，如图 5.19 所示。它由紧密相连的平行六边形模块和位于符号中央位置的定位图形组成，Maxicode 条码共有 7 种模式（包括 2 种作废模式），可表示全部 ASCII 字符和扩展 ASCII 字符。

Maxicode 条码的特性见表 5.10。

表 5.10 Maxicode 条码的特性

项 目	特 性
可编码字符集	全部 ASCII 字符及扩展 ASCII 字符，符号控制字符
类型	矩阵式二维条码
符号宽度	名义尺寸：28.14mm
符号高度	名义尺寸：26.91mm
最大数据容量	93 个文本字符，138 个数字
定位独立	是
字符自校验	有
纠错码词	50 或 66 个
数据追加	扩充解释，结构追加

5.2.6 Code one 条码

Code one 是一种用成像设备识别的矩阵式二维条码，如图 5.20 所示。Code one 条码符号中包含可由快速线性探测器识别的识别图案。每一模块的宽和高的尺寸为 X。

Code one 符号共有 10 种版本及 14 种尺寸。最大的符号，即版本 B，可以表示 2218 个数字字母型字符或 3550 个数字，以及 560 个纠错字符。Code one 可以表示全部 256 个 ASCII 字符，另加 4 个功能字符及 1 个填充字符。

图 5.20 Code one 条码

Code one 条码的特性如表 5.11 所示。

表 5.11 Code one 条码的特性

项 目	特 性
可编码字符集	全部 ASCII 字符及扩展 ASCII 字符，4 个功能字符，一个填充/信息分隔符，8 位二进制数据
类型	矩阵式二维条码
符号宽度	版本 S-10：13X，版本 H：134X
符号高度	版本 S-10：9X，版本 H：148X
最大数据容量	2218 个文本字符，3550 个数字或 1478 个字节
定位独立	是
字符自校验	无
纠错码词	4～560 个

5.3 复合条码

EAN·UCC 系统复合条码是将 EAN·UCC 系统线性符号（即一维条码）和 2D（二维条码，包括行排式和矩阵式）复合组分组合起来的一种码制。线性组分对项目的主要标识进行编码。相邻的 2D 复合组分对附加数据（例如批号和有效日期）进行编码。

EAN·UCC 复合条码有 A、B、C 种复合码类型，每个类型分别有不同的编码规则。设计编码器模型可以自动选择准确的类型并进行优化。

用于表示项目主要标识的线性组分可以被所有扫描器识别，2D 复合组分可以被线性的、面阵 CCD 扫描器，以及线性的光栅激光扫描器识读。

2D 组分给 EAN·UCC 系统线性符号增加了用以表示附加信息的应用标识符单元数据串。

1. EAN·UCC 复合条码概述

EAN·UCC 复合条码由线性组分和多行 2D 复合组分组成。2D 复合组分印刷在线性组分之上。两个组分被分隔符分开。在分隔符和 2D 复合组分之间允许最多 3 个模块宽的空，以便可以更容易地分别印刷两种组分。

线性组分是下列条码中的一种：

① EAN / UPC 码制（EAN-13，EAN-8，UPC-A 或 UPC-E）；
② RSS 系列条码符号；
③ UCC·EAN-128 条码。

线性组分的选择决定了 EAN·UCC 复合条码的名称，例如 EAN-13 复合条码，或 UCC·EAN-128 复合条码。

2D 复合组分（简写为 CC）是根据线性组分的需要进行编码的附加数据的数量来选择的，有 3 种 2D 复合组分，按照最大数据容量排列如下：

CC-A：微 PDF417 的变码，最多 256 位。
CC-B：新编码规则的微 PDF417 条码，最多 338 位。
CC-C：新编码规则的 PDF417 条码，最多 2361 位。

2. EAN·UCC 复合条码基本特征

（1）可编码字符集
① 线性组分。
EAN·UPC、RSS-14 系列条码和限定式 RSS 条码：数字 0～9。
UCC·EAN-128 条码和扩展式 RSS 码：国际标准 ISO/IEC646 的表 1 中，包括大写英文字母、小写英文字母、数字、空格、20 个特定的标点符号字符，以及功能字符（FUN1）。
② 2D 复合组分。
所有类型：UCC·EAN-128 条码和具有符号分隔符的扩展式 RSS 条码包含的所有字符类型。
此外，CC-B 和 CC-C 还包括 2D 复合组分换码字符。
（2）符号字符结构
根据线性符号和 2D 复合组分的不同，选择使用不同的（n，k）符号字符。

（3）编码类型

① 线性组分：连续、线性条码符号。

② 2D 复合组分：连续、多行条码符号。

（4）最大数字数据容量

① 线性组分。

UCC·EAN-128 条码：最多 48 位。

EAN·UPC 条码：8 位、12 位或 13 位。

扩展式 RSS 条码：最多 74 位。

其他 RSS 条码：16 位。

② 2D 复合组分。

CC-A：最多 56 位。

CC-B：最多 338 位。

CC-C：最多 2361 位。

（5）错误检测和校正

① 线性组分：以校验值为模进行校验。

② 2D 复合组分：固定的或变化的数目的 Reed-Solomon 纠错码字，取决于具体的 2D 复合组分。

（6）字符自校验

（7）双向译码

3．特殊压缩单元数据串序列

当 2D 复合组分对任何应用标识符 AI（）单元数据串进行编码达到组分的最大容量时，可以选择 AI 单元数据串的某个序列在 2D 复合组分符号中进行特殊的压缩。如果需要使用这个序列中的 AI 单元数据串，并且使用在预定义序列中，那么将得到一个更小的符号。

为了进行特殊压缩，AI 单元数据串序列必须出现在 2D 复合组分数据的开始。其他的 AI 单元数据串可以加在序列之后。

选择出来进行特殊压缩的 AI 单元数据串是：

生产日期和批号：AI（11）生产日期，后接 AI（10）批号。

有效日期和批号：AI（17）生产日期，后接 AI（10）批号。

AI（90）：AI（90）后接以 1 个字母字符和数字开始的单元数据串数据。它可以对标识符数据进行编码。只有当它是第一个单元数据串的开始，并且后接标识格式数据的时候，才进行特殊压缩。

4．复合条码中供人识读字符

EAN·UCC 复合条码的线性组分中供人识读字符必须出现在线性组分之下。如果有 2D 复合组分的供人识读字符，则没有位置要求，但它应该靠近 EAN·UCC 复合条码。

EAN·UCC 复合条码没有具体规定供人识读字符的准确位置和字体大小。但是，字符应该容易辨认（例如 OCR-B），与符号有明显关联。

应用标识符（AI）应该清晰，易于识别，有助于键盘输入。将 AI 置于供人识读字符的括号之间可以实现上述要求。

注意：括号不是数据的一部分，在条码中不进行编码。遵守 UCC·EAN-128 条码使用的相同的原则。

图 5.21 表示了以文本标识的生产日期和批号。

生产日期：2005 年 9 月 23 日　　批号：ABC123

图 5.21　供人识读字符示意

由于 EAN·UCC 复合条码可对大量数据进行编码，以供人识读形式显示所有数据可能是行不通的，即使有那么多的空间以这种形式来表示，录入那么多的数据也是不实际的。在这种情况下，供人识读字符的部分数据可以省略，但是主要的标识符数据，例如全球贸易项目代码（GTIN）和系列货运集装箱代码（SSCC）必须标识出来。应用规范规定了供人识读字符指南。

5．数据传输和码制标识符前缀

（1）默认传输符

EAN·UCC 系统要求使用码制标识符。EAN·UCC 复合条码通常使用码制标识符前缀 "]e0" 来传输，将 2D 复合组分的数据直接附加到线性组分上去。例如，EAN·UCC 复合条码对（01）10012345678902（10）ABC123 进行编码得到的数据字符串为 "]e0011001234567890210ABC123"。注意：码制标识符前缀 "]e0" 不同于码制标识符前缀 "]E0"，后者是大写字母 "E"，用于标准 EAN·UPC 条码。然而，识读器可以选择只传输线性组分数据，忽略 2D 复合组分。

数据传输遵守 UCC·EAN-128 条码应用标识符 AI（）单元数据串连接同样的原则。如果线性组分数据以可变的长度 AI 单元数据串结束，就在它和 2D 复合组分的第一个字符之间插入一个 ASCII29 字符（GS）。

（2）UCC·EAN-128 条码传输符

识读器也可以选择 UCC·EAN-128 条码仿真方式。这种方式仿真 UCC·EAN-128 条码的数据进行传输。它可以使用在 UCC·EAN-128 条码应用程序中，但还不能在程序中识别码制标识符前缀 "]e0"。UCC·EAN-128 条码仿真方式的码制标识符是 "]C1"。EAN·UCC 复合条码超过 48 个数据字符时采用 2 个或更多的信息进行传输，以免超过 UCC·EAN-128 条码信息长度的最大值。每个信息都有一个 "]C1" 码制标识符前缀，并且不会以超过 48 个数据字符。信息在单元数据串的边界进行拆分。这种方式比不上普通传输方式，因为当一条信息拆分为多条信息时，整体信息可能丢失。

（3）符号分隔符

2D 复合组分能够对符号分隔符按译码器中的定义进行编码。这个字符指示识读器终止目前的 EAN·UCC 复合码数据信息，将分隔符后面的数据作为单独的信息进行传输。这条新的信息会有一个 "]C1" 码制标识符前缀。这个特征会被将来的 EAN·UCC 系统应用，比如对物流集装箱的混合项目进行编码时使用。

（4）2D 复合组分换码机制

CC-B 和 CC-C 可以对 2D 复合组分换码机制码字进行编码。它们指示识读器终止目前的 EAN·UCC 复合条码数据信息，将换码机制码字后面的数据作为单独的信息进行传输。这条新的信息如果为标准数据信息，则码制标识符前缀为 "]e2"；如果数据信息包括 ECl 码字，则码制标识符前缀为"]e3"。采用 ISO／IEC15438——自动识别和数据采集技术——码制规范——PDF417 定义的标准 PDF417 定义的编码和译码。当应用标识符 AI（）单元数据串所定义的字符超过 ISO646 字符子集时，这个特征将用于 EAN·UCC 系统。

国际标准 ISO／IECl5416 规定的印刷质量评估方法用来衡量和评价线性组分。AIM ITS99-002——国际码制规范——微 PDF417 和 ISO／IECl5438——自动识别和数据采集技术——码制规范——PDF417 分别规定了 2D 复合组分 CC-A／B 和 CC-C 印刷质量等级的方法。ISO 印刷质量规范功能上和原来的 ANSI 和 CEN 印刷质量规范是一致的。印刷质量等级通过标准的检测仪来测定。印刷质量等级包括等级水平、测量孔径、测量所使用的波长。

EAN·UCC 系统复合条码的最小质量等级是：

$$1.5/6/670$$

其中：1.5 是整个符号质量等级；6 是测量孔径标号（相应原孔径直径为 0.15mm，或 0.006 英寸）；670nm 为测量光波长。

除印刷质量等级之外，还要求分隔符中的所有元素都应该清晰可分。

线性组分和 2D 组分都必须独立达到最小印刷质量等级。

7．码制的选择

使用任何 2D 复合组分都应该遵守 EAN·UCC 系统全球应用指南。EAN·UCC 复合条码的线性组分应该按照 EAN·UCC 通用规范规定的应用规则选择，但在选择可以利用的线性组分时，也应该考虑选择 2D 复合组分的可行性。更宽的线性组分将导致更短的 2D 复合组分，尤其是对容量更高的 CC-B 来说更是如此。

对 CC-A 和 CC-B，线性组分的选择自动决定了 2D 复合组分的列数。选择 CC-A 或 CC-B 由要编码的数据字符的数量自动决定。通常总是采用 CC-A，除非超过了它的容量。

当线性组分是 UCC·EAN-128 条码时，用户可以规定 CC-A／B 或 CC-C。CC-A／B 会产生更小的 2D 复合组分。然而，CC-C 可以增加宽度，以便与 UCC·EAN-128 条码的宽度一致，或者更宽。这可以降低 EAN·UCC 复合条码的高度。CC-C 的容量更大，因此它适用于物流标识上。

本 章 小 结

二五条码是一种只有条表示信息的非连续型条码，主要用于包装、运输和国际航空系统为机票进行顺序编号等。交插二五条码是一种条、空均表示信息的连续型、非定长、具有自校验功能的双向条码，广泛应用于运输、仓储、工业生产线、图书情报等领域的自动识别管理。三九条码是一种条、空均表示信息的非连续型、非定长、具有自校验功能的双向条码，主要应用于运输、仓储、工业生产线、图书情报、医疗卫生等领域。库德巴条码是一种条、空均表示信息的非连续型、非定长、具有自校验功能的双向条码，它广泛应用于医疗卫生和图书馆行业，也应用于邮政快件领域。

Code 49 是一种多层、连续型、可变长度的条码符号。Code 16K 条码是一种多层、连续型可变长度的条码符号。

练 习 题

一、填空题

1. 二五条码是一种只有条表示信息的_____条码。
2. 交插二五条码是一种条、空均表示信息的_____、非定长、具有自校验特性的条码。
3. 三九条码是一种条、空均表示信息的_____、非定长、具有自校验特性的条码。
4. 库德巴码是一种条、空均表示信息的_____、非定长、具有自校验特性的条码。

二、选择题

1. 编码方式属于宽度调节编码法的码制是（   ）。
   A．三九条码　　　　B．EAN 条码　　　　C．UPC 条码　　　　D．EAN-13
2. （   ）属于模块组配型条码。
   A．库德巴条码　　　B．EAN 条码　　　　C．三九条码　　　　D．交插二五条码
3. 库德巴条码是一种条、空均表示信息的非连续型、（   ）、具有自校验功能的双向条码。
   A．低密度　　　　　B．交插型　　　　　C．非定长　　　　　D．定长
4. （   ）条码具有纠错功能。
   A．QR Code 条码　　B．库德巴码　　　　C．PDF417 码　　　D．UPC 条码
5. （   ）条码具有双向识读。
   A．三九条码　　　　B．库德巴码　　　　C．EAN 条码　　　　D．二五条码
6. （   ）的编码原理是建立在一维条码的基础上，按需要堆积成两行或多行。
   A．矩阵式二维条码　　　　　　　　　　B．行排式二维码
   C．棋盘式二维码　　　　　　　　　　　D．数据式二维码
7. （   ）是一种矩阵式二维条码，它有两种类型，即 ECC000-140 和 ECC200。
   A．Maxicode　　　　B．Data Matrix　　　C．Code 16K　　　　D．Code one
8. （   ）是一种多层、连续型、可变长度的条码符号，它可以表示全部的 128 个 ASCII 字符。
   A．Code one　　　　B．Data Matrix　　　C．Code 49　　　　D．Maxicode
9. （   ）是由日本 DENSO 公司研制的一种矩阵式二维条码，它具有信息容量大，可靠性高、可表示汉字及图象多种信息、保密防伪性强等优点。
   A．QR Code　　　　B．Data Matrix　　　C．PDF417　　　　D．Maxicode
10. （   ）具有一个唯一的中央寻像图形，为三个黑色的同心圆，用于扫描定位。中央寻像图形及固定的尺寸使其能够适合快速扫描的应用。
    A．QR Code　　　　B．Data Matrix　　　C．PDF417　　　　D．Maxicode
11. （   ）主要用于电子行业小零件的标识，如 Intel 奔腾处理器的背面就印制了这种条码。
    A．QR Code　　　　B．Data Matrix　　　C．PDF417　　　　D．Maxicode
12. （   ）是由美国联合包裹服务（UPS）公司研制的，主要用于包裹的分拣和跟

踪等领域。

A. QR Code　　　B. Data Matrix　　　C. PDF417　　　D. Maxicode

三、判断题

（　　）1. RFID 与条码相比，其最大的优势是可以识别多个标签。

（　　）2. EAN·UCC 复合条码只有一种复合条码类型。

（　　）3. RSS 条码是 GS1 系统中使用的系列线形码制。

（　　）4. Data Matrix 条码是一种矩阵式二维条码。

（　　）5. 层排式 RSS-14 是 RSS-14 条码符号完全高度、两行重叠的版本，主要是为了不需要用全方位扫描器识别的小项目而设计的。其宽度为 50×，高为 13×，两行之间分隔符的高为 1×。

（　　）6. 层排式 RSS-14 是 RSS-14 条码符号高度减小、两行堆叠的版本，主要是为了不需要用全方位扫描器识别的小项目而设计的。其宽为 50×，高为 13×。两行之间分隔符的高为 1×。

（　　）7. 截短式 RSS-14 是将 RSS-14 条码符号高度减小的版本，主要是为了不需要全方位扫描识别的小项目而设计的。其宽为 96×，高为 13×。

（　　）8. Code 49 是一种多层、连续型、可变长度的条码符号。

四、计算题

请计算 39 条码 "*S1234$ 5*" 数据的校验符。

实训项目　Bartender 软件利用 SQL 连接图像文件

[能力目标]

利用 SQL 连接图像文件。

[实验仪器]

1. 一台正常工作的电脑。

2. 一套 Bartender 软件和一套 SQL Server 软件。

[实验内容和步骤]

（1）建立数据源的说明。

启动 Microsoft SQL Server 的企业管理器，展开数据库，新建"新生信息管理数据库"，展开"表"，新建"新生信息管理数据表"，如图 5.22 所示。

图 5.22　新生信息管理数据表

（2）将要插入的图片都放在同一个文件夹中，并把图片的全名都放在"新生信息管理数据表"数据项的"相片"下，如图 5.23 所示。

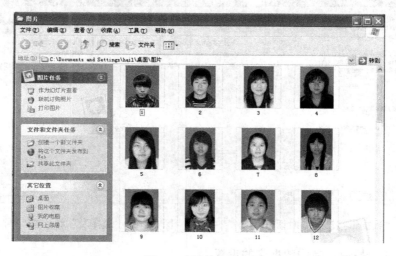

图 5.23　图片文件夹

注：图像文件可以是不同类型的，但数据库对应的数据项下必须是图像文件的全名（含后缀名）。

（3）利用 Bartender 软件设计如图 5.24 所示的标签，标签上的条码采用三九条码。

（4）进行数据库设置。

单击 图标查看和设置数据库，进入"添加数据库向导"对话框，选择"Microsoft SQL Server"选项，如图 5.25 所示。

图 5.24　新生信息管理标签　　　　　图 5.25　"添加数据库向导"对话框

接着需要指定使用的 SQL Server 数据库，单击"设置"按钮，进入"数据链接属性"对话框，指定服务器和数据库的名称，如图 5.26 所示。

单击"下一步"按钮,进入"选择表"对话框,如图 5.27 所示。

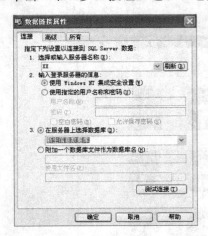

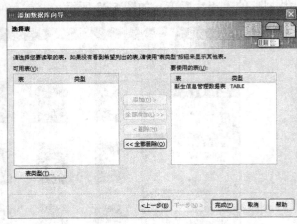

图 5.26 "数据链接属性"对话框　　　　图 5.27 "选择表"对话框

单击"完成"按钮,完成数据库的设置。

(5) 在 Bartender 软件设计的标签中单击"图片对象",弹出"修改所选图片"选项卡。依次设置:

图片→图片源类型→数据源图片;

图片→图片源类型→默认路径→选择存放图片的文件夹;

图片→图片尺寸→调整到方框大小→指定合适的尺寸,如图 5.28 所示。

在修改所选图片的选项卡中选择"数据源",将"源"选择为"数据库字段",然后连接到存放图片名称的 SQL Server 数据库表中,如图 5.29 所示。

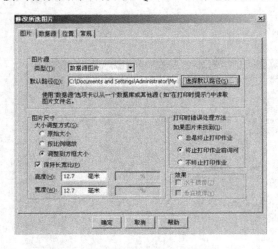

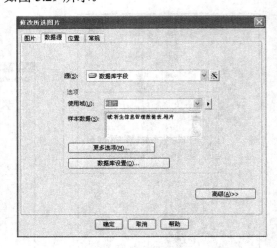

图 5.28 "修改所选图片"对话框(1)　　　　图 5.29 "修改所选图片"对话框(2)

(6) 按照前面所述方法,进行"修改所选文本对象"的设置,选择"数据源",将"源"选择为"数据库字段",然后连接到 SQL Server 数据库表中的相应字段,即可完成设置,如图 5.30 所示。

(7) 单击"打印预览",即生成如图 5.31 所示的连接效果图。

第五章 常见条码

图 5.30 连接 SQL Server 数据库的标签　　　图 5.31 连接 SQL Server 数据库的批量标签

[实训考核]

实训考核如表 5.12 所示。

表 5.12 考核评分表

考核要素	评价标准	分值（分）	评分（分）				
			自评（10%）	小组（10%）	教师（80%）	专家（0%）	小计（100%）
条码标签布局合理	(1)检查条码标签布局是否合理	20					
条码标签设计美观大方	(2)条码标签设计是否美观大方	20					
Bartender 软件与 SQL 数据库连接成功	(3) Bartender 软件与 SQL 数据库连接成功	40					
分析总结		20					
合计							
评语（主要是建议）							

第六章
条码的识读

能力目标：
- 针对不同的的应用系统选择条码识读设备的能力；
- 熟练操作常见的识读设备，能够处理识读器的常见故障。

知识目标：
- 掌握条码识读原理及有关概念；
- 掌握条码识读系统的组成；
- 掌握常见的识读设备。

商品数据高效同步，助力宝洁生意增长

宝洁公司作为全球最大的日用消费品生产企业，其品牌战略在业内几乎家喻户晓。在卓越的营销理念背后，是勇于创新和鼓励变革的公司文化，它使得宝洁的 300 多个品牌在 160 多个国家市场不断获得成功。

宝洁公司借助管理商品数据，渗透于研发、生产、销售的各个环节。商品数据是供应链上下游企业间进行贸易往来的基础。宝洁公司利用商品数据，改善上下游企业的信息流，共同创造共同价值。随着零售行业日趋成熟和智能物流的广泛应用，宝洁公司利用 GS1net 数据池，提供数据同步交换产品主数据，为供应商和零售商实现高质量（即及时准确）的商品数据共享，不但能够提高交易效率、降低交易成本，所创造的供应链的价值也将继续增加，进而成为推动其生意增长的强大引擎。

【引入问题】
1. 宝洁公司实现商品数据同步对于供应链实施有什么好处？
2. 如何保证商品条码数据准确识读？

条码符号是图形化的编码符号，对条码符号的识读就是要借助一定的专用设备，将条码符号中含有的编码信息转换成计算机可识别的数字信息。各个条码识读设备都有自己的条码信号处理方法，随着条码识读设备的发展，正确识读条码的方法日趋科学、合理和准确。

6.1 识读原理

6.1.1 条码识读相关术语

（1）条码识读器（Bar Code Reader）

条码识读器是识读条码符号的设备。

（2）扫描器（Scanner）

扫描器是通过扫描将条码符号信息转变成能输入到译码器的电信号的光电设备。

（3）译码（Decode）

译码为确定条码符号所表示的信息的过程。

（4）译码器（Decoder）

译码器是完成译码的电子装置。

（5）光电扫描器的分辨率（Resolution of Scanner）

光电扫描器的分辨率是仪器能够分辨条码符号中最窄单元宽度的指标。能够分辨 0.15~0.30mm 的仪器为高分辨率，能够分辨 0.30~0.45mm 的仪器为中分辨率，能够分辨 0.45mm 以上的仪器为低分辨率。条码扫描器的分辨率并不是越高越好。较为优化的一种选择是光点直径（椭圆形的光点是指短轴尺寸）为最窄单元宽度值的 0.8~1.0 倍。

（6）读取距离（Scanning Distance）

读取距离是指扫描器能够读取条码时的最大距离。

（7）读取景深（Depth Of Field，DOF）

读取景深是指扫描器能够读取条码的距离范围。

（8）红外光源（Infrared Light）

红外光源是指波长位于红外光谱区的光源。

（9）可见光源（Visible Light）

可见光源是指波长位于可见光谱区的光源。

（10）光斑尺寸（Dot Size）

光斑尺寸是指扫描光斑的直径。

（11）接触式扫描器（Contact Scanner）

接触式扫描器是指扫描时需要和被识读的条码符号作物理接触后方能识读的扫描器。

（12）非接触式扫描器（Non-contact Scanner）

非接触式扫描器是指扫描时不需要和被识读的条码符号作物理接触就能识读的扫描器。

（13）手持式扫描器（Hand-held Scanner）

手持式扫描器是指靠手动完成条码符号识读的扫描器。

（14）固定式扫描器（Fixed Mount Scanner）

固定式扫描器是指安装在固定位置上的扫描器。

（15）固定光束式扫描器（Fixed Beam Scanner）

固定光束式扫描器是指扫描光束相对固定的扫描器。

（16）移动光束式扫描器（Moving Beam Scanner）

移动光束式扫描器是指通过摆动或多边形棱镜等实现自动扫描的扫描器。

（17）激光扫描器（Laser Scanner）

激光扫描器是指以激光为光源的扫描器。

（18）CCD扫描器（Charge Coupled Device Scanner；CCD scanner）

CCD扫描器是指采用电荷耦合器件（CCD）的电子自动扫描光电转换器。

（19）光笔（Light Pen）

光笔是指笔形接触式固定光束式扫描器。

（20）全方位扫描器（Omni-directional Scanner）

全方位扫描器是指具备全方位识读性能的条码扫描器。

（21）条码数据采集终端（Bar Code Hand-held Terminal）

条码数据采集终端是手持式扫描器与掌上电脑（手持式终端）的功能组合为一体的设备单元。

（22）高速扫描器（High-speed Bar Code Scanner）

高速扫描器是指扫描速率达到 600 次/min 的扫描器。

（23）首读率（First Read Rate）

首读率是指首次读出条码符号的数量与识读条码符号总数量的比值，即

$$首读率 = \frac{首次读出条码符号的次数}{识读条码符号的总数量} \times 100\%$$

（24）误码率（Misread Rate）

误码率是指错误识别次数与识别总次数的比值，即

$$误读率 = \frac{错误识别次数}{识别总次数} \times 100\%$$

（25）拒识率（Non-read Rate）

拒识率是指不能识别的条码符号数量与条码符号总数量的比值，即

$$拒识率 = \frac{不能识别的条码符号数量}{条码符号的总数量} \times 100\%$$

不同的条码应用系统对以上指标的要求不同。一般要求首读率在 85% 以上，拒识率低于 1%，误码率低于 0.01%。但在一些重要场合，要求首读率为 100%，误码率为百万分之一。

（26）扫描频率

扫描频率是指条码扫描器进行多重扫描时每秒的扫描次数。选择扫描器扫描频率时应充分考虑到扫描图案的复杂程度及被识别的条码符号的运动速度。不同的应用场合对扫描频率的要求不同。单向激光扫描的扫描频率一般为 40 线/s；POS 系统用台式激光扫描器（全向扫描）的扫描频率一般为 200 线/s；工业型激光扫描器可达 1000 线/s。

6.1.2 条码识读系统的组成

1. 条码识读系统组成概述

条码识读系统由扫描系统、信号整形和译码三部分组成，如图 6.1 所示。

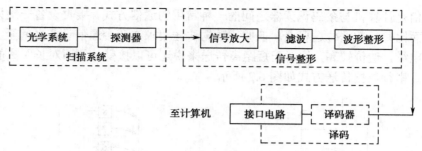

图 6.1 条码识读系统的组成

扫描系统由光学系统及探测器即光电转换器件组成，它完成对条码符号的光学扫描，并通过光电探测器，将条码条空图案的光信号转换成为电信号。

信号整形部分由信号放大、滤波和波形整形组成，它的功能是将条码的光电扫描信号处理成为标准电位的矩形波信号，其高低电平的宽度和条码符号的条空尺寸相对应。

译码部分一般由嵌入式微处理器组成，它的功能是对条码的矩形波信号进行译码，其结果通过接口电路输出到条码应用系统中的数据终端。

条码符号的识读涉及光学、电子学、微处理器等多种技术。要完成正确识读，必须满足以下 6 个条件：

① 建立一个光学系统并产生一个光点，使该光点在人工或自动控制下能沿某一轨迹作直线运动且通过一个条码符号的左侧空白区、起始符、数据符、终止符及右侧空白区。

② 建立一个反射光接收系统，使它能够接收到光点从条码符号上反射回来的光。同时要求接收系统的探测器的敏感面尽量与光点经过光学系统成像的尺寸相吻合。如果光点的成像比光敏感面小，则会使光点外的那些对探测器敏感的背景光进入探测器，影响识读。当然也要求来自条上的光点的反射光弱，而来自空上的光点的反射光强，以便通过反射光的强弱及持续时间来测定条（空）宽。

③ 要求光电转换器将接收到的光信号不失真地转换成电信号。

④ 要求电子电路将电信号放大、滤波、整形，并转换成电脉冲信号。

⑤ 建立某种译码算法，将所获得的电脉冲信号进行分析、处理，从而得到条码符号所表示的信息。

⑥ 将得到的信息转储到指定的地方。

上述的前四步一般由扫描器完成，后两步一般由译码器完成。

2．通信接口

条码识读器的通信接口主要有键盘接口和串行接口。

（1）键盘接口方式

条码识读器与计算机通信的一种方式是键盘仿真，即条码识读器通过计算机键盘接口给计算机发送信息。条码识读器与计算机键盘接口通过一个四芯电缆连接，通过数据线串行传递扫描信息。这种方式的优点是：无须驱动程序，与操作系统无关，可以在各种操作系统上直接使用，不需要外接电源。

（2）串口方式：扫描条码得到的数据由串口输入，需要驱动或直接读取串口数据，需要外接电源。

串行通信是计算机与条码识读器之间的一种常用的通信方式。接收设备一次只传送一个数据位，因而比并行数据传送要慢。但并行数据传送要求在两台通信设备之间至少安装含 8 条数据线的电缆，造价较高，这对于短距离传送来说还可以接受，然而对长距离的通信则是不能接受的。串行数据传送方式如图 6.2 所示。

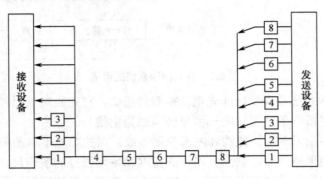

图 6.2　串行数据传送方式

计算机的发送设备将 8 位并行数据位同时传送到串行转换硬件设备上，而这些数据则按顺序一次次地从该设备传送到接收站。因此，在发送端并行数据位流必须经过变换，变成串行数据位流，然后在接收端通过变换又恢复成并行数据位流。这主要由串行接口来完成转换。

条码阅读器与计算机通过串行口连接后，条码识读器不断把采集到的信息输送给计算机，因此通信软件要不断地对串行口进行操作，保证及时准确地收到条码阅读器发来的全部信息。然而在计算机应用系统中，数据采集仅是应用系统的一部分，计算机的大部分时间是被用户的应用程序所占用的。也就是说，如果不采用特殊技术将通信程序保护起来，应用程序就会覆盖掉通信程序，使得阅读器采集到的信息无法完整、准确地传送给计算机处理。如果应用系统需要数据时，每次调用通信软件，也将大大降低应用系统的运行效率。因此，设计条码阅读器与计算机的通信软件时，应采用常驻内存技术，DOS 将常驻内存的通信软件视为自身的一部分并加以保护，使其免受后续程序的覆盖，以便保证串行口信息被及时、完整、准确地接收。

条码识读系统一般采用 RS232 或键盘口传输数据。条码扫描器在传输数据时使用 RS232 串口通信协议，使用时要先进行必要的设置，如波特率、数据位长度、有无奇偶校验和停止位等。同时，条码扫描器还选择使用何种通信协议——ACK/NAK 或 XON/XOFF 软件握手协议。条码扫描器将 RS232 数据通过串口传给 MX009，MX009 将串口数据转化成 USB 键盘（Keyboard）或 USB Point-of-Sale 数据。MX009 只能和带有 RS232 串口通信功能的条码扫描器共同工作。一些型号较老的条码扫描器只有一种接口。例如，如果使用键盘口 MS951，MX009 就不能工作。但是所有使用 PowerLink 电缆的扫描器，不论接口类型如何，都具有 RS232 串口通信能力。所有与 PowerLink 电缆兼容的扫描仪，识别起来都很简单，因为电缆是可分离的。

6.1.3　条码符号的识读原理

条码符号是由宽窄不同，反射率不同的条、空按照一定的编码规则组合起来的一种信息符号。条码识读是利用"色度识别"和"宽度识别"兼有的二进制赋值方式。

色度识别的原理：由于条码符号中条、空对光线具有不同的反射率，从而使条码扫描器接收到强弱不同的反射光信号，相应地产生电位高、低不同的电脉冲。宽度识别是由条码符号中条、空的宽度来决定电位高、低不同的电脉冲信号的长短。常见的条码是黑条与白空（也叫白条）印制而成的。因为黑条对光的反射率最低，而白空对光的反射率最高。条码识读器正是利用条和空对光的反射率不同来读取条码数据的。条码符号不一定必须是黑色和白色，也可以印制成其他颜色，但两种颜色对光必须有不同的反射率，保证有足够的对比度。扫描器一般采用 630nm 附近的红光或近红外光。

由光源发出的光线经过光学系统照射到条码符号上面，被反射回来的光经过光学系统成像在光电转换器上，使之产生电信号。整形电路的脉冲数字信号经译码器译成数字、字符信息。它通过识别起始、终止字符来判别条码符号的码制及扫描方向；通过测量脉冲数字电信号 0、1 的数目来判别条和空的数目；通过测量 0、1 信号持续的时间来判别条和空的宽度。这样便得到了被识读的条码符号的条和空的数目及相应的宽度和码制，根据码制对应的编码规则，便可将条码符号转换成相应的数字、字符信息，通过接口电路传送给计算机系统进行数据处理与管理，便完成了条码识读的全过程。条码符号的扫描识读过程如图 6.3 所示。

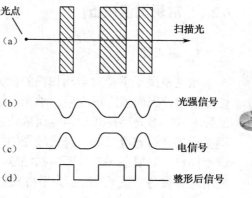

图 6.3　条码符号的扫描识读过程

6.1.4　条码识读器的分类

条码识读设备由条码扫描和译码两部分组成。现在绝大部分条码识读器都将扫描器和译码器集成为一体。人们根据不同的用途和需要设计了各种类型的扫描器。一般分别按条码扫描器的扫描方式、操作方式、识读码制能力和扫描方向对各类条码进行分类。

（1）从扫描方式来分类

条码识读设备从扫描方式上可分为接触和非接触两种条码扫描器。接触式识读设备包括光笔与卡槽式条码扫描器；非接触式识读设备包括 CCD 扫描器和激光扫描器。

（2）从操作方式来分类

条码识读设备从操作方式上可分为手持式和固定式两种条码扫描器。

手持式条码扫描器应用于许多领域，有光笔、激光枪、手持式全向扫描器、手持式 CCD 扫描器和手持式图像扫描器。固定式扫描器有卡槽式扫描器，固定式单线、单方向多线式（栅栏式）扫描器，固定式全向扫描器和固定式 CCD 扫描器。

（3）按识读码制的能力来分类

条码扫描设备从原理上可分为光笔、CCD、激光和拍摄四类条码扫描器。光笔与卡槽式条码扫描器只能识读一维条码；激光条码扫描器只能识读一维条码和行排式二维条码；图像式条码识读器可以识读常用的一维条码，还能识读行排式和矩阵式的二维条码。

（4）从扫描方向来分

条码扫描设备从扫描方向上可分为单向和全向条码扫描器。其中全向条码扫描器又分为平台式和悬挂式。

悬挂式全向扫描器可以手持，也可以放在桌子上或挂在墙上，使用时更加灵活方便，适用于商业 POS 系统及文件识读系统。

近几年来，条码扫描器识读设备发展很快，正向着多功能、远距离、小型化、快速识别、经济方便的方向发展。常用的条码识读设备主要有 CCD 扫描器、激光手持式扫描器和全向激光扫描器三种。

6.2 常用识读设备和选型原则

6.2.1 常用识读设备

1．激光枪

激光枪属于手持式自动扫描的激光扫描器。激光扫描器是一种远距离条码阅读设备，其性能优越，因而被广泛应用。激光扫描器的扫描方式有单线扫描、光栅式扫描和全角度扫描三种方式。激光手持式扫描器属单线扫描，其景深较大，扫描首读率和精度较高，扫描宽度不受设备开口宽度限制；卧式激光扫描器为全角扫描器，其操作方便，操作者可双手对物品进行操作，只要条码符号面向扫描器，不管其方向如何，均能实现自动扫描，超级市场大都采用这种设备。图 6.4 所示为手持式激光扫描器。

2．CCD 扫描器

CCD 扫描器主要采用了 CCD（Charge Coupled Device）电荷耦合装置。CCD 元件是一种电子自动扫描的光电转换器，也称为 CCD 图像感应器。它可以代替移动光束的扫描运动机构，无须增加任何运动机构，便可以实现对条码符号的自动扫描。图 6.5 为 CCD 扫描器示意图。

（a）手持式　　　　　　（b）固定式

图 6.4　手持式激光扫描器　　　　图 6.5　CCD 扫描器

（1）CCD 扫描器的两种类型

CCD 扫描器有两种类型一种是手持式 CCD 扫描器，另一种是固定式 CCD 扫描器。这两种扫描器均属于非接触式，只是形状和操作方式不同，其扫描机理和主要元器件完全相同。

CCD 扫描器是利用光电耦合（CCD）原理，对条码印刷图案进行成像，然后再译码。它的特点是无任何机械运动部件，性能可靠，寿命长；按元件排列的节距或总长计算，可以进行测长；价格比激光枪便宜；可测条码的长度受限制；景深小。

（2）选择 CCD 扫描器的两个参数

① 景深。由于 CCD 的成像原理类似于照相机，如果要加大景深，则相应地要加大透镜，从而使 CCD 体积过大，不便操作。优秀的 CCD 应无须紧贴条码即可识读，而且体积适中，

操作舒适。

② 分辨率。如果要提高 CCD 的分辨率，必须增加成像处光敏元件的单位元素。低价 CCD 一般是 512 像素（pixel），识读 EAN、UPC 等商品条码已经足够，对于别的码制识读就会困难一些。中档 CCD 以 1024pixel 居多，有些甚至达到 2048pixel，能分辨最窄单位元素为 0.1mm 的条码。

3．光笔与卡槽式

光笔和大多数卡槽条码阅读器都采用手动扫描的方式。手动扫描比较简单，扫描器内部不带有扫描装置，发射的照明光束的位置相对于扫描器固定，完成扫描过程需要手持扫描器扫过条码符号。这种扫描器就属于固定光束扫描器。

4．全向扫描平台

全向扫描平台属于全向激光扫描器。全向扫描指的是标准尺寸的商品条码以任何方向通过扫描器的区域都会被扫描器的某个或某两个扫描线扫过整个条码符号。

6.2.2 识读设备选型的原则

不同的应用场合对识读设备有着不同的要求，用户必须综合考虑，以达到最佳的应用效果。在选择识读设备时，应考虑以下几个方面。

1．与条码符号相匹配

条码扫描器的识读对象是条码符号，所以在条码符号的密度、尺寸等已确定的应用系统中，必须考虑扫描器与条码符号的匹配问题。例如对于高密度条码符号，必须选择高分辨率的扫描器。当条码符号的长度尺寸较大时，必须考虑扫描器的最大扫描尺寸，否则可能出现无法识读的现象。当条码符号的高度与长度尺寸比值小时，最好不选用光笔，以避免人工扫描的困难。如果条码符号是彩色的，一定得考虑扫描器的光源，最好选用波长为 630nm 的红光，否则可能出现对比度不足的问题，从而给识读带来困难。

2．首读率

首读率是条码应用系统的一个综合指标，要提高首读率，除了提高条码符号的质量外，还要考虑扫描设备的扫描方式等因素。当手动操作时，首读率并非特别重要，因为重复扫描会补偿首读率低的缺点。但对于一些无人操作的应用环境，要求首读率为 100%，否则会出现数据丢失的现象。因此，最好选择移动光束式扫描器，以便在短时间内有几次扫描机会。

3．工作空间

不同的应用系统都有特定的工作空间，因此对扫描器的工作距离及扫描景深有不同的要求。对于一些日常办公条码应用系统，对工作距离及扫描景深的要求不高，选用光笔、CCD 扫描器这两种较小扫描景深和工作距离的设备即可满足要求。对于一些仓库、储运系统，大都要求离开一段距离扫描条码符号，所以要求扫描器的工作距离较大，要选择有一定工作距离的扫描器如激光枪等。对于某些扫描距离变化的场合，则需要扫描景深大的扫描设备。

4. 接口要求

应用系统的开发,首先是确定硬件系统环境,然后才涉及条码识读器的选择问题,这就要求所选识读器的接口要符合该系统的整体要求。通用条码识读器的接口方式有串行通信口和键盘接口两种。

5. 性价比

条码识读器由于品牌不同,功能不同,其价格也存在很大的差别,因此在选择识读器时,一定要注意产品的性能价格比,应本着满足应用系统的要求且价格较低的原则选购。

扫描设备的选择不能只考虑单一指标,而应根据实际情况全面考虑。

6.2.3 条码识读器使用中的常见问题

条码识读器不能读取条码,常见的原因有以下几种。

(1) 没有打开识读这种条码的功能。

(2) 条码符号不符合规范,如空白区尺寸过小,条和空的对比度过低,条和空的宽窄比例不合适等。

(3) 工作环境光线太强,感光器件进入饱和区。

(4) 条码表面覆盖有透明材料,反光度太高,虽然眼睛可以看到条码,但是条码识读器识读条件严格,不能识读。

(5) 硬件故障。

6.3 数据采集器

把条码识读器和具有数据存储、处理、通信传输功能的手持数据终端设备结合在一起,成为条码数据采集器,简称数据采集器,当人们强调数据处理功能时,往往简称为数据终端。它具备实时采集、自动存储、即时显示、即时反馈、自动处理和自动传输功能。它实际上是移动式数据处理终端和某一类型的条码扫描器的集合体。

6.3.1 概述

数据采集器按处理方式分为两类:在线式数据采集器和批处理式数据采集器。数据采集器按产品性能分为:手持终端、无线型手持终端、无线掌上电脑和无线网络设备,如图6.6所示。

(a) 手持终端　　(b) 无线型手持终端　　(c) 无线掌上电脑　　(d) 无线网络设备

图 6.6　数据采集器

（1）数据采集器与扫描设备的异同点

数据采集器是一种条码识读设备，它是手持式扫描器与掌上电脑的功能组合为一体的设备单元。也就是说，它比条码扫描器多了自动处理、自动传输的功能。普通的扫描设备扫描条码后，经过接口电路直接将数据传送给 PC 机；数据采集器扫描条码后，先将数据存储起来，根据需要再经过接口电路批处理数据，也可以通过无线局域网或 GPRS 或广域网相联，实时传送和处理数据。

数据采集器是具有现场实时数据采集、处理功能的自动化设备。数据采集器随机提供可视化编程环境。条码数据采集器具备实时采集、自动存储、即时显示、即时反馈、自动处理、自动传输功能，为现场数据的真实性、有效性、实时性和可用性提供了保证。

（2）数据采集器的环境性能要求

由于数据采集器大都在室外使用，周围的湿度、温度等环境因素对手持终端的操作影响比较大，尤其是液晶屏幕、RAM 芯片等关键部件，低温、高温时特性都受限制。因此用户要根据自身的使用环境选择手持终端产品。

在寒冷的冬天，作业人员使用手持终端在户外进行数据采集。当工作完毕，返回到屋内时，由于室内外的温度差会造成电路板的积水。此时如果马上开机工作，电流流过潮湿的电路板会造成机器电路短路。与中低档手持终端产品不同，高档手持终端产品针对这项指标进行过严格的测试，给用户以可靠的操作性能。

因为作业环境比较恶劣，手持终端产品要经过严格的防水测试。能经受饮料的泼溅、雨水的浇淋等常见情况的测试都应该是用户选择产品时应该考虑的因素。针对便携产品防水性的考核，国际上有 IP 标准进行认证。对通过测试的产品，发给证书。

抗震、抗摔性能也是手持终端产品另一项操作性能指标。作为便携使用的数据采集产品，操作者无意间的失手跌落是难免的。因而手持终端要具备一定的抗震、抗摔性。目前大多数产品能够满足 1m 以上的跌落高度。

6.3.2 便携式数据采集器

1. 概述

在信息化的今天，人们再也离不开计算机的帮助。正如 POS 系统的建立就必须具备由计算机系统支持的 POS 终端机一样，库存（盘点）电子化的实现同样也离不开素有"掌上电脑"美称的便携式数据采集器。这里所谈的便携式数据采集器，也称为便携式数据采集终端（Portable Data Terminal，PDT）或手持终端（Hand-hold Terminal，HT）。便携式数据采集器是为适应一些现场数据采集和扫描笨重物体的条码符号而设计的，适用于脱机使用的场合。识读时，与在线式数据采集器相反，它是将扫描器带到物体的条码符号前扫描。

便携式数据采集器是集激光扫描、汉字显示、数据采集、数据处理、数据通信等功能于一体的高科技产品，它相当于一台小型的计算机，将计算机技术与条码技术完美的结合，利用物品上的条码作为信息快速采集手段。简单地说，它兼具了掌上电脑、条码扫描器的功能。硬件上具有计算机设备的基本配置：CPU，内存，电池供电，各种外设接口；软件上具有计算机运行的基本要求：操作系统；可以编程的开发平台；独立的应用程序。它可以将计算机网络的部分程序和数据下传至手持终端，并可以脱离计算机网络系统独立进行某项工作。其基本工作原理是按照用户的应用要求,将应用程序在计算机编制后下载到便携式数据采集器中。便携式数据采集器中的基本数据信息必须通过 PC 的数据库获得,而存储的操作结果也必须及时地导入到数据库中。手持终端作为计算机网络系统的功能延伸,满足了日常工作中人们对各种信息移动采集、处理的任务要求。

从完成的工作内容上看,便携式数据采集器又分为数据采集型、数据管理型两种。

(1) 数据采集型的产品主要应用于供应链管理的各个环节,快速采集物流的条码数据,在采集器上作简单的数据存储、计算等处理,然后将数据传输给计算机系统。此类型的设备一般面对素质较低的操作人员,操作简单、容易维护、坚固耐用是此类设备主要考虑的因素。为达到如上目的,此类的设备基本采用类 DOS 操作系统,例如日本 CASIO-DT900/DT300/DT810 型数据采集器。

(2) 数据管理型的产品主要用于数据采集量相对较小、数据处理的要求较高(通常情况下包含数据库的各种功能)的情况下。此类设备主要考虑采集条码数据后能够全面地分析数据,并得出各种分析、统计的结果,为达到上述功能,通常采用 WinCE/Palm 环境的操作系统,里面可以内置小型数据库。比如日本 CASIO 的 IT70/IT700/DT-X10 等设备。但是此类设备由于操作系统比较复杂,对操作员的基本素质要求比较高。

2. 便携式数据采集器的硬件特点

从上面的分析可以看出,严格意义上来讲,便携式数据采集器不是传统意义上的条码产品,它的性能在更多层面上取决于其本身的数据计算、处理能力,这恰恰是计算机产品的基本要求。与目前很多条码产品生产厂商相比,很多计算机公司生产的数据采集器在技术上有较强的领先优势,这些厂商凭借在微电子、电路设计生产方面的领先优势,其相关的产品具有良好的性能。以日本 CASIO 计算机株式会社生产的两种不同类型的产品——数据采集型 DT900、数据管理型 DT-X10 为例,介绍两种产品不同的性能指标。

图 6.7 Casio-DT900 数据采集器

下面根据不同类型详细介绍数据采集器的产品硬件特点。

(1) 数据采集型设备(以 Casio-DT900 为例)(如图 6.7 所示)

① CPU 处理器。

采用 32bit RISC 结构的 CPU 芯片。随着数字电路技术的发展,数据采集器大多采用 32 位 CPU(中央微处理器)。CPU 的位数、主频等指标的提高,使得数据采集器的数据处理能力、处理速度要求越来越高,从而使用户的现场工作效率得到改善。

② 手持终端内存。

目前大多数产品采用 FLASH-ROM+RAM 型内存。操作系统/BIOS 内置在系统的 FLASH-ROM 区,同时用户的应用程序、字库文件等重要的文件也存储在 FLASH-ROM 中,即使长期不供电也能够保持数据。采集的数据存储在 RAM 中,依靠电池、后备电池保持数据。由于 RAM 的读写速度较快,使操作的速度能够得到保证。手持终端内存容量的大小,决定了一次能处理的数据容量。

③ 功耗。

功耗包括条码扫描设备的功耗、显示屏的功耗和 CPU 的功耗等,由电池支持工作。对于 CPU 的功耗，对手持终端的运行稳定性有很大影响。CPU 在高速处理数据时会产生热量，因此台式 PC 机大都装有散热风扇，同时有较大空间散发热量。大家常用的笔记本电脑，虽然其 CPU 的功耗要远远低于台式 PC 机，但因其结构紧凑，不易散热，因此运行时会出现"死机"等不稳定现象。手持数据采集终端的体积小巧、密封性好等制造特点决定了其内部热量不易散发，因而要求其 CPU 的功耗要比较低。普通的 X86 型 CPU 在功耗上不能满足手持终端产品的性能需要。高档的手持终端一般采用专业厂家生产的 CPU 产品。

④ 整机功耗。

目前数据采集器在使用中采用普通电池、充电电池两种方式。但是如果长时间在户外进行工作，而无法回到单位进行充电时，充电电池就明显受到限制。对于低档的数据采集器，若采用一般 AA 碱性电池只能使用十几个小时左右。而一些高档手持终端，由于其整机功耗非常低，采用两节普通的 AA 碱性电池可以连续工作 100 小时以上。且由于其低耗电量、电池特性好等特点，当电池电量不足时机器仍可工作一段时间，不须马上更换电池。这个特性为用户在使用手持终端时提供了非常好的操作性能。以日本 CASIO-DT900 数据采集器为例，采用两节普通电池，可以使用 150 小时。

⑤ 输入设备。

输入设备包括条码扫描输入、键盘输入两种方式。条码输入又根据扫描原理的不同分为 CCD/LASER（激光）/CMOS 等。目前常用的是激光条码扫描设备，具有扫描速度快、操作方便等优点。但是第三代的 CMOS 扫描输入产品具有成像功能，不仅能够识读一维、二维条码，还能够识读各种图像信息，其优势已经被部分厂家所认识，并且应用在各种领域中。键盘输入包括标准的字母、英文、符号等方法，同时都具有功能快捷键；有些数据采集器产品还具有触摸屏，可使用手写识别输入等功能。对于输入方式的选择应该充分考虑到不同应用领域具有不同的要求。数据采集器就是为了解决快速数据采集的应用要求，如何满足人体工程学的要求，是用户应该考虑的主要原因。

⑥ 显示输出。

目前的数据采集器大都具备大屏液晶显示屏（例如，CASIO-DT900 提供显示汉字在 5 行×10 列左右，这样在操作过程中不需要反复地翻转屏幕，从而有效地提高了工作效率）能够显示中英文、图形等各种用户信息；有背光支持，即使在夜间也能够操作；同时在显示精度、屏幕的工业性能方面都有较严格的要求。

⑦ 与计算机系统的通信能力。

作为计算机网络系统的延伸，手持终端采集的数据及处理结果要与计算机系统交换信息，因此要求手持终端有很强的通信能力。目前高档的便携式数据采集器都具有串口、红外线通信口等几种方式。由于数据采集器每天都要将采集的数据传送给计算机，如果采用串口线连接，反复的插拔会造成设备的损坏。所以目前大多采用红外通信的方式传输数据，不须任何插拔部件，从而降低了出现故障的可能性，提高了产品的使用寿命。

⑧ 外围设备驱动能力。

作为数据采集器的主要功能之一，数据采集器像普通的计算机一样驱动各种外设工作。利用数据采集器的串口、红外口，可以连接各种标准串口设备，或者通过串—并转换可以连接各种并口设备，包括串并口打印机、调制解调器等，实现计算机的各种功能。

(2) 数据管理型设备

根据上文所述，数据管理型设备是在 Pocket PCs 技术基础上构建的，大都采用 WinCE / Palm 类操作系统，同时在各项性能指标上针对工业使用要求进行了增强，以满足更加恶劣复杂的环境要求。由于系统结构复杂，其需要的硬件指标也较高。

① CPU 处理器。

由于此类操作系统使用多线程管理的技术，消耗系统的资源较大，需要采用的 CPU 芯片主频要求较高。

② 手持终端内存。

目前基于 WinCE 产品的掌上电脑，内存由系统内存、用户存储内存组成，并且容量较大。以 Casio 系列的数据采集器为例，配置是 32M-Ram + 32M-From 的系统内存，16M 的存储内存。如此大的内存容量，使 WinCE 系统下众多的应用软件运行自如。例如，Word，Excel，Internet Explorer 等。

③ 功耗。

与数据采集型的设备相比，基于 WinCE 的便携式设备功耗偏高。

④ 输入设备。

由于基于 Pocket PC 构架，此类数据采集器可以有各种形式的接口插槽（Slot），可以外接 PCMCIA/CF 类的插卡设备，包括条码扫描卡、无线 LAN 网卡、GSM/GPRS 卡等各种方式，从而大大地扩展了数据采集器的应用范围。

⑤ 显示输出。

具备大屏液晶彩色显示屏驱动能力，为用户的操作提供更好的人性化界面。

⑥ 与计算机系统的通信能力。

如前文所述，通过各种插卡与用户的应用系统之间实现柔性的通信接口能力。

6.3.3 无线数据采集器

1. 概述

图 6.8 Casio-DT800RF 无线数据采集器

便携式数据采集器在传统手工操作上的优势已经不言而喻，然而一种更先进的设备——无线数据采集器将普通便携式数据采集器的性能进一步地扩展。Casio-DT800RF 无线数据采集器如图 6.8 所示。

无线数据采集器除了具有一般便携式数据采集器的优点外，还具有在线式数据采集器的优点。它与计算机的通信是通过无线电波来实现的，可以把现场采集到的数据实时传输给计算机。相比普通便携式数据采集器，它更进一步地提高了操作员的工作效率，使数据从原来的本机校验、保存转变为远程控制、实时传输。

无线式数据采集器之所以称为无线，就是因为它不需要像普通便携式数据采集器那样依靠通信座和 PC 进行数据交换，可以直接通过无线网络和 PC、服务器进行实时数据通信。要使用无线手持终端就必须先建立无线网络。无线网络设备——登录点（Access Point）相当于一个连接有线局域网和无线网的网桥，它通过双绞线或同轴电缆接入有线网络（以太网或令牌网），无线手持终端则通过与 AP 的无线通信和局域网的服务器进行数据交换。

无线式数据采集器通信数据实时性强，效率高。无线数据采集器直接和服务器进行数据交换，数据都是以实时方式传输的。数据从无线数据采集器发出，通过无线网络到达当前无线终端所在频道的 AP，AP 通过连接的双绞线或同轴电缆将数据传入有线 LAN 网，数据最后到达服务器的网卡端口后进入服务器，然后服务器将返回的数据通过原路径返回到无线终端。所有数据都以 TCP/IP 通信协议传输。由此可以看出，操作员在无线数据采集器上所有操作的数据都在第一时间进入后台数据库，也就是说，无线数据采集器将数据库信息系统延伸到每一个操作员的手中。

2. 无线数据采集器的产品硬件技术特点

无线数据采集器的产品硬件技术特点与便携式采集器的要求一致，包括 CPU、内存、屏幕显示、输入设备、输出设备等。除此之外，比较关键的就是无线通信机制。根据目前国际标准的 802.11 通信协议，其分为无线跳频技术、无线直频技术两种，这两种技术各有优、缺点。但随着无线技术的进一步发展，802.11b 由于可以达到 11M/s 的通信速率，被无线局域办公网络采用，进行各种图形、海量数据的传输，进而成为下一代的标准。因此无线便携数据采集器也采用了 802.11b 的直频技术。每个无线数据采集器都是一个自带 IP 地址的网络节点，通过无线的登录点（AP），实现与网络系统的实时数据交换。无线数据终端在无线 LAN 网中相当于一个无线网络节点，它的所有数据都必须通过无线网络与服务器进行交换，如图 6.9 所示。

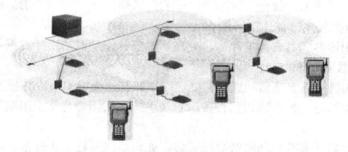

图 6.9　无线数据采集器与计算机系统的连接

本 章 小 结

条码符号是由宽窄不同，反射率不同的条、空按照一定的编码规则组合起来的一种信息符号。条码识读器正是利用条和空对光的反射率不同、宽度不同来读取条码数据的。

由光源发出的光线经过光学系统照射到条码符号上面，被反射回来的光经过光学系统成像在光电转换器上，使之产生电信号，信号经过电路放大后产生一模拟电压，它与照射到条码符号上被反射回来的光成正比，再经过滤波、整形等信号处理，形成与模拟信号对应的方波信号，经译码器按一定的译码逻辑对数字脉冲进行译码处理后，解释为计算机可以直接接收的数字信号。

在选择识读设备时，应考虑以下几个方面：①与条码符号相匹配；②首读率；③工作空间；④接口要求；⑤性价比。

练 习 题

一、填空题

1．条码识读系统由扫描系统、信号整形和（　　　）三部分组成。
2．选择CCD扫描器的两个技术参数是（　　　）和（　　　）。
3．条码识读器的通信接口一般采用（　　　）和键盘口。
4．条码扫描器在扫描条码符号时其探测器接收到的有效反射光是（　　　），而不是直接的镜向反射光。
5．拒识率=（　　　）。
6．条码扫描设备从扫描方向上可分为单向和（　　　）条码扫描器。

二、选择题

1．选择CCD扫描器的两个重要参数是（　　　）。
A．景深　　　　　B．工作距离　　　　C．分辨率　　　　D．扫描频率
2．条码符号的条、空反差均针对630nm附近的红光而言，所以条码扫描器的扫描光源应该含有较大的（　　　）成分。
A．可见光　　　　B．紫光　　　　　　C．绿光　　　　　D．红光
3．下列对数据采集器描述正确的有（　　　）。
A．把条码识读器和具有数据存储、处理、通信传输功能的手持数据终端设备结合在一起，成为条码数据采集器。
B．数据采集器实际上是移动式数据处理终端和某一类型的条码扫描器的集合体。
C．数据采集器是一种条码识读设备，它是手持式扫描器与掌上电脑的功能组合为一体的设备单元。
D．数据采集器是具有现场实时数据采集、处理功能的自动化设备。
4．激光条码扫描器能识读（　　　）。
A．行排式二维条码（如PDF417）　　B．一维码
C．矩阵式二维条码　　　　　　　　　D．棋盘式二维条码
5．激光与其他光源相比，其独特的性质是（　　　）。
A．激光的条、空反射率高
B．有很强的方向性
C．单色性和相干性极好，其他光源无论采用何种滤波技术也得不到像激光器发出的那样的单色光
D．可获得极高的光强度
6．无线数据采集器与计算机系统的连接方式采用（　　　）。
A．传统的CLIENT/SERVER（C/S）结构

B. 终端仿真（TELNET）连接
C. 多种系统共存
D. Browse/Server（B/S）结构
7. 条码识读器在使用时会出现不能读取条码的情况，常见的原因主要有（　　）。
A. 没有打开识读这种条码的功能
B. 条码符号不符合规范
C. 工作环境光线太强，感光器件进入饱和区
D. 条码表面覆盖有透明材料，反光度太高

三、判断题

（　　）1. 译码过程的第一步是测量记录每一脉冲的宽度值，即测量条、空宽度。

（　　）2. 扫描光点尺寸的大小是由扫描器光学系统的聚焦能力决定的，聚焦能力越强，所形成的光点尺寸越小，则扫描器的分辨率越低。

（　　）3. 首读率与误码率这两个指标在同一识读设备中存在矛盾统一的关系，当条码符号的质量确定时，要降低误码率，需加强译码算法，尽可能排除可疑字符，必然导致首读率的降低。

（　　）4. 当扫描光点做得很小时，扫描对印刷缺陷的敏感度很高，造成识读困难。

（　　）5. 光电扫描器的分辨率表示仪器能够分辨条码符号中最窄单元宽度的指标。能够分辨 0.30～0.45mm 的仪器为高分辨率。

（　　）6. 条码扫描系统采用的都是低功率的激光二极管。

（　　）7. 同一种条码识读设备可以识读多种编码的条码。

（　　）8. 条码的高度越小，对扫描线瞄准条码符号的要求就越高，扫描识读的效率就越低。

四、简答题

1. 简述条码识读系统的组成。
2. 什么是扫描景深？
3. 什么是数据采集器？
4. 简述用户选择数据采集器的原则。
5. 超市扫描条码时不能正确识读，请分析原因。

实训项目　条码的扫描

任务一　条码扫描的安装

[能力目标]

1. 了解条码扫描仪的简单使用方法。
2. 了解条码扫描仪的安装过程，以实现基于条码平台上的使用。

[实验仪器]

1．一台电脑。

2．一个手持激光条码扫描仪（本实验采用 Symbol Technologies 的 LS 2208AP，如图 6.10 所示）。

3．与该条码扫描仪相对应的驱动程序。

4．一张印有不同种类条码的纸。

[实验内容]

（1）将接口电缆方形连接器插入扫描器柄底部的电缆接口端口，将接口的另一端插入计算机的 USB 接口，听到"嘀嘀嘀"三声，初次使用计算机桌面会有添加新硬件的提示，可尝试按下条码扫描仪的触发开关，观察扫描窗口的灯是否正常亮。扫描枪接口如图 6.11 所示。

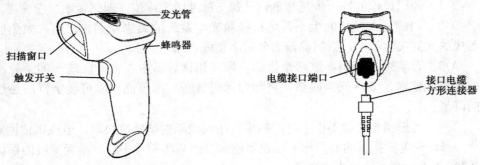

图 6.10　LS 2208AP 扫描仪　　　　　图 6.11　扫描枪接口

（2）首先打开一个记事本，将扫描器对准瓶身上的条码，确保扫描线扫过符号的所有条形及空格。正确扫描方法如图 6.12 所示。

图 6.12　正确扫描方法

（3）成功解码后，扫描器会发出蜂鸣声且发光管发出绿光，同时，记事本上出现相应的条码代码，扫描角度如图 6.13 所示（注意：扫描器与条码不完全垂直时扫描效果最佳）。

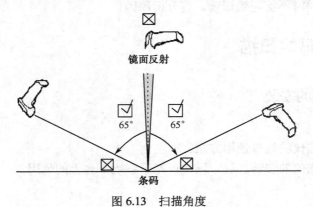

图 6.13　扫描角度

通过这一实验，可得出结论：当条码扫描仪与计算机相连时，其功能类似于键盘，相当于为计算机增加一输入设备，在实际运用中，可创造一个更高工作效率的环境。

扫描结束，拆除接口电缆，用螺丝刀头按住连接器夹子，拔出已插入的电缆方形连接器。实验结束。

任务二　运用条码扫描仪识别条码

[能力目标]

1．了解条码扫描仪的简单使用方法。

2．掌握条码扫描仪的识读、译码原理。

3．掌握几种常用的扫描仪的扫描特性。

4．培养学生协作与交流的意识与能力，让学生进一步认识到掌握条码扫描和制作条码的技巧，为学生应用条码技术奠定基础。

[实验仪器]

1．一台计算机并安装 Windows XP。

2．几种常见的条码扫描仪。

[实验内容]

（1）条码扫描仪的工作原理。

当条形码扫描仪光源发出的光经光缆及凸透镜 1 后，照射到黑白相间的条形码上时，反射光经凸透镜 2 聚焦后，照射到光电转换器上，于是光电转换器接收到与白条和黑条相应的强弱不同的反射光信号，并转换成相应的电信号输出到放大整形电路，如图 6.14 所示。根据码制所对应的编码规则，便可将条码符号转换成相应的数字、字符信息，通过接口电路传送给计算机系统进行数据处理与管理，至此便完成了条码识读的全过程。

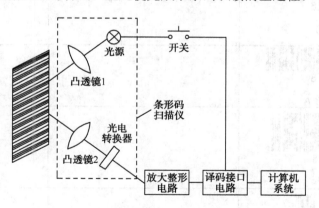

图 6.14　条码扫描仪的工作原理

（2）分别使用不同的扫描枪扫描下列条码，并标记哪些能被识别及哪些不能被识别，总结归纳出扫描枪的特性，填写表 6.1。

表 6.1 常见扫描枪的扫描特性

扫描的条码	扫描枪型号和特性	
	Symbol LS2208AP	ScanLogic2010
UPC-A		
EAN/JAN 8		
EAN/JAN 13		
Code 93		
Code 128 A		
Code 128B		
Code 128 C		
Int 2 of 5		

续表

扫描的条码	扫描枪型号和特性	
	Symbol LS2208AP	ScanLogic2010
12345678: Codabar		
12345678 3 of 9		
12345678- Extended 39		
(12) 3 45 678 1 UCC/EAN 128		
+ 12345678Y HIBC		
12345678 Extended 93		
PDF-417		
Maxicode条码 Maxicode 条码		

（3）分别使用扫描枪扫描不同颜色搭配的条码，并标记哪些颜色搭配的条码能被识别，哪些颜色搭配的条码不能被识别，总结归纳出扫描枪的特性，填写表 6.2。

表 6.2　不同颜色搭配的条码符号检查表

序号	空色	条色	能否被识别	序号	空色	条色	能否被识别
1	白色	黑色		17	红色	深棕色	
2	白色	蓝色		18	黄色	黑色	
3	白色	绿色		19	黄色	蓝色	
4	白色	深棕色		20	黄色	绿色	
5	白色	黄色		21	黄色	深棕色	
6	白色	橙色		22	亮绿	红色	
7	白色	红色		23	亮绿	黑色	
8	白色	浅棕色		24	暗绿	黑色	
9	白色	金色		25	暗绿	蓝色	
10	橙色	黑色		26	蓝色	红色	
11	橙色	蓝色		27	蓝色	黑色	
12	橙色	绿色		28	金色	黑色	
13	橙色	深棕色		29	金色	橙色	
14	红色	黑色		30	金色	红色	
15	红色	蓝色		31	深棕色	黑色	
16	红色	绿色		32	浅棕色	红色	

[实训考核]

实训考核如表 6.3 所示。

表 6.3　实训考核表

考核要素	评价标准	分值（分）	评分（分）				
			自评（10%）	小组（10%）	教师（80%）	专家（0%）	小计（100%）
条码识读、译码的过程	(1) 通过阅读实训资料，掌握条码识读、译码的过程	30					
条码扫描性能分析	(2) 通过采用不同类型的扫描仪分别扫描不同类型的条码，进行条码性能分析	30					
条码扫描性能总结	(3) 总结并归纳不同类型的扫描仪性能	40					
合计							
评语（主要是建议）							

第七章 条码的制作

学习目标

能力目标:
- 掌握制作条码符号的技术要求、相关国家标准及行业标准;
- 具备设计和制作条码的能力。

知识目标:
- 了解条码的印制方式与技术;
- 理解制作条码符号的技术要求;
- 理解并掌握条码设计和制作过程中的注意事项。

广州新机场 20 分钟自动完成行李条码分拣

2011 年 7 月 26 日广州新机场已实现 20 分钟自动完成行李分拣。在行李分拣系统的现场,只见一件件行李正在输送带上被高速送往大转盘,"哗哗"的高速运转声使人俨然进入一个后现代的工厂。据悉,这是目前世界最先进的丹麦行李分拣系统。分拣行李时,系统通过行李上的条码进行自动分拣,前后只需要 20 分钟。在旁边的行李控制房中,分拣行李的整个流程均在计算机屏幕上清楚地显示出来,只要哪个行李出现"异样",机器就会闪红灯自动报警,非常方便。

【引入问题】
1. 简述行李条码分拣的原理。
2. 影响行李条码分拣系统正常运行的主要因素有哪些?

条码是代码的图形化表示,实现从代码到图形的转化主要依赖于印制技术。条码的生成是条码技术应用中一个相当重要的环节,直接决定着条码的质量。因此条码在印制方法、印制工艺、印制设备、符号载体和印制涂料等方面都有一些特殊要求。

7.1 条码符号的设计

7.1.1 机械特性

条码印制过程中,由于机械特性,印刷的条码符号会出现一些外观上的问题。为了使识读设备能够有效地发挥作用,要求条码符号表面整洁,无明显污垢、褶皱、残损、穿孔;符号中数字、字母、特殊符号印刷完整、清晰、无二义性;条码字符无明显脱墨、污点、断线;条的边缘整齐,无明显弯曲变形;条码字符的墨色均匀,无明显差异。

条码符号与机械特性相关的主要指标有条码符号尺寸公差与条宽减少量(BWR)、缺陷、边缘粗糙度和油墨厚度。

1. 条码符号尺寸公差与条宽减少量(BWR)

(1) 条码符号尺寸公差

不同的码制,其条空结构也不相同。每一种码制都通过了标称值。受印刷设备和载体等影响,条码印刷时不可能没有偏差。但这种偏差必须控制在一定范围内,否则将影响条码的正确识读。一般把允许的偏差范围称为条码符号尺寸公差。条码符号尺寸公差主要包括条或空的尺寸公差、相似边距离公差和字符宽度公差等。不同码制、不同放大系数的条码符号,条码符号尺寸公差也是不相同的。

① 条或空的尺寸公差

如图 7.1 所示,图中 b 表示条的标称尺寸,s 表示空的标称尺寸,Δb 表示条的尺寸公差,Δs 表示空的尺寸公差。

条的最大和最小允许尺寸公差分别为:

$$b_{max}=b+|\Delta b|$$
$$b_{min}=b-|\Delta b|$$

空的最大和最小允许尺寸公差分别为:

$$s_{max}=s+|\Delta s|$$
$$s_{min}=s-|\Delta s|$$

② 相似边距离公差

条码相似边距离公差是指在同一个条码符号中,两相邻的条同侧边缘之间距离的尺寸公差。如图 7.1 中所示,e 表示相似边距离的标称尺寸,Δe 表示相似边距离的尺寸公差。

相似边距离的最大和最小允许尺寸分别为:

$$e_{max}=e+|\Delta e|$$
$$e_{min}=e-|\Delta e|$$

③ 字符宽度公差

字符宽度公差是指一个条码字符宽度的尺寸公差。如图 7.1 所示,p 表示字符宽度的标称尺寸,Δp 表示字符宽度的尺寸公差。

字符宽度公差的最大和最小允许尺寸公差分别为:

$$p_{max}=p+|\Delta p|$$

$$p_{min}=p-|\Delta p|$$

上述公差是为印制条码而制定的。印刷版的误差、印刷设备误差和油墨扩散误差等都是导致条码产生误差的原因。如果一个条码符号的偏差超出了印制公差,仍有阅读成功的可能,但这样的符号会降低条码识读的首读率,增加误读率。

(2) 条码原版胶片的条宽减少量 BWR

用非现场印刷法印刷条码需要客户提供条码原版胶片。印刷厂用此胶片制版,然后上机印刷。由于油墨在印刷载体上的渗透,使印出的条码的条宽比胶片上的条宽尺寸大,这就是常说的"油墨展宽"现象。油墨展宽使条码的尺寸误差加大,导致条码误读或无法识读。为了抵消这种因印刷引起的条宽增加,在制作条码胶片时事先将原版胶片处条宽的取值适当减小,这个减小的数值称为条宽减少量(Bar Width Reduction,BWR)。

条宽减少量主要由印刷载体、印刷媒体、印刷工艺和印刷设备之间的适应性决定。通过印刷适性试验即可得出条宽减少量的数值。一般非柔性印刷(凸版、平版、凹版、丝网)的条宽减少量较小,而柔性印刷(苯胺印刷)的条宽减少量较大。对商品条码来说,条宽减少量的取值不应使条码胶片上单个模块的条宽小于 0.13mm。即

$$0.33mm \times 放大系数 - BWR \geq 0.13mm$$

式中,0.33mm 为放大系数为 1 时的商品条码名义模块宽度。

2. 缺陷

在条码印制过程中,由于某些原因会在条码符号的空中粘上油墨污点;或由于条中着墨不均而产生脱墨,造成孔隙缺陷,如图 7.2 所示。

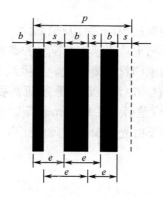

图 7.1 条码标定尺寸

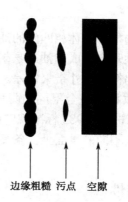

图 7.2 污点和孔隙

在条码印制中,通常都对污点、脱墨的尺寸和数量进行限制。如果这些缺陷超过一定限度,将会出现译码错误或不能进行译码。为了将印刷中所造成的污点和脱墨"定量化",许多印制都采用了 ANSI MH 10.8M-1983 标准中的相关指标。该标准规定条码符号允许有任意数量的污点和脱墨,但其尺寸不得超过一定的限度。最大的污点或脱墨应满足以下条件:

① 其面积不超过直径为 $0.8x$ 圆面积的 25%(x 为最窄条的宽度)。

② 其面积不完全覆盖一直径为 $0.4x$ 的圆面积。如在图 7.3 中,孔隙 1 是允许存在的,而孔隙 2 则是不允许存在的。

3. 边缘粗糙度

边缘粗糙度是指条码元素边缘不平整的程度。对于边缘粗糙度的要求是，在所有可能的扫描轨迹上，元素宽度都能达到允许的宽度值，即能符合印刷公差的尺寸要求。符合印刷公差要求的尺寸如图7.4所示，图7.4（a）表示允许的边缘粗糙度，图7.4（b）表示超过允许公差的边缘粗糙度。

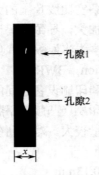

图 7.3　最窄条和脱墨的示意　　　　图 7.4　条码的边缘粗糙度

边缘粗糙度使得扫描轨迹不同时，接收到的元素宽度也不同。尺寸小处条变窄、空变宽；尺寸大处条变宽、空变窄，当其差值较大时，会导致条码字符不符合编码规则的尺寸结构，条码识别系统将无法识别条码。采用点阵打印机印刷条码时，容易出现此类现象。

4. 油墨厚度

印刷时应选择与载体相匹配的油墨，特别要注意油墨均匀性及扩散性。

油墨均匀性差会造成渗油或吃墨不足，使印刷图形边缘模糊。符号的条或空上出现疵点与污点，给条码符号尺寸带来偏差。当必须使用的承印材料镜面反射太强或为透明材料时，可以采用光吸收特性完全不同的两种墨色重叠印刷，以满足识读系统所需要的条空反差要求。ANSI MH 10.8M-1983 标准规定：空与条的厚度差必须在 0.1mm 以下。否则会使印制的条码的条与空在不同的平面上，条高于空，则空的反射光减少，空尺寸变窄，给正确识读带来困难。

7.1.2　光学特性

条码印制过程中，对条码图像的光学特性的要求，主要包括条码的反射率和颜色搭配。

1. 反射率

条码光电扫描器是靠条码符号中条和空的反射率和宽度的不同来采集数据的。理想状态的条码中，条的反射率为 0，空的反射率为 100%，并且不存在任何印刷缺陷，当用光点极小的光电扫描器匀速扫描这类条码时，反射率曲线如图 7.5 所示。

由于印刷缺陷和光电扫描器性能的影响，实测的反射曲线与理想状态不大相同。图 7.6 所示为一组实测的反射率曲线。

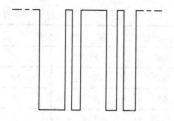

图 7.5 理想的反射率曲线　　　　　图 7.6 实测的反射率曲线

若使条码能够被正确识读,就应使相邻的条与空之间有个最小的反射率差值。不同的条码识读器对该差值的要求也不相同。

反射率和对比度是条码符号的重要光学指标。通常将条码符号中空和条的反射率差值与空的反射率之比定义为对比度。即

$$PCS = \frac{R_L - R_D}{R_L}$$

式中,R_L 为空的反射率;R_D 为条的反射率;PCS 为空和条的对比度。

条码符号必须满足一定的光学特性要求,当空的反射率一定时,条的反射率的最大值由下列公式计算:

$$\lg R_D = 2.6(\lg R_L) - 0.3$$

在条码印刷中,对于最窄条的条宽小于 1mm 的条码符号,通常取 $R_L \geq 50\%$;PCS$\geq 75\%$。
当 PCS$\geq 75\%$时,则 $R_D \leq \frac{R_L}{4}$;而空与条的反射率之差应大于 37.5%。为了使按此指标印刷的条码能被正确地识读,条码识读器也必须具有相同的光学特性,并具有更高的灵敏度。

(2) 颜色搭配

识读器是通过条码符号中条、空对光反射率的对比来实现识读的。不同颜色对光的反射率不同。一般来说,浅色的反射率较高,可作为空色即条码符号的底色,如白色、黄色、橙色等;深色的反射率较低,可作为条色,如黑色、深蓝色、深绿色、深棕色等。

条码的识读是通过分辨条、空的边界和宽窄来实现的,因此,条与空的颜色反差越大越好。印刷中颜色搭配对条的反射率的最大值及印刷对比度都有很大的影响。反差最大性原则与满足 ANSI MH 10.8M-1983 标准中的要求是条码设计、印制要遵循的重要原则。

条色应采用深色,空色应采用浅色。白色作空,黑色作条是较理想的颜色搭配。条码符号的条、空颜色搭配可参考表 7.1,且应符合 GB12904 商品条码标准文本中规定的符号光学特性要求。

由于颜色的无穷性和连续变化的特征,表 7.1 中所指的颜色只能从一般意义上理解,具体的颜色搭配除了要满足相关标准外,还要能够通过条码检测设备的检测。

表 7.1　条码符号"条"、"空"颜色搭配参考

序号	空色	条色	能否采用	序号	空色	条色	能否采用
1	白色	黑色	能	17	红色	深棕色	能
2	白色	蓝色	能	18	黄色	黑色	能
3	白色	绿色	能	19	黄色	蓝色	能

续表

序号	空色	条色	能否采用	序号	空色	条色	能否采用
4	白色	深棕色	能	20	黄色	绿色	能
5	白色	黄色	否	21	黄色	深棕色	能
6	白色	橙色	否	22	亮绿	红色	否
7	白色	红色	否	23	亮绿	黑色	否
8	白色	浅棕色	否	24	暗绿	黑色	否
9	白色	金色	否	25	暗绿	蓝色	否
10	橙色	黑色	能	26	蓝色	红色	否
11	橙色	蓝色	能	27	蓝色	黑色	否
12	橙色	绿色	能	28	金色	黑色	否
13	橙色	深棕色	能	29	金色	橙色	否
14	红色	黑色	能	30	金色	红色	否
15	红色	蓝色	能	31	深棕色	黑色	否
16	红色	绿色	能	32	浅棕色	红色	否

根据 EAN 规范的要求，条码印刷颜色设计要求如下。

① 条、空宜采用黑白颜色搭配，条、空的黑白颜色搭配可获得最大对比度，所以是最安全的条码符号颜色设计。

② 红色不能作为条色。由于条码识读器一般采用波长为 630～700nm 的红色光源，红光照射红色物质时反射率最高，因此红色一般不能作为条色，而只能作为空色。以深棕色作为条色时，也必须将其红色成分控制在足够小的范围内，否则会影响条码识读。

③ 对于透明或半透明的印刷载体，禁用与其包装内容物相同的颜色作为条色，以免降低条空对比度，影响识读。可在印条码的条色前，先印一块白色的底色作为条码的空色，然后再印刷条色。白色的底使条码与内容物颜色隔离，保证条空对比度（印刷对比度）达到技术要求。

④ 当装潢设计的颜色与条码设计的颜色发生冲突时，应改动装潢设计的颜色。

⑤ 慎用金属材料做印刷载体。由于带有金属性的颜色（如金色），其反光度和光泽性会造成镜面反射效应而影响扫描器识读，因而用金色来印刷条码或把印刷载体上的金色作为空色时一定要慎重。

⑥ 使用铝箔等金属反光材料作为载体时，可在本体上印一层白色或将经打毛处理的本体颜色作为条码的空色，将未经打毛的反光材料本体颜色作为条色。人们常见的易拉罐就是这样选择设计条码颜色的。

总之，条码标识颜色的选择对条码的识读是至关重要的。企业在设计条码颜色时，如不清楚所选条、空颜色搭配是否符合要求，可用条码检测仪测量条色和空色的反射率，然后按 PCS 值计算公式计算出条、空对比度，将所得数值与 ANSI MH 10.8M-1983 标准所要求的数值进行对比即可。

7.1.3 条码标识形式的设计

本着减少商品包装成本、包装美观大方和易于扫描识读的原则，商品条码标识主要设计成以下三种形式。

（1）直接印刷在商品标签纸或包装容器上。如烟、酒、饮料、食品、日用化工产品、药品等，利用大批量连续印刷的方法将条码标识和标签原图案同时印制，具有方便、美观、节约印刷费用等优点。

（2）制成挂牌悬挂在商品上。如眼镜、手工艺品、珠宝手饰、服装等，在没有印刷条码标识位置的情况下，将条码打印在挂牌上再分挂在商品上。

（3）制成不干胶标签粘贴在商品上。如化妆品、油脂制品、家用电器等，将条码与装潢图案制成不干胶标签粘贴在商品上。一些商品的老包装因不带条码标识，为了减少浪费，也可将带条码的不干胶粘贴在老包装上。

7.1.4 载体设计

大多数商品条码都直接印刷在商品包装上，因此条码的印刷载体以纸张、塑料、马口铁、铝箔等为主。

鉴于条码的尺寸精度和光学特性直接影响条码的识读，选择印刷载体应考虑以下几个方面。

（1）为保证条码尺寸精度，应选用受温度影响小、受力后尺寸稳定、着色度好、油墨扩散适中、渗透性小、平滑度好、光洁度适中的材料作为印刷载体。为保证条码的光学特性应注意材料的反射特性，避免选用反光或镜面式的反射材料。

（2）条码印刷以纸张作为印刷载体时，应首选铜版纸、胶版纸、白版纸；以塑料作为印刷载体时应首选双向拉伸聚丙烯薄膜；以金属材料作为印刷载体时应首选铝合金板和马口铁。

（3）由于瓦楞纸表面平整性差、油墨渗透性不一致，在瓦楞纸上印刷条码会产生较大的印刷偏差，因此一般情况下不在瓦楞纸板上印刷条码。可采用在其他载体上印刷条码，然后再将其粘贴在瓦楞纸包装上的方法解决这一问题。如果一定要在瓦楞纸上印制条码则要加厚楞纸板的面纸、底纸厚度，且条码中的条应与瓦楞方向一致。

7.1.5 商品条码设计

1. 颜色设计

颜色设计与颜色搭配方法相同，此处不再赘述。

2. 尺寸设计

尺寸设计就是确定条码的放大系数 M，放大系数指的是条码设计尺寸与标准版条码尺寸的比值。不同放大系数的条码，它们的尺寸误差要求也不同。放大系数越小，尺寸误差要求越严格。

为了保证正确识读，商品条码的放大系数一般在 0.80~2.00 的范围内选择。条码符号随放大系数的变化而变化。由于条高的截短会影响条码符号的正确识读，因此不可随意截短条高。

当放大系数为 1.00 时，EAN-13 商品条码的左右侧空白区最小宽度尺寸分别为 3.63mm

和 2.31mm，EAN-8 商品条码的左右侧空白区最小宽度尺寸均为 2.31mm。

当放大系数为 1.00 时，供人识别字符的高度为 2.75mm。

EAN-13/UPC-A、EAN-8 和 UPC-E 商品条码的放大系数、模块宽度和主要尺寸如表 7.2 所示。

表 7.2　商品条码符号的放大系数、模块宽度和主要尺寸

放大系数	模块宽度	商品条码符号的主要尺寸								
		EAN-13/UPC-A			EAN-8			UPC-E		
		符号长度	条高	符号高度	符号长度	条高	符号高度	符号长度	条高	符号高度
0.8	0.264	29.83	18.28	20.74	21.38	14.58	17.05	17.69	18.28	20.74
0.85	0.281	31.70	19.42	22.04	22.72	15.50	18.11	18.79	19.42	22.04
0.90	0.297	33.56	20.57	23.34	24.06	16.41	19.18	19.90	20.57	23.34
1.00	0.330	37.29	22.85	25.93	26.73	18.23	21.31	22.11	22.85	25.93
1.10	0.363	41.01	25.14	28.52	29.40	20.05	23.44	24.32	25.14	28.52
1.20	0.396	44.75	27.42	31.12	32.08	21.88	25.57	26.53	27.42	31.12
1.30	0.429	48.48	29.71	33.71	34.75	23.70	27.70	28.74	29.71	33.71
1.40	0.462	52.21	31.99	36.30	37.42	25.52	29.83	30.95	31.99	36.30
1.50	0.495	55.94	34.28	38.90	40.10	27.35	31.97	33.17	34.28	38.90
1.60	0.528	59.66	36.56	41.49	42.77	29.17	34.10	35.38	36.56	41.49
1.70	0.561	63.39	38.85	44.08	45.44	30.99	36.23	37.59	38.85	44.08
1.80	0.594	67.12	41.13	46.67	48.11	32.81	38.36	39.80	41.13	46.67
1.90	0.627	70.85	43.42	49.27	50.79	34.64	40.49	42.01	43.42	49.27
2.00	0.660	74.58	45.70	51.86	53.46	36.46	42.62	44.22	45.70	51.86

说明：① 条码符号长度为从条码起始符左边缘到终止符右边缘的距离及左、右侧空白区的最小宽度之和。

② 条高为条码的短条高度。

③ 条码符号高度为条的上端到供人识别字符下端的距离。

3. 位置设计

（1）执行标准

商品条码符号位置的确定可参照 GB/T 14257—2002 标准。该标准确立了商品条码符号位置的选择原则，还给出了商品条码符号放置指南，适用于商品条码符号位置的设计。

（2）条码符号位置选择的原则

① 基本原则

条码符号位置的选择应以符号位置相对统一、符号不易变形、便于扫描操作和识读为基本原则。

② 首选原则

商品包装正面是指商品包装上主要明示商标和商品名称的一个外表面。与商品包装正面相背的另一个外表面定义为商品包装背面。首选的条码符号位置宜在商品包装背面的右侧下半区域内。

③ 其他的选择

商品包装背面不适宜放置条码符号时，可选择商品包装另一个适合的面的右侧下半区域放置条码符号。但是对于体积大的或笨重的商品，条码符号不应放置在商品包装的底面。

④ 边缘原则

条码符号与商品包装邻近边缘的间距范围为 8～102mm。

⑤ 方向原则

a. 通则

商品包装上条码符号宜横向放置［见图 7.7（a）］。横向放置时，条码符号的供人识别字符应为从左至右阅读。在印刷方向不能保证印刷质量，或商品包装表面曲率及面积不允许的情况下，应将条码符号纵向放置［图 7.7（b）］。纵向放置时，条码符号供人识别字符的方向宜与条码符号周围的其他图文相协调。

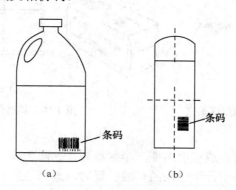

图 7.7　条码符号放置的方向

b. 曲面上的符号方向

在商品包装的曲面上将条码符号的条平行于曲面的母线放置条码符号时，条码符号表面曲度 θ 应不大于 30°，见图 7.8；可使用的条码符号放大系数最大值与曲面直径有关。条码符号表面曲度大于 30° 时，应将条码符号的条垂直于曲面的母线放置，见图 7.9。

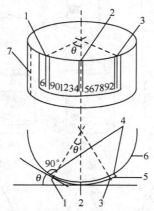

1—第一个条的外侧边缘；2—中间分隔符两条的正中间；3—最后一个条的外侧边缘；4—左、右空白区的外边缘；
5—条码符号；6—包装的表面；7—曲面的母线；θ—条码符号的表面曲度

图 7.8　条码符号表面曲度示意图

（3）避免选择的位置

以下位置不宜放置条码符号：有穿孔、冲切口、开口、装订钉、拉丝拉条、接缝、折叠、折边、交叠、波纹、隆起、褶皱、其他图文和纹理粗糙的地方；转角处或表面曲率过大的地方；包装的折边或悬垂物下边。

4. 条码符号放置指南

（1）箱型包装

对箱型包装，条码符号宜放置在包装背面的右侧下半区域且靠近边缘处，见图7.10（a）。其次可印在正面的右侧下半区域，见图7.10（b）。与边缘的间距应符合上面所说的边缘原则。

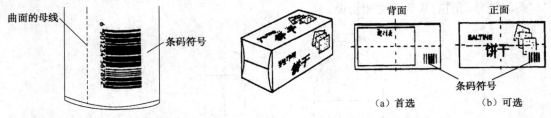

图7.9 条码符号的条与曲面的母线垂直   图7.10 箱型包装示例

（2）瓶型和壶型包装

条码符号宜印在包装背面或正面右侧下半区域内，见图7.11。不应把条码符号放置在瓶颈、壶颈处。条码符号的条平行于曲面的母线放置时，选择适当的放大系数和模块宽度。

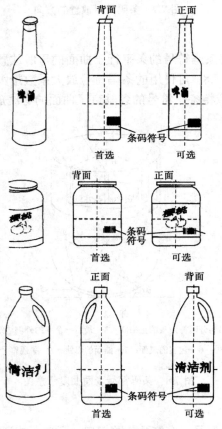

图7.11 瓶型和壶型包装示例

（3）罐型和筒型包装

条码符号宜放置在包装背面或正面的右侧下半区域内，见图 7.12。不应把条码符号放置在有轧波纹、接缝和隆起线的地方。

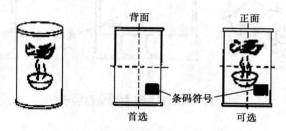

图 7.12　罐型和筒型包装示例

（4）桶型和盆型包装

条码符号宜放置在包装背面或正面的右侧下半区域内，见图 7.13（a）、(b)。背面、正面及侧面不宜放置时，条码符号可放置在包装的盖子上，但盖子的深度 $h \leqslant 12mm$，见图 7.13（c）。

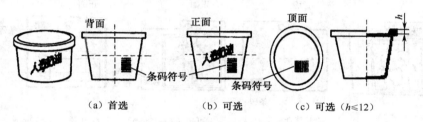

图 7.13　桶型和盆型包装示例

（5）袋型包装

条码符号宜放置在包装背面或正面的右侧下半区域内，尽可能靠近袋子中间的地方，或放置在填充内容物后袋子平坦、不起褶皱处，见图 7.14。不应把条码符号放在接缝处或折边的下面。

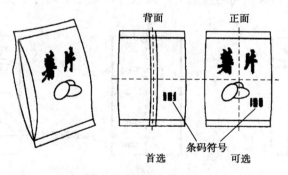

图 7.14　袋型包装示例

（6）收缩膜和真空成型包装

条码符号宜放置在包装较为平整的表面上。当只能把条码符号放置在曲面上时，设置方法参考本节方向原则中曲面上的符号方向的相关内容，选择条码符号的方向和放大系数。不应把条码符号放置在有褶皱折和扭曲变形的地方，见图 7.15。

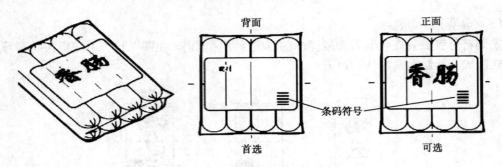

图 7.15 收缩膜和真空成型包装示例

(7) 泡型罩包装

条码符号宜放置在包装背面右侧下半区域且靠近边缘处。不宜在背面放置时，可把条码符号放置在包装的正面，条码符号应避开泡型罩的凸出部分放置。当泡型罩凸出部分的高度 h 超过 12mm 时，条码符号应尽量远离泡型罩的凸出部分，见图 7.16。

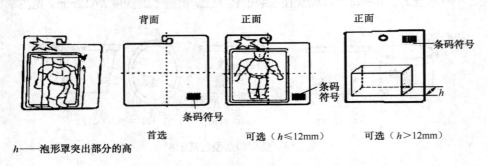

h——泡形罩突出部分的高

图 7.16 泡型罩包装示例

(8) 卡片式包装

条码符号宜放置在包装背面的右侧下半区域且靠近边缘处。不宜在背面放置时，可把条码符号放置在包装正面，条码符号应避开产品放置，避免条码符号被遮挡，见图 7.17。

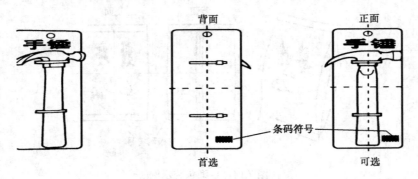

图 7.17 卡片式包装示例

(9) 托盘式包装

条码符号宜放置在包装顶部面的右侧下半区域且靠近边缘处，见图 7.18。参考本节方向原则中曲面上的符号方向的相关内容，选择条码符号的方向和放大系数。

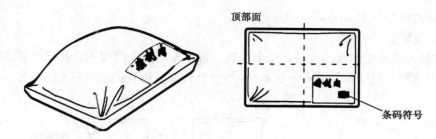

图 7.18 托盘式包装示例

（10）蛋盒式包装

条码符号应选择在包装有铰链的一面，放置在铰链以上盒盖右侧的区域内。不宜放置此处时，条码符号可放置在顶部面的右侧下半区域内，见图 7.19。

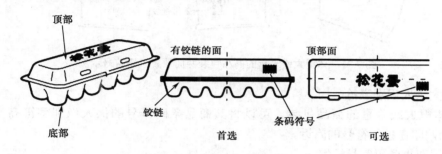

图 7.19 蛋盒式包装示例

（11）多件组合包装

条码符号应放置在包装背面的右侧下半区域且靠近边缘处。不宜放置在背面时，可把条码符号放置在包装侧面的右侧下半区域且靠近边缘处，见图 7.20。当多件组合包装及其内部单件包装都带有商品条码时，内部的单件包装上的条码符号应被完全遮盖住，多件组合包装上的条码符号在扫描时应该是唯一可见的条码。

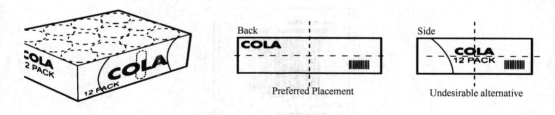

图 7.20 多件组合包装示例

（12）体积大或笨重的商品包装

① 包装特征

有两个方向上（宽/高、宽/深或高/深）的长度大于 45cm，或质量超过 13kg 的商品包装。

② 符号位置

对于体积大或笨重的商品包装，条码符号宜放在包装背面右侧下半区域内。不宜放置在包装背面时，可以放置在包装除底面外的其他面上。

③ 可选的符号放置方法

a．两面放置条码符号

对于体积大或笨重的商品包装，每个包装上可以使用两个同样的、标记该商品的商品条码符号，一个放置在包装背面的右下区域分，另一个放置在包装正面的右上区域分，见图7.21。

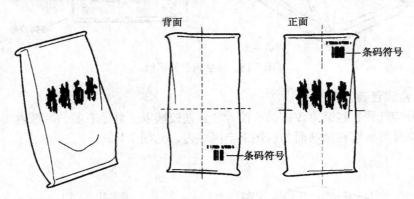

图7.21　体积大或笨重的商品包装两面放置条码符号示例

b．加大供人识别字符

对于体积大或笨重的商品包装，可以将其商品条码符号的供人识别字符高度放大至16mm以上，印在条码符号的附近。

c．采用双重条码符号标签

对体积大或笨重的商品包装，可以采用图7.22所示的双重条码符号标签。标签的A、B部分上的条码符号完全相同，是标记该商品的商品条码符号。标签的A、C部分应牢固地附着在商品包装上，B部分与商品包装不粘连。在商品通过POS系统进行扫描结算时，撕下标签的B部分，由商店营业员扫描该部分的条码进行结算，然后将该部分销毁。标签的A部分保留在商品包装上以供查验。粘贴双重条码符号标签的包装不作为商品运输过程的外包装时，双重条码符号标签的C部分（辅助贴条）可以省去。

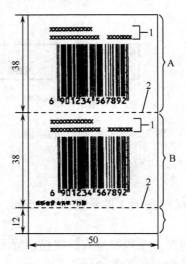

图7.22　双重条码符号标签示例

（13）其他形式

对一些无包装的商品，商品条码符号可以印在挂签上，见图 7.23。如果商品有较平整的表面且允许粘贴或缝上标签，条码符号可以印在标签上，见图 7.24。

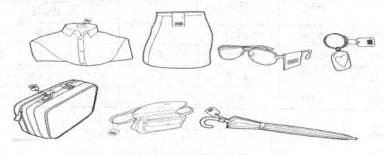

图 7.23　条码符号挂签示例

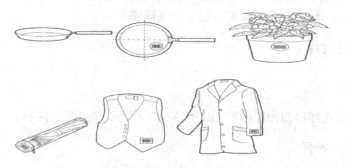

图 7.24　条码符号标签示例

7.1.6　储运条码的设计

1. 放大系数与符号尺寸

ITF-14 条码符号的放大系数范围为 0.625～1.200，条码符号的尺寸大小随放大系数的变化而变化。储运条码的放大系数与条码符号的尺寸关系见表 7.3。条码符号四周应设置保护框。保护框的线宽为 4.8mm，线宽不受放大系数的影响。保护框的作用是使印版对整个条码符号表面的压力均匀；避免当倾斜光束从条码顶端进入或从底边漏出时导致不完全识读的情况。

表 7.3　储运条码的放大系数与条码符号的尺寸关系

放大系数	窄单元宽度 /mm	宽单元宽度 /mm	条空允许误差 /mm	空白区宽度 /mm	条高 /mm	符号尺寸（包括保护框）		高度 /mm
						宽度/mm		
						ITF-14	ITF-6	
1.200	1.219	3.048	±0.36	13.1	38.2	192.714	104.680	47.8
1.100	1.118	2.794	±0.33	12.0	35.0	168.271	96.754	44.6
1.000	1.016	2.540	±0.30	10.9	31.8	153.828	88.804	41.4

续表

放大系数	窄单元宽度/mm	宽单元宽度/mm	条空允许误差/mm	空白区宽度/mm	条高/mm	符号尺寸（包括保护框）		高度/mm
						宽度/mm		
						ITF-14	ITF-6	
0.900	0.914	2.286	±0.27	9.8	28.7	139.385	80.854	38.3
0.800	0.813	2.032	±0.24	8.7	25.4	124.924	72.928	35.0
0.700	0.711	1.778	±0.20	7.1	22.3	109.500	63.978	31.9
0.625	0.635	1.588	±0.13	6.4	19.8	98.910	58.284	29.4

2. 印刷位置

每个完整的非零售类商品包装上至少应有一个条码符号。包装项目上最好使用两个条码符号，放置在相邻的两个面上——短的面和长的面右侧各放一个。在仓库的应用中，这样可以保证包装转动时，人们总能看到其中的一个条码符号。

7.1.7 物流标签设计

1. 执行标准

物流标签的位置可参阅国家标准 GB/T 18127—2000 中的有关内容。

2. 放大系数与符号

UCC·EAN-128 条码符号的放大系数可在 0.25～1.00（模块宽度为 1mm）之间选择。为了确保在各种环境中能够有效识读条码符号，其所使用的放大系数不应小于 0.50。

UCC·EAN-128 条码符号的基准条高为 32mm，实际条高随放大系数不同而变化，但不得小于 20 mm。整个符号长度最大不能超过 165 mm。

3. 印刷位置及方向

每一个贸易项目和物流单元上至少有一个条码符号。仓储应用中，为确保在连贯转动的情况下，至少可以看见一个标签，推荐的最佳方案是：将同一标签印制在运输包装的相邻两面上（这里两个相邻面的位置应是宽面位于窄面的右方）。

4. 对条码符号印刷位置及方向选择的建议

（1）高度低于 1m 的物流单元（见图 7.25）

对于高度低于 1m 的纸板箱与其他形式的物流单元，标签中 SSCC 的底边应距离物流单元的底部 32mm。标签与物流单元垂直边线的距离不小于 19mm。

如果物流单元已经使用 EAN-13、UPC-A、ITF-14 或贸易单元 128 条码符号，标签应贴在上述条码的旁边，并保持水平位置且不能覆盖原有的条码。

（2）高度超过 1m 的物流单元

托盘和其他高度超过 1m 的物流单元，标签应位于距离物流单元底部或托盘表面 400～800mm 的位置，标签与物流单元直立边的距离不小于 50mm（见图 7.26）。

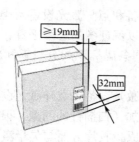
图 7.25 高度低于 1m 的物流单元的条码符号印刷位置示意图

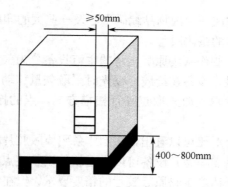
图 7.26 高度超过 1m 的物流单元的条码符号印刷位置示意图

7.2 条码标识的生成

目前，条码标识的生成主要采用的是软件生成方式。其生成流程为：条码生成软件依据国际和国家标准的相关要求，按照各种编码原则和符号结构的技术要求，将数据代码信息转化为相应的条空信息，并且生成对应的位图。条码生成软件包括以下两类。

（1）自行编制的条码生成软件

根据国际和国家相关标准，按照各种码制的编码原则、符号结构等，用户自己编制条码生成软件。

（2）商业化的编码软件

商业化的编码软件具有强大的数据库功能，能够实现图形压缩、双面排版、数据加密、数据库管理、打印预览和单个/批量制卡等功能，可以生成各种码制的条码符号。同时，还可以向应用程序提供条码生成、条码设置、识读接收、图形压缩和信息加密等二次开发接口（用户可以自己替换），以及向高级用户提供内层加密接口等。

7.3 条码标识的印制

条码的印制方式基本有两大类，一是预印制（非现场印制）；二是现场印制。

预印制（非现场印制）是采用传统印刷设备大批量印刷制作，它适用于数量大，标签格式固定，内容相同的条码的印制，如产品包装、相同产品的标签等。

现场印制是由计算机控制打印机实时打印条码标签，这种方式打印灵活，实时性强，适用于多品种、小批量、个性化的需现场实时印制的场合

1. 预印制

需要大批量印制条码标识时，应采用工业印刷机用预印制的方式来实现，一般采用湿油墨印刷工艺。尤其是需要在商标、包装上印制条码时，可以将条码胶片、商标图案等制成同一印版，一起印刷，这样可大大降低印制成本和工作量。

采用预印制方式时，确保条码胶片的制作质量是十分重要的。胶片的制作一般由专用制

片设备来完成，中国物品编码中心及一些大的印刷设备厂均具备专用的条码制片设备，用于印制高质量的条码胶片。

目前，制作条码原版正片的主流设备分为矢量激光设备和点阵激光设备两类。

矢量激光设备在给胶片曝光时采取矢量移动方式，可以保证条的边缘平直。点阵激光设备在给胶片曝光时采取点阵行扫描方式，点的排列密度同条码标识的分辨率和精确度密切相关。

由以上对比可以看出，在制作条码原版胶片时，矢量激光设备比点阵激光设备更具有优越性。虽然点阵激光设备可以通过软件调整使点与点的叠加（扫描行的间隙）很紧密，经严格控制也能达到条码原版胶片的精度要求，但在制作条码原版胶片方面与矢量激光设备相比还是略逊一筹。

印刷制版行业广泛采用的激光照排机，可以将需要的包装图案、文字及条码标识一并完成印制。与之相比，矢量激光设备相对功能单一，且只能制作一维条码，所生成的条码符号还需经过与图案、文字拼版等其他工序。

目前，国内采用矢量激光设备制作条码原版胶片的机构只有中国物品编码中心和广州东方条码培训中心（均使用 Microplotter 激光绘图仪），其余均为激光照排机制作。

在胶片制作完成以后，应送交指定印刷厂印刷，印刷条码标识时需严格按照原版胶片制版，不能放大与缩小，也不能随意截短条高。

预印制按照制版形式可分为凸版印刷、平板印刷、凹板印刷和孔版印刷。

（1）凸版印刷

凸版印刷的特征是印版图文部分明显高出空白部分。通常用于印制条码符号的印版包括感光树脂凸版和铜锌版等，其制版过程中全都使用条码原版负片。凸版印刷的效果因制版条件而有明显差异。对凸版印刷的条码符号进行质量检验的结果证明，凸版印刷因其稳定性差、尺寸误差离散性大而只能用于印刷放大系数较大的条码符号。

感光树脂凸版可用于包装和条码不干胶标签的条码印刷，例如，采用 20 型或 25 型 DycriL 版可将条码标识印刷于马口铁上；采用钢或铝版基的 DycriL 版可将条码标识印刷于纸盒及商标上。铜锌版在包装装潢条码印刷上的应用更为广泛。

凸版印刷的承印材料主要有纸、塑料薄膜、铝箔、纸板等。

（2）平版印刷

平版印刷的特征是印版上的图文部分与非图文部分几乎在同一平面上，无明显凹凸之分。目前应用范围较广的是平版胶印。平版胶印根据油水不相溶原理，通过改变印版上图文和空白部分的物理、化学特性，使图文部分亲油，空白部分亲水。印刷时先将印版版面浸水湿润，再对印版滚涂油墨，结果印版上的图文部分着墨并经橡皮布转印至印刷载体上。

平版胶印印版分平凸版和平凹版两类，印制条码符号时，应根据印版的不同类型选用条码原版胶片，平凸版用负片，平凹版用正片。常用的平版胶印印版有蛋白版、平凹版、多层金属版和 PS 版（平凸式和平凹式都有）。

平版胶印的承印材料主要是纸，如铜版纸、胶版纸和白卡纸等。

（3）凹版印刷

凹版印刷的特征是印版的图文部分低于空白部分。印刷时先将整个印版的版面全部涂满油墨，然后将空白部分上的油墨用刮墨刀刮去，只留下低凹的图文部分的油墨。通过加压，使其移印到印刷载体上。凸版印刷中使用较多的是照相凹版和电子雕刻凹版。照相凹版的制版过程中使用正片；电子雕刻凹版使用负片，并且在大多数情况下使用伸缩性小的白色不透明聚酯感光片。凹版印刷机的印刷接触压力是由液压控制装置控制的，压印滚筒会根据承印物厚度的变化自动调整压力大小，因此承印物厚度变化对印刷质量几乎没有影响。

凹版印刷的承印材料主要有塑料薄膜、铝箔、玻璃纸、复合包装材料、纸等。

（4）孔版印刷

孔版印刷（丝网印刷）的特征是将印版的图文部分镂空，使油墨从印版正面借印刷压力，穿过印版孔眼，印到承印物上。采用丝、尼龙、聚脂纤维、金属丝等材料制成细网绷在网框上，再用手工或光化学照相等方法在网框上面制出版模，然后用版模遮挡图文以外的空白部分即制成印版。孔版印刷（丝网印刷）对承印物种类和形状适应性强，其适用范围包括纸及纸制品、塑料、木制品、金属制品、玻璃、陶瓷等。采用孔版印刷的方式不仅可以在平面物品上印刷条码符号，而且可以在凹凸面或曲面上印刷条码符号。丝网印刷墨层较厚，可达 50μm。丝网印刷的制版过程中使用条码原版胶片正片。

各种制版形式所需的条码原版胶片的极性见表 7.4。

表 7.4 各种制版形式所需的条码原版胶片的极性

制版形式		极 性
孔版印刷		原版正片
凸版印刷		原版负片
凹版印刷	照相凹版	原版正片
	电子雕刻凹版	原版负片
平版印刷	平凸版	原版正片
	平凹版	原版负片

2. 现场印制

现场印制方法一般采用图文打印机和专用条码打印机来印制条码符号。图文打印机常用的有点阵打印机、激光打印机和喷墨打印机。这几种打印机可在计算机条码生成程序的控制下方便灵活地印制出小批量的或条码号连续的条码标识。专用条码打印机有热敏式打印机、热转印式打印机、热升华式打印机，因其用途单一，设计结构简单，体积小，制码功能强，在条码技术各个领域中得到普遍使用。

7.4 印刷技术

印刷技术根据印刷条件、影响条码质量的因素和印刷工艺参数的不同分为柔版印刷和非柔版印刷。

1. 柔版印刷

所谓"柔版"，指的就是印版材料为较少柔软的树脂材料。柔印时印刷压力、油墨黏度等对印刷品质量的影响很大，条码尺寸精度较难掌握。目前商品的外包装箱（常常是瓦楞纸箱）上的条码符号大多采用柔印方式制作。因为包装箱上条码的放大系数都比较大，允许的尺寸偏差也比较大，所以柔印较适用于制作放大系数较大的商品条码（如放大系数为 2.00）。

柔印时印刷压力对线条粗细的影响很大，因此要特别注意压力的调整。印刷时还要注意印版的变化。比如，当印刷一定数量的条码符号后，印版会出现磨损，这时条码符号的条宽尺寸会增粗，印刷压力要相应地调小；印版使用一段时间后会老化，印版可能会变硬，这时印刷出的条码符号的条宽尺寸会变细，印刷压力要相应地调大。但是，如果这时图案符号出现断线和变形等现象，应立即更换印版。

柔印中承印载体对条码印刷质量的影响也较大。如瓦楞纸的厚度和湿度等，会直接影响条码的尺寸。如承印载体厚度不同，印刷压力也要做相应调整；湿度不同，承印材料对油墨吸收程度不同，油墨黏度和印刷压力等印刷条件要进行适当调整。

2. 非柔版印刷

凸印、平版印刷、凹印和丝网印刷都属于非柔版印刷。采用非柔版印刷方式时，印刷压力、符号载体材料厚度等印刷条件对条码尺寸的影响不大，条码符号的质量主要取决于印版的制作。

采用凸版印刷时，为了保证图文线条平整度，印刷压辊的印刷压力要均匀。凸印版磨损后，条宽可能变粗，要适当调整印刷压力。一般情况下，凸版印刷设备印刷出的条码符号尺寸的离散性较大，稳定性较差，因此，要特别注意调整印刷参数，以保证条码印刷品质量的一致性。

采用平版胶印时，由于印版的图文部分与非图文部分几乎在同一平面上，有时边缘部分会受水分影响产生渗墨现象，致使条码符号中条的中心部分墨色较浓，边缘略微不齐。因此，印刷过程中应采取有效措施，以避免产生渗墨现象。

采用凹版印刷时，印刷参数对条码尺寸的影响不大，条码质量主要取决于印版的质量。可在印刷过程中注意控制油墨黏度，加装静电吸墨装置，增加油墨的转移性和层次性，以保证印制的商品条码符号清晰完整。凹印版磨损后条码的条宽可能会变细，甚至会出现丢点或断线，应注意更换凹印版。

采用丝网印刷时，油墨墨层厚实，可达 50μm。印刷中应特别注意条宽的变化，以避免因墨层增厚引起条增粗而超过尺寸公差。

本 章 小 结

与条码符号识读相关的特性主要是条码符号的机械特性和光学特性。条码符号与机械特性相关的主要指标有条码符号尺寸公差、条宽减少量（BWR）、缺陷、边缘粗糙度和印刷油墨厚度。条码印制过程中对条码图像的光学特性的要求主要包括条码的反射率、对比度和颜色搭配。

条码的印制方式基本有预印制（非现场印制）和现场印制两大类。预印制按照制版形式可分为凸板印刷、平板印刷、凹板印刷和孔版印刷。预印制（非现场印制）即采用传统印刷设备大批量印制条码符号，它适用于数量大，标签格式固定，内容相同的条码的印刷，如产品包装、相同产品的标签等。现场印制方法一般采用图文打印机和专用条码打印机来印制条码符号。现场印制即由计算机控制打印机实时打印条码标签,这种方式打印灵活,实时性强,可适用于多品种、小批量、个性化的需现场实时印制条码符号的场合。

练 习 题

一、填空题

1. 印刷技术根据印刷条件、影响条码质量的因素和印刷工艺参数的不同分为（　　）和（　　）。
2. 条码轻印刷系统主要由计算机、（　　）和打印机三部分组成。
3. 在条码印刷时,一般把所允许的偏差范围叫做（　　）。
4. 为了抵消这种因印刷引起的条宽增加,在制作条码胶片时事先将原版胶片处条宽的取值做适当减小,这个减小的数值称为（　　）。
5. 条码印制过程中,对条码图像的光学特性的要求,主要包括条码的反射率、（　　）和颜色搭配。

二、选择题

1. 对于商品条码,条宽减少量的取值不应使条码胶片上单个模块的条宽缩减到小于（　　）的程度。
   A．0.33mm　　B．0.23mm　　C．0.03mm　　D．0.13mm
2. 印刷出的条码符号不合格,首先应检测（　　）的质量。
   A．条码颜色　　B．条码符号　　C．条码胶片　　D．条码油墨
3. 托盘和其他高度超过 1m 的物流单元,标签应位于距离物流单元底部或托盘表面（　　）的位置。
   A．100～400mm　　　　B．200～500mm
   C．300～600mm　　　　D．400～800mm
4. 对于高度低于 1 米的纸板箱与其他形式的物流单元,标签中 SSCC 的底边应距离物流单元的底部（　　）。
   A．30 毫米　　B．32 毫米　　C．34 毫米　　D．36 毫米
5. 条码的印制方式包括（　　）。
   A．预印制　　B．非现场印制　　C．现场印制　　D．手工印制
6. 在条码印刷中出现的印刷公差主要有（　　）。
   A．条尺寸公差　　　　B．空尺寸公差
   C．相似边距离公差　　D．字符宽度公差
7. 条码轻印刷系统主要由（　　）组成。
   A．计算机　　B．条码打印软件　　C．打印机　　D．扫描仪
8. 胶版印刷使用的油墨,对（　　）两种波长均有较好的对比度。
   A．533nm 和 800nm　　　　B．533nm 和 900nm
   C．633nm 和 800nm　　　　D．633nm 和 900nm

9．罐型和筒型包装条码符号宜放置在包装背面或正面的（　　）内。
A．左侧上半区域　　　　　　B．右侧上半区域
C．左侧下半区域　　　　　　D．右侧下半区域
10．采用丝网印刷时，油墨墨层厚实，可达 50μm。印刷中应特别注意（　　）的变化，以避免因墨层增厚引起条增粗而超过尺寸公差。
A．反射率　　　B．条宽尺寸　　　C．颜色搭配　　　D．缺陷

三、判断题

（　　）1．印刷条码符号的过程中，颜色搭配对条的反射率的最大值和对比度的影响很小。
（　　）2．反差最大化原则与满足标准中的要求是条码设计、印制要掌握的重要尺度。
（　　）3．柔印较适用于制作放大系数较大的商品条码（如放大系数为 2.00）。
（　　）4．条码符号可以放置在转角处或表面曲率过大的地方。
（　　）5．每一个贸易项目和物流单元上只能有一个条码符号。
（　　）6．对于高度小于 400mm 的托盘包装，条码符号宜放在单元底部以上尽可能低的位置。
（　　）7．托盘包装时条码符号（包括空白区）到单元直立边的间距应不大于 50mm。
（　　）8．托盘包装时条码的下边缘宜处在单元底部以上 400～800mm 的高度范围内。

四、简答题

1．条码印制过程中，对条码图像的光学特性有什么要求？
2．哪些方式属于非柔性印刷？
3．简述条码符号位置选择的原则。

实训项目　条码符号的生成与印刷

任务一　条码打印机的安装

[能力目标]
1．熟悉条码打印软件的安装。
2．熟悉打印设备的使用。
[实验仪器]
1．条码打印软件。
2．条码打印机。
[实验内容]
（1）打开打印机包装箱，取出配件及打印机，打开顶盖检视运输途中是否有损坏。先将打印机置于相对干燥、整洁的场所。然后将并口线（IEEE1284）一端连接在未开机运行的计算机的并口上，将另一端连接在打印机的接口卡上，如图 7.27 所示。

图 7.27　打印机与计算机连接端口

（2）将电源适配器一端的接头插入打印机后部的电源插孔，电源适配器的另一端插入 AC 电源插座。

（3）安装碳带。

如果使用热敏打印机，此步骤可以略过。

① 打开打印机顶盖，露出纸卷仓，再按下打印机两侧的闭锁卡条，松开打印头模组；
② 翻转打印头模组，露出碳带供应端；
③ 打开碳带卷，将碳带卷和空卷芯拆开；
④ 将碳带的一端卷到空卷芯上；
⑤ 将碳带左端卡入供应端后再压入右端；
⑥ 最后翻下打印头模组，将空卷芯卡入碳带回收端。

具体步骤如图 7.28 至图 7.33 所示。

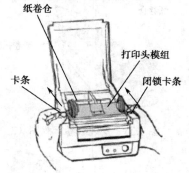

图 7.28　安装碳带示意图（1）

图 7.29　安装碳带示意图（2）

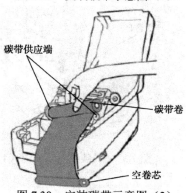

图 7.30　安装碳带示意图（3）

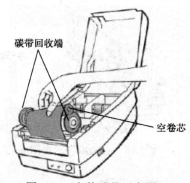

图 7.31　安装碳带示意图（4）

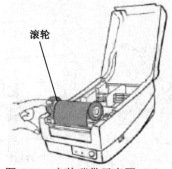

图 7.32　安装碳带示意图（5）

图 7.33　安装碳带示意图（6）

（4）安装纸卷。

① 打开顶盖，取出纸卷托架；

② 将纸卷从左边套入纸卷托架，再放回纸卷仓；

③ 一只手托住打印头模组，使标签穿过，另一只手同时从标签导槽中拉出标签，让标签从滚轴上方穿过；

④ 盖回打印头模组，并向下按紧直到听到"咔"一声；

⑤ 合上顶盖，打开电源开关；

⑥ 如果打印机电源已接通，直接按下"FEED"键，打印头将送出一张标签（走纸）。

具体步骤如图 7.34 至图 7.40 所示。

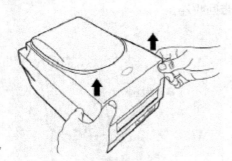

图 7.34　安装纸卷示意图（1）

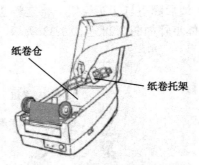

图 7.35　安装纸卷示意图（2）

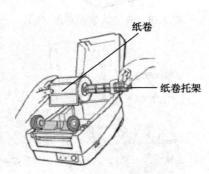

图 7.36　安装纸卷示意图（3）

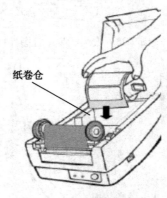

图 7.37　安装纸卷示意图（4）

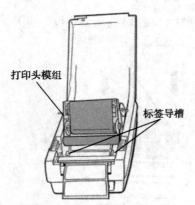

图 7.38　安装纸卷示意图（5）

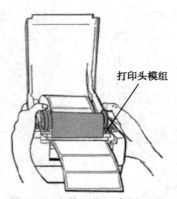

图 7.39　安装纸卷示意图（6）

图 7.40　安装纸卷示意图（7）

关闭电源，此时打印机安装完闭。

最后安装打印机驱动程序，可将随机所带光盘放入光驱中，利用 Windows 中添加打印机向导进行驱动程序的安装。

任务二 条码符号的批量打印和选择打印

[能力目标]

1．学会熟练运用 Bartender 软件与数据库的连接。

2．学会用条码打印机打印用 Bartender 制作的标签。

[实验仪器]

1．一台正常工作的计算机。

2．一台条码打印机（本实验用的是 Printer Companion Easy Coder PC4）及与条码打印机相对应的驱动程序。

[实验内容]

本实验采用 Bartender 软件和 Excel 数据库连接的数据进行预览和打印。

（1）页面设置的选择。

① 选择"文件"菜单下的"页面设置"命令，弹出如图 7.41 所示的界面，在此界面中进行页面设置。

② 在"背景"选项卡中，可对图形和底色进行选择，如图 7.42 所示。

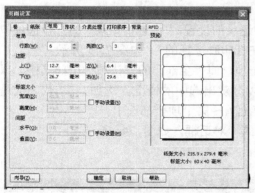
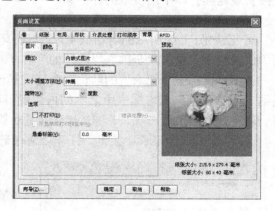

图 7.41 打印机选择的示意（1）　　　　图 7.42 打印机选择的示意（2）

（2）打印机的设置。

① 双击打印机的图标，弹出如图 7.43 所示的对话框，选择"打印"选项卡，设置打印数量。"同样标签的份数"系统默认设置为 1 份。单击"同样标签的份数"后面的"选项"按钮，弹出"修改份数"对话框，在"同样标签的份数"的选项卡中对"同样标签的份数"来源进行更改，如图 7.44 所示。

② "通过'打印'对话框和'已选记录选项'进行设置"选项：可以连续打印不同份数的标签。

③ "仅通过'打印'对话框进行设置"选项：只能以"同样标签的份数"设置的数量打印，且只能连续打印相同份数的标签。

④ "由数据源设置"选项：通过在数据库中加上一列"打印份数"，打印之前在数据库

中先设置好打印的份数,然后通过与数据库连接实现连续打印不同份数的标签。

图 7.43　打印机选择的示意(3)

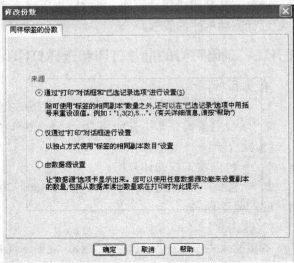

图 7.44　打印机选择的示意(4)

一般来说选择"通过'打印'对话框和'已选记录选项'进行设置"选项最方便,可以直接实现连续打印不同份数的标签。

(3) 记录的选择。

① 在如图 7.43 所示的对话框中,进行打印记录的设置,"已查询记录"的下拉选项中包括"仅第一个记录"、"全部"、"已选的"和"在打印时选择的",如图 7.45 所示。

其中"仅第一个记录"的默认项为选中第一项,而"全部"的默认项为全部选中。只要根据"所选记录"文本框中所显示的内容就可以分辨出选中的情况。例如,1…代表的是从第一项开始直至最后一项,7~10 代表的是从第七项~第十项全部选中。

② 单击"选择记录"按钮,打开"选择记录"对话框,如图 7.46 所示。

图 7.45　打印机选择的示意(5)

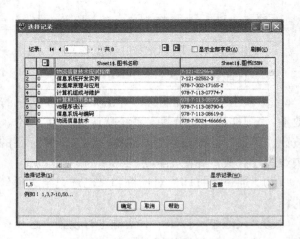

图 7.46　打印机选择的示意(6)

单击 图标表示选中所有记录,单击 图标表示取消选中所有记录。

在"选择记录"对话框中可以直接选择需要打印的记录,选中的记录情况如图 7.46 所示,灰色序号代表是最近一次选中的记录。

③ 打印份数的修改。

所选中的记录,默认的打印份数为 1 份,未选中的记录的打印份数显示为 0。序号右边的一列为打印的份数,可以双击之后对打印份数进行修改。

④ 单击"确定"按钮之返回打印页面,可以在"所选记录"中看到之前选中的记录(图 7.47 中所选记录的第 5 条中显示"2",代表第 5 条记录打印份数为两份,当打印份数为 1 份的时候为默认值,所以不予显示)。

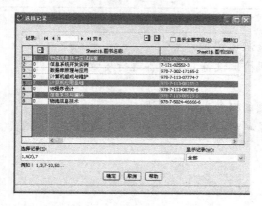

图 7.47 打印机选择的示意(7)

[实训考核]

实训考核见表 7.5。

表 7.5 实训考核

考核要素	评价标准	分值(分)	评分(分)				
			自评 (10%)	小组 (10%)	教师 (80%)	专家 (0%)	小计 (100%)
条码打印机的安装与使用	(1) 熟练使用条码打印设备,能够解决常见故障	50					
运用条码设计软件进行打印	(2) 运用条码设计软件进行批量打印和选择性打印	40					
分析总结		10					
合计							
评语 (主要是建议)							

第八章
条码的检验

■ 能力目标：
● 掌握条码的检测项目和方法；
● 熟练使用条码检测设备，并具备进行质量判定的能力。

📖 知识目标：
● 了解条码检测的概念和相关术语；
● 理解并掌握条码的检测项目、方法及质量控制。

引导案例

支付宝发布手机条码支付产品

2011年7月1日，支付宝发布了手机条码支付产品，正式进入线下支付市场，为小卖店、便利店等微型商户提供低价的收银服务。据悉，手机条码支付使用十分简单，商户只需要四步就可以完成付款：第一步，商家登录 sjzf.alipay.com 输入收银金额；第二步，用户打开支付宝客户端，选择条码支付；第三步，商家扫描手机条码；第四步，用户确认付款。

据悉，支付手机条码支付的费率被设定为每月2万元以内免费，超出部分收取千分之五的服务费，而且支付过程即时完成，无账期、不压款。手机条码支付不需要对手机进行额外改造，只需要下载安装客户端，即可完成线下消费。这一产品让商户获得了最低成本的非现金收银方案。目前，Android、iPhone、 Symbian三大智能机系统都可支持手机条码支付。

【引入问题】
1. 评价手机条码正确识读的主要指标有哪些？
2. 影响手机条码正确识读的主要因素有哪些？

条码符号是一种重要的物流信息载体，通过对条码符号的自动识别，实现对信息系统的数据采集和自动化管理工作。在条码符号质量评价标准中，通常采用扫描反射率曲线分析法对条码符号的识读性能和印刷质量是否符合标准规范进行评价。

8.1 条码检验的相关术语

（1）扫描反射率曲线

在对一个条码符号进行扫描时，反射率沿扫描路径随线性距离而变化，从而得到条码符号反射率和线性位置的对应关系图——扫描反射率曲线，如图 8.1 所示。

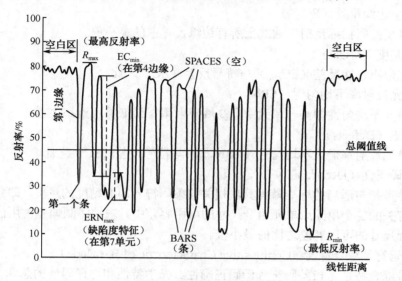

图 8.1　扫描反射率曲线

（2）最低反射率（R_{min}）

最低反射率即扫描反射率曲线上最小的反射率值。

（3）最高反射率（R_{max}）

最高反射率即扫描反射率曲线上最大的反射率值。

（4）符号反差（SC）

符号反差即扫描反射率曲线的最大反射率与最小反射率之差。

（5）总阈值（Global Threshold，GT）

总阈值是用于在扫描反射率曲线上区分条、空的一个标准反射率值。扫描反射率曲线在总阈值线上方所包的那些区域，即空；在总阈值线下方所包的那些区域，即条。$GT = R_{max} + R_{min}/2$ 或 $GT = R_{min} + SC/2$。

（6）条反射率（R_b）：扫描反射率曲线上某条的最低反射率值。

（7）空反射率（R_s）

空反射率即扫描反射率曲线上某空的最高反射率值。

（8）单元（Element）

单元泛指条码符号中的条或空。

（9）单元边缘（Element Edge）

单元边缘是指扫描反射率曲线上过毗邻单元（包括空白区）的空反射率（R_s）和条反射率（R_b）中间值［即（R_s+R_b）/2］的点的位置。

（10）边缘判定（Edge Determination）

边缘判定是指按单元边缘的定义判定扫描反射率曲线上的单元边缘。如果两毗邻单元之间有多于一个代表单元边缘的点存在，或有边缘丢失，则该扫描反射率曲线视为不合格。空白区和字符间隔视为空。

（11）边缘反差（EC）

边缘反差即毗邻单元（包括空白区）的空反射率和条反射率之差。

（12）最小边缘反差（EC_{min}）

最小边缘反差即扫描反射率曲线上所有边缘反差中的最小值。

（13）调制度（MOD）

调制度即最小边缘反差（EC_{min}）与符号反差（SC）之比。

（14）单元反射率不均匀性（ERN）

单元反射率不均匀性即某一单元中最高峰反射率与最低谷反射率之差。

（15）缺陷（Defects）

缺陷即单元反射率最大不均匀性（ERN_{max}）与符号反差（SC）之比。

（16）可译码性（Decodability）

可译码性是指与适当的标准译码算法相关的条码符号印制精度的量度，即条码符号与标准译码算法有关的各个单元或单元组合尺寸的可用容差中，未被印制偏差占用的部分与该单元或单元组合尺寸的可用容差之比的最小值。

（17）条码符号综合特性（Compositive Characteristic of Bar Code）

条码符号综合特性是指条码符号译码正确性、光学特性和可译码性的总和。

8.2 检验前的准备工作

8.2.1 环境

根据 GB/T 14258—2003《条码符号印制质量的检验》的要求，条码标识的检验环境温度为（20±5）℃，相对湿度为 35%～65%；检验台光源应为色温 5500～6500K 的 D65 标准光源（一般 60W 左右的日光灯管发出的光谱功率及色温基本满足这个要求），检验前应采取措施满足以上环境条件。

8.2.2 检测设备

（1）检测设备

条码检测设备应为综合测量仪器，即具有测量条码符号反射率、给出扫描反射率曲线的图形或根据对扫描反射率曲线的分析给出条码符号综合数据的能力。

（2）测量光波长

测量采用单色光，测量光波长应接近于实际应用中扫描设备使用的波长。GB/T 18348《商品条码符号印制质量的检验》标准规定，商品条码测量的波长为（670±10）nm。

（3）测量孔径

GB/T 18348《商品条码符号印制质量的检验》标准规定，商品条码测量孔径的标称直径为 0.15mm，孔径标号为 06（孔径标号是接近测量孔径直径，以千分之一英寸为单位的长度数值）。测量孔径直径的选择如表 8.1 所示。

表 8.1 测量孔径直径的选择

模块宽度 X/mm	测量孔径	
	直径/mm	标号
$0.100 \leqslant X < 0.180$	0.076	03
$0.180 \leqslant X < 0.330$	0.127	05
$0.330 \leqslant X < 0.635$	0.254	10
$0.635 \leqslant X$	0.508	20

（4）测量光路

测量光路结构示意图如图 8.2 所示。入射光路的光轴应与测量表面法线成 45°，并处于一个与测量表面垂直、与条码符号的"条"平行的平面内。反射光采集光路的光轴应与测量表面垂直，反射光的采集应该在一个顶角为 15°，中心轴垂直于测量表面且通过测量采样区中心的锥形范围内。

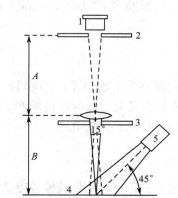

1—光传感器；2—放大率为 1:1 时测量孔径；3—光栏；4—待测样品；5—光源

图 8.2 测量光路结构示意图

（5）反射率参照标准

以氧化镁或硫酸钡作为 100%反射率的参照标准。

（6）长度测量仪器

① 空白区宽度测量仪器为最小分度值不大于 0.1mm 的长度测量仪器。

② 放大系数和条高的测量仪器为最小分度值不大于 0.5mm 的长度测量仪器。

8.2.3 样品处理

按照国际标准 ISO/IEC 15416 和我国国家标准 GB/T 14258—2003、GB/T 18348—2001 的要求，在检测条码时，被检条码符号的状态应尽可能和被检条码符号的扫描识读状态一致，即检测时使被检条码符号处于实物包装的形态。这体现了美标方法"检测条件要尽可能与条码符号被识读的条件一致"的原则。

对于不能以实物包装形态被检测的实物包装样品，以及标签、标纸、包装材料上的条码符号样品，应进行适当的处理（即所谓制样），使样品平整，条码符号四周留有足够尺寸以便于固定。可对不同载体的条码标识作以下处理。

（1）铜版纸、胶版纸因纸张变形张力小，一般只需稍稍用力压平固定即可。

（2）对塑料包装来说，材料本身拉伸变形易起皱，透光性强，因此制样时将塑料膜包装上的条码部分伸开压平一段时间，再将其固定在一块全黑硬质材料板上。由于塑料受温度影响大，所以样品从室外拿到检验室后应放置0.5～1h，让样品温度与室温一致后再进行检验。

（3）对马口铁来说，当面积足够大时，由于重力作用会产生不同程度的弯曲变形，因此检验前应将样品裁截至一定大小（一般尺寸为15cm×15cm以内），再将其轻轻压平。

（4）对于不干胶标签，由于材料背面有涂胶，两面的张力不同，也会有不同程度的弧状弯曲。检验前可将条码标签揭下，平贴至与原衬底完全相同的材料上，压平后检验。

（5）对于铝箔（如易拉罐等）及硬塑料软管（如化妆品等）等材料，由于它们是先成型后印刷，因此应对实物包装进行检验。

总之，对样品进行检验前，应使样品四周保留足够的尺寸，避免变形弯曲而影响检验人员的操作。

条码符号的检验方法，详见国家标准 GB/T 14258—2003《条码符号印制质量的检验》。

8.3 条码检测的方式

条码印刷品的质量是确保条码能够被正确识读，使条码技术产生社会效益和经济效益的关键因素之一。条码印刷品质量不符合条码国家标准技术要求，会因识读器拒读而影响扫描速度，降低工作效率，甚至造成整个信息系统的混乱。

8.3.1 条码检验的方法

条码印制质量的检验的方法有两种，一种是传统检验方法，另一种是综合质量等级检验方法。

（1）传统检验方法

传统检验方法主要通过检验条码的条/空反射率、印刷对比度 PCS 及条/空尺寸偏差，对条码印制质量进行判定。这种检验方法具有技术成熟、使用广泛、直观方便、易于理解等优点，很适合于条码印制过程质量控制的检验。传统检验方法可以逐条、逐空地找出条/空尺寸、尺寸偏差及偏差方向，对于印制过程中质量控制和改进有着非常重要的意义。目前国际上使用的各种检验设备也是根据这种检验方法而设计的。但随着条码识读设备性能的不断提高，经传统检验方法判定为不合格的条码，其中有许多能够通过条码识读设备被准确识读。

（2）综合质量等级检验方法

GB/T 18348—2001《商品条码符号印制质量的检验》参考 ISO/IEC 15416:2000《自动识别与数据采集技术 条码符号印制质量检验规范 线性符号》和《EAN.UCC 通用规范》（2000年版），规定了中国商品条码印刷质量的检验方法，将传统方法中的条/空反射率、印刷对比度 PCS 和条/空偏差的检测方法列为参考方法。

8.3.2 综合质量等级检验方法

GB/T 18348—2001《商品条码符号印制质量的检验》采用综合质量等级检验方法对条码的印制质量进行检验和判定。

1. 检验项目

GB/T 18348—2001 规定的检测项目共 12 项。包括译码正确性、最低反射率、符号反差、最小边缘反差、调制比、缺陷度、可译码度、符号一致性、空白区宽度、放大系数、条高和印刷位置。

（1）译码正确性

印制和标记条码符号的目的就是要让条码符号在自动识别系统中能被正确地识读从而使条码技术得以顺利应用，因此，译码正确性是条码符号应有的根本特性。译码正确性是条码符号可以用参考译码算法进行译码，并且译码结果与该条码符号所表示的代码一致的特性。译码正确性是条码符号能被使用，以及评价条码符号其他质量参数的基础和前提条件。

（2）符号一致性

符号一致性是条码符号所表示的代码与该条码符号的供人识别字符一致的特性，是条码符号应有的根本特性之一。条码符号所表示的代码与其供人识别字符不一致，将导致对该条码符号的人读信息和机读信息不一样，从而影响工作效率。

从理论上讲，符号一致性和译码正确性是不同的。但在实际的检测操作中，"条码符号所表示的代码"并不容易知晓。所以，在检测译码正确性时，通常把条码符号的供人识别字符作为"条码符号所表示的代码"，将其与译码结果比对；在检测符号一致性时，通常把译码结果作为"条码符号所表示的代码"，将其与条码符号的供人识别字符比对，二者的操作方法一样。

（3）光学特性

① 最低反射率（R_{min}）

最低反射率是扫描反射率曲线上最低的反射率，实际上就是被测条码符号条的最低反射率。最低反射率应不大于最高反射率的一半（即 $R_{min} \leq 0.5 R_{max}$）。如果达不到要求，说明印制条的材料（如油墨）颜色应该更暗些，即对红光的反射率更低些。当然，提高最高反射率即条码符号空的反射率也是可行的，可以通过提高条码符号承印材料或印制空（或背底）的材料（如油墨）对红光的反射率来满足要求。

② 符号反差（SC）

符号反差是扫描反射率曲线上最高反射率与最低反射率之差，即 $SC = R_{max} - R_{min}$。符号反差反映了条码符号条、空颜色搭配或承印材料及油墨的反射率是否满足要求。符号反差大，说明条、空颜色搭配合适或承印材料及油墨的反射率满足要求；符号反差小，则应在条、空颜色搭配，承印材料及油墨等方面找原因。

③ 最小边缘反差（EC_{min}）

边缘反差（EC）是扫描反射率曲线上相邻单元的空反射率与条反射率之差，最小边缘反差（EC_{min}）是所有边缘反差中的最小值。最小边缘反差反映了条码符号局部的反差情况。如果符号反差不小，但 EC_{min} 小，一般是由于窄空的宽度偏小、油墨扩散造成窄空处反射率偏低；或窄条的宽度偏小、油墨不足造成窄条处反射率偏高；或局部条反射率偏高、空反射率偏低。边缘反差太小会影响扫描识读过程中对条、空的辨别。

④ 调制比（MOD）

调制比（MOD）是最小边缘反差（EC_{min}）与符号反差（SC）之比，即 MOD= EC_{min}/SC，它反映了最小边缘反差与符号反差在幅度上的对比。一般来说，符号反差大，最小边缘反差就要相应大些，否则调制比偏小，将使扫描识读过程中对条、空的辨别发生困难。例如，有A、B两个条码符号，它们的最小边缘反差（EC_{min}）都是20%，A 符号的符号反差（SC）为70%，B 符号的符号反差（SC）为40%，看起来 A 符号质量好一些。但是事实上 A 符号的调制比（MOD）只有0.29，为不合格；B 符号的调制比（MOD）是0.50，为合格。因此，最小边缘反差（EC_{min}）、符号反差（SC）和调制比（MOD）这三个参数是相互关连的，它们综合评价条码符号的光学反差特性。

⑤ 缺陷度（Defects）

缺陷度（Defects）是最大单元反射率非均匀度（ERN_{max}）与符号反差（SC）之比，即 Defects=ERN_{max}/SC。单元反射率非均匀度（ERN）反映了条码符号上脱墨、污点等缺陷对条/空局部的反射率造成的影响，反映在扫描反射率曲线上就是，脱墨导致条的部分出现峰；污点导致空（包括空白区）的部分出现谷；若条/空单元中不存在缺陷，那么条的部分无峰；空的部分无谷，这些单元的单元反射率非均匀度（ERN）等于 0。缺陷度（Defects）是条码符号上最严重的缺陷所造成的最大单元反射率非均匀度（ERN_{max}）与符号反差（SC）在幅度上的对比。缺陷度大小与脱墨/污点的大小及其反射率、测量光孔直径和符号反差有关。在测量光孔直径一定时，脱墨的直径越大，脱墨反射率越高（污点的直径越大，污点反射率越低），符号反差越小，缺陷度越大，对扫描识读的影响也越大。当脱墨/污点的直径大于测量光孔直径时，在扫描反射率曲线上脱墨/污点的部分相当于空/条单元，将会造成不能译码或译码错误。综合分级检测方法巧妙地通过定义缺陷度参数和确定测量光孔直径，来对脱墨/污点的大小、反射率及其对扫描识读的影响进行综合检测与评价，避免了传统检验方法不够全面、不够准确等缺点。

（4）可译码度

可译码度是与条码符号条/空宽度印制偏差有关的参数，是条码符号与参考译码算法有关的各个单元或单元组合尺寸的可用容差中未被印制偏差占用的部分与该可用容差之比中的最小值。

每种条码的规范或标准中都规定了条码符号条/空单元宽度及条/空组合宽度的理想尺寸（也称名义尺寸）。在条码符号的印制过程中，印制出来的条/空单元及条/空组合的实际宽度尺寸一般都会偏离其理想尺寸，实际宽度尺寸与相应理想尺寸之差叫做印制偏差。在条码符号的识读过程中，扫描识读设备要对条码符号的条/空单元及条/空组合的实际宽度进行测量。由于测量总存在着误差，所以识读设备测量到的条/空单元及条/空组合的测量宽度在实际宽度的基础上增加了测量误差的部分。这样，最终用于译码计算的条/空单元及条/空组合的宽度为理想尺寸+印制偏差+测量误差。

参考译码算法通过对参与译码的条/空单元及条/空组合的宽度规定一个或多个参考阈值（即界限值），允许条/空单元及条/空组合的宽度在印制和识读过程出现一定限度的误差即容许误差（容差）。由于印制过程在前，所以印制偏差先占用了可用容差的一部分，而剩余的部分就是留给识读过程的容差。

可译码度反映了未被印制偏差占用的、为扫描识读过程留出的容差部分在总可用容差中所占的比例。条码识读设备在阅读可译码度大的条码符号时应该比阅读可译码度小的条码符号时要顺利一些。

（5）空白区宽度

空白区的作用是为识读设备提供"开始数据采集"或"结束数据采集"的信息，空白区宽度不够常常导致条码符号不能被识读，甚至造成误读，因此应该保证空白区的宽度尺寸。印制的条码符号，空白区尺寸应不小于规定的数值，而空白区宽度在条码符号的印制过程中容易被忽视，所以在国际标准 ISO/IEC15420 中将空白区宽度作为参与评定符号等级的参数之一，GB 12904—2003 则暂时将其列入强制性要求，商品条码符号的空白区宽度不符合要求，该条码符号即被判定为不合格。

（6）放大系数

一般来说，商品条码的放大系数越小，对条/空尺寸偏差的要求越严，印制的难度越大。对于放大系数小于 0.80 的条码符号，印制质量不易保证，而且容易造成识读困难。放大系数大于 2.00 的条码符号，占用商品包装的面积太大，而且有些识读设备如 CCD 式阅读器的阅读宽度有限，容易造成识读困难。因此，GB 12904—2003 规定，商品条码的放大系数为 0.80～2.00。

（7）条高

从理论上讲，一维条码的高度（或条高）只要能容纳一条扫描线的高度，使扫描线经过条码符号所有的条和空（包括空白区），就能被扫描识读。但是，条码的高度越小，对扫描线瞄准条码符号的要求就越高，也就是说，扫描识读的效率就越低。因此，在设计上，条码的高度远比一条扫描线高，降低了对扫描线瞄准条码符号的要求，提高了扫描识读的效率，这对于采用全向扫描方式的通道扫描器来说，尤为重要。为保证扫描识读的效率，EAN•UCC 规范和商品条码标准都明确说明不应该截短条高。印制的条码符号，条高应不小于标准规定的数值。

（8）印刷位置

检查印刷位置的目的是查看商品条码符号在包装上的位置是否符合标准要求以及有无穿孔、冲切口、开口、装订钉、拉丝拉条、接缝、折叠、折边、交迭、波纹、隆起、褶皱和其他图文对条码符号造成损害或妨碍。一般只能对实物包装进行此项检查。

2. 实验室检测方法

（1）检测带

检测带是商品条码符号的条码字符条底部边线以上，条码字符条高的 10%处和 90%处之间的区域，如图 8.3 所示。因为一般不在条码符号顶部、底部附近进行扫描识读，并且这两部分在印制过程中容易出现条的变形，所以把它们排除在检测带之外。除了条高和印刷位置外，对所有检测项目的检测都应该在检测带内进行。

（2）扫描测量次数

为了全面评价条码符号的质量，应对每个被检条码符号在检测带内的 10 个不同的条高位置各进行一次扫描测量。这是因为一维条码在垂直方向（条高方向）上对于其所表示的信息来说存在很大的冗余（富裕量）。正常情况下，在条高的任何位置对条码符号扫描识读都能获得条码符号所表示的信息。而在符号字符中，局部的缺陷和差异可能出现在符号的不同高度上。因此，沿不同的扫描路径测量得到的扫描反射率曲线可能存在很大的差别。为了对条码符号质量进行全面的评价，有必要将多个扫描路径的扫描反射率波形的等级进行算术平均，确定符号等级。

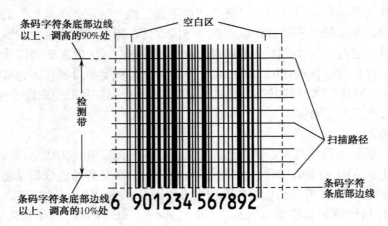

图 8.3　条码符号检测带

（3）扫描测量

一般都是使用具有美标方法检测功能的条码检测仪在检测带内进行扫描测量，得出扫描反射率曲线，并由条码检测仪自动进行分析，并记录每次扫描测量后条码检测仪输出的各参数数据、等级和扫描反射率曲线的等级。

（4）译码正确性的检测和符号的一致性

如有译码错误，判定被检条码符号的符号等级为 0；如无译码错误，把 10 次扫描测量的扫描反射率曲线的等级的平均值作为被检条码符号的符号等级。

（5）人工检测

人工检测被测量条码符号的空白区宽度、放大系数、条高和印刷质量。

3. 条码符号等级确定和表示方法

符号等级化的作用在于它能够就测量条件下符号的质量给出一个相对的尺度。对于每一个参数，给出从等级 4 至等级 0 的一个评价参数，其中等级 4 表示质量最好，等级 0 表示质量最差。扫描反射率曲线的等级应为该扫描反射率曲线中各参数等级的最低值。整体条码符号的等级应为各次扫描反射率曲线等级的算术平均值。

如果同一个条码符号经两次扫描产生的译码数据不同，则不管单个扫描反射率曲线的等级是多少，整体条码符号的等级视为 0 级。

（1）扫描反射率曲线等级的确定

扫描反射率曲线的等级是译码正确性、最低反射率、符号反差、最小边缘反差、调制比、缺陷度、可译码度，以及符号标准和应用标准对扫描反射率曲线附加要求的质量等级的最小值。

按照标准译码算法,扫描反射率曲线能被正确译码,译码正确性为"正确",质量等级为 4 级;不能被正确译码的,译码正确性为"错误",质量等级为 0 级。

符号反差、调制比和缺陷度根据其值的大小被评定为 4 级~0 级。最低反射率和最小边缘反差只有 4 级和 0 级之分。由这些参数的分级可以得到反射率参数的分级,如表 8.2 所示。

表 8.2　光学特性参数的等级确定

等级	最低反射率(R_{min})	符号反差(SC)	最小边缘反差(EC_{min})	调制比(MOD)	缺陷度(Defects)
4	≤$0.5R_{max}$	SC≥70%%	≥15%	MOD≥0.7	Defects≤0.15
3		55%≤SC<70%		0.6≤MOD<0.7	0.15<Defects≤0.2
2		40%≤SC<55%		0.5≤MOD<0.6	0.2<Defects≤0.25
1		20%≤SC<40%		0.4≤MOD<0.5	0.25<Defects≤0.3
0	>$0.5R_{max}$	SC<20%	<15%	MOD<0.4	Defects>0.3

根据相关符号标准译码算法公式,可以计算出条码符号的可译码度,可译码度分为 4 级~0 级,如表 8.3 所示。

表 8.3　可译码度的等级确定

可译码度(V)	V≥0.62	0.5≤V<0.62	0.37≤V<0.5	0.25≤V<0.37	V<0.25
等级	4	3	2	1	0

(2) 扫描等级的确定

10 次测量中有任何一次出现译码错误,被检测的条码符号的符号等级视为 0 级。

10 次测量中都无译码错误(允许有不译码),以 10 次测量扫描反射率曲线等级的算术平均值(精确到小数点后一位)作为被检条码符号的符号等级值。

在最后确定质量等级之前,应考虑条码符号是否满足条码符号标准和应用标准中对条码符号其他质量参数的特殊要求。对于一些重要的、强制性的要求,一定要参加质量等级的评价。满足这些要求时,该要求项目的质量等级为 4 级,否则质量等级为 0 级。

条码符号最终质量等级为条码符号标准、应用标准或规范附加质量参数的质量等级和基于条码符号符合扫描反射率曲线的条码符号质量等级两者间的较小值。

(3) 符号等级的表示方法

符号等级与测量光波长及测量孔径密切相关,以 $G/A/W$ 的格式表示,其中 G 是符号等级值,A 是测量孔径标号,W 是测量光波长(以 nm 为单位)的数值。

(4) 条码质量的判定

根据检验结果,按照有关条码标准规定进行质量判定。GB 12904 商品条码的有关条款规定了商品条码符号的质量判定。即 EAN-13、EAN-8 商品条码的质量分别符合 EAN·UCC-13 代码的编码规则和 EAN·UCC-8 代码的编码规则,并满足编码的唯一性原则,印制质量符号等级不低于 1.5/06/670,符号一致性和空白区宽度符合要求的条码判定为合格,否则为不合格。

8.4 条码检测的常用设备

根据 GB/T 14258—2003 检验方法的要求，对条码符号进行检验需要使用以下检测设备：
（1）最小分度值为 0.5mm 的钢板尺（用于测条高、放大系数）。
（2）最小分度值为 0.1mm 的测长仪器（用于测量空白区）。
（3）具有综合分级方法功能的条码检测仪。

条码检测设备根据不同的目的、应用领域及其可能的功能所要求的程度，可分为通用设备和专用设备两类。

8.4.1 通用设备

通用设备包括密度计、工具显微镜、测厚仪和显微镜。

密度计有反射密度计和透射密度计两类。反射密度计通过对印刷品反射率的测量来分析条码的识读质量。透射密度计通过对胶片反射率的测量来分析条码的识读质量。

工具显微镜用来测量条、空尺寸偏差。

测厚仪可以测出条码的条、空尺寸之差从而得到油墨厚度。

显微镜通过分析条、空边缘粗糙度来确定条码的印制质量。

8.4.2 专用设备

条码检测专用设备主要分为便携式条码检测仪和固定式条码检测仪两类，如图 8.4 所示。

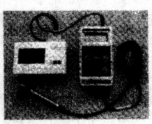

图 8.4 常用条码检测仪

1. 便携式条码检测仪

便携式条码检测仪外形小巧、价格较低，广泛应用于各种场合。便携式条码检测仪的型号很多，可根据不同的应用场合选择不同型号的检测仪。如常用的 HHP QC800、YB-1B、Analyzer、RJS 系列等。便携式条码检测仪一般可提供平均条码偏差、宽窄比、可译码度、PCS 值等检测数据。便携式条码检测仪还可以通过 RS-232 接口连接到 PC 上，通过打印机打印出检测结果文件。便携式条码检测仪对生产现场质量控制具有重要的指导意义，但由于一般不具有综合分析数据能力，并且精度不高，因此不能作为条码符号印制质量判定的检测设备。

2. 固定式（台式）条码检测仪

固定式（台式）条码检测仪是一种非接触式检测仪器，一般为高性能的条码检测仪，满足条码综合特性分析能力的要求，可完全按照 CEN（欧洲标准委员会）、ANSI（美国标准委员会）和 ISO（国际标准化组织）标准对扫描曲线进行详细分析后将条码分级，还可以按照传统的标准进行细节的评估。一般选择此类设备作为条码符号印制质量判定的检测仪。

本 章 小 结

在条码符号质量评价标准中，通常采用的是扫描反射率曲线分析法，用来评价条码符号的识读性能和印刷质量是否符合标准规范。

条码印制质量的检验的方法有传统检验方法和综合质量等级检验两种方法。传统检验方法主要通过检验条码的条/空反射率、印刷对比度 PCS 及条/空尺寸偏差对条码印制质量进行判定。GB/T 18348—2001 规定的综合质量等级检测项目共 12 项，包括译码正确性、最低反射率、符号反差、最小边缘反差、调制比、缺陷度、可译码度、符号一致性、空白区宽度、放大系数、条高和印刷位置。

条码检测常用设备根据它们的应用领域及可能的功能，可分为通用检测设备和专用检测设备两类。通用检测设备包括密度计、工具显微镜、测厚仪和显微镜。条码检测专用设备主要分为便携式条码检测仪和固定式条码检测仪两类。

练 习 题

一、填空题

1. 条码的质量参数可以分为两类，一类是条码的尺寸参数，另一类则为条码符号的（　　）参数。
2. 条码扫描反射率曲线的最高反射率与最低反射率之差称为（　　）。
3. 商品条码应用中，条码检测仪同样不能检验出条码是否满足针对商品品种的唯一性要求。要检验商品条码的唯一性，需要检查企业产品的（　　）。
4. 从事条码技术和应用行业的专家对各种类型的条码识读系统进行了大量的识读测试，最后制定出了一个评价条码符号综合质量等级的方法简称条码综合质量等级法，也称为（　　）。

二、选择题

1. 根据 GB/T 14258—2003《条码符号印刷质量的检验》的要求，条码标识的检验环境相对湿度为（　　）。
   A. 30%～55%　　　　B. 30%～60%　　　　C. 35%～65%　　　　D. 40%～70%
2. 为了对每个条码符号进行全面的质量评价，综合分级法要求检验时在每个条码符号的检测带内至少进行（　　）次扫描。

A．2　　　　　　　B．5　　　　　　　C．7　　　　　　　D．10

3．根据 GB/T 14258—2003《条码符号印刷质量的检验》的要求，条码标识的检验环境温度为（　　）。
A．（20±5）℃　　B．（20±4）℃　　C．（20±3）℃　　D．（20±2）℃

4．用（　　）通过分析条空边缘粗糙度来确定条码的印制质量。
A．测厚仪　　　　B．透射密度计　　C．反射密度计　　D．显微镜

5．检验人员使用条码检测仪进行检测的主要工作有（　　）。
A．确定被检条码符号的检测带
B．共进行 10 次扫描测量
C．判断译码正确性和符号一致性
D．用人工检测被检条码符号的空白区宽度、放大系数

6．条码检测的专用设备包括（　　）。
A．便携式条码检测仪　　　　　　　B．固定式条码检测仪
C．测厚仪　　　　　　　　　　　　D．显微镜

7．条码检测的通用设备包括（　　）。
A．密度计　　　　B．工具显微镜　　C．测厚仪　　　　D．显微镜

8．MOD 是指（　　）。
A．最小边缘反差　B．符号反差　　　C．调制度　　　　D．缺陷

9．（　　）是指扫描反射率曲线上最低的反射率值。
A．最低反射率　　B．最高反射率　　C．符号反差　　　D．总阈值

10．（　　）是指毗邻单元（包括空白区）的空反射率和条反射率之差。
A．最小边缘反差　B．最高边缘反差　C．符号反差　　　D．边缘反差

11．（　　）是指扫描器在识读条码符号时能够分辨出的条（空）宽度的最小值。
A．分辨率　　　　B．首读率　　　　C．拒识率　　　　D．误码率

12．条码检测中，空白区宽度大于或等于标准要求的最小宽度，被定为（　　）。
A．4 级　　　　　B．3 级　　　　　C．2 级　　　　　D．0 级

三、判断题

（　　）1．译码正确性是条码符号可以用参考译码算法进行译码并且译码结果与该条码符号所表示的代码一致的特性。

（　　）2．检测带是商品条码符号的条码字符条底部边线以上，条码字符条高的 20%处和 80%处之间的区域。

（　　）3．最低反射率是扫描反射率曲线上最低的反射率，实际上就是被测条码符号条的最低反射率。

（　　）4．光笔式条码检测仪也能对非平面（凹凸面）实物包装形态的条码符号进行检测。

（　　）5．台式条码检测仪需要配备专用托架才能对实物包装形态的条码符号检测。

（　　）6．调制比反映了最小边缘反差与符号反差在幅度上的对比。一般来说，符号反差大，最小边缘反差就要相应小些，否则调制比偏大，将使扫描识读过程中对条、空的辨别发生困难。

（   ）7. 根据 GB/T 18348《商品条码 条码符号印制质量的检验》的要求，条码标识的检验环境温度为（23±5）℃，相对湿度为 30%～70%，检验前应采取措施使环境满足以上条件。

（   ）8. 条码检测中，空白区宽度大于或等于标准要求的最小宽度，被定为 3 级。

（   ）9. ITF-14 条码符号的宽窄比（N）的测量值应在 $2.25 \leq N \leq 3.00$ 范围内，测量值在此范围内则宽窄比评为 4 级，否则评为 0 级。

（   ）10. 条码检测则是确保条码符号在整个的供应链中能被正确识读的重要手段。

（   ）11. 单元反射率不均匀性是指某一单元中最高峰反射率与最低谷反射率的差。

（   ）12. 按照国际标准 ISO/IEC 15416 和我国国家标准 GB/T 14258—2003、GB/T 18348 的要求，应尽可能使被检条码符号处于设计的被扫描状态对其进行检测。

（   ）13. 最低反射率是指扫描反射率曲线上最顶端的反射率值。

四、简答题

1. 简述 GB/T 18348—2001 规定的检测项目的主要内容。
2. 简述条码检测的常用设备有哪些？
3. 条码现场印制设备有哪些？
4. 预印制按照制版形式可分为哪几种？各有什么特点？

实训项目 条码符号的检测

[能力目标]

1. 了解条码检测技术指标。
2. 掌握检测设备的使用。

[实验仪器]

1. 一套 QC 600/800 条码检测仪（如图 8.5 所示）。
2. 打印机。

如果需要打印检测结果，使用本机附带的专用打印电缆连接检测仪主机和打印机。

[实验内容]

1. 开机

按下"POWER"键，检测仪连续发出四声"哔"，进入开机界面，显示屏第一行为检测仪的型号，最后一行根据检测仪的不同状态，可能显示以下不同的信息。

Lower Battery，表明电池电量不足，需要给电池充电。

Recalibrate，表示需要重新校验条码检测仪。

图 8.5 条码检测仪示意

注意：检测仪检测的精度与扫描器的波长或孔径关系密切，因此需要根据条码的密度选择适当孔径或波长的扫描器。

扫描器孔径的选择见表 8.4 所示。

表 8.4　扫描器孔径的选择

最小模块宽度（X）	测量孔径	
英寸（mm）	宽度英寸（mm）	编号
0.004（0.102）≤ X<0.007（0.178）	0.003（0.076）	03
0.007（0.178）≤ X<0.013（0.330）	0.005（0.127）	05
0.013（0.330）≤ X<0.025（0.635）	0.010（0.254）	10
0.025（0.635）≤ X	0.020（0.508）	20

2．设置

在 QC 600/800 条码检测仪上可进行四种类型的设置：检测的行业标准及码制、检测方式、扫描选项和输出选项。每一类型的选项中包含若干个子项，这些子项可以设置为打开（ON）/关闭（OFF），或者改变它们的值。

（1）选择码制和行业检测标准

指定检测仪只检测其中的一种码制和采用一种行业标准。

（2）码制的设置

将指定的码制设置为打开或关闭，并且设置每一种有效码制的属性。

（3）放大系数

放大系数的设置适用于 EAN·UPC 条码，通过测量确定符号的大小是否超过允许值。默认的放大系数是 100%。允许的放大系数的值还有 80%、90%、95%、100%、105%、110%、115%、120%、125%、130%、140%、150%、160%、180%、200%。

（4）校验位的设置

用于设置检测仪在检测条码时是否查找并使用校验位。将此属性设为 Checked 为查找、使用校验位，设为 None 为不查找、不使用校验位。

（5）宽窄比

宽窄比（W/N）是条码宽单元与窄单元宽度的比值，应用于只有两种单元宽度的码制，如交叉 25 码和 39 码。一个条码只能有一个宽窄比（W/N）。宽窄比的取值范围是 1.4-3.9±0.2。

（6）检测固定长度的条码

设置条码检测仪只检测同一种长度的条码（UPC·EAN 码除外），条码长度值的范围为 0～255。

（7）设置检测方式

此选项包括以下四个子项：

① 采用 ANSI/CEN/ISO 方式检测时条码合格/不合格的最低等级；
② 设置条码字符平均可译码性或者 ANSI/CEN/ISO 可译码性；
③ 设置 ANSI/CEN/ISO 方式下的条码等级采用字母还是数字表示；
④ 设置要得到最终条码质量等级需要的扫描次数。

（8）扫描等级

使用 ANSI/CEN/ISO 标准检测时，QC 600/800 条码检测仪通过分析扫描曲线获得条码的扫描等级。在默认设置下，检测仪不采用扩展精度（即将 Extended Accuracy 设置成 OFF），那么仅扫描一次就可获得条码的扫描等级，如果将 Extended Accuracy 设置成 ON，令其值大于 1,则可以通过几次扫描的平均值得到扫描级别。

获得扫描等级可以通过以下两种方式:

① 将检测仪设置成传统检测方式,快速检测条码是否合格,并获得具体参数;

② 将检测仪设置成 ANSI/CEN/ISO 方式,判断条码的扫描等级（A,B,C,D 或 F）,默认设置扫描等级达到 C 级为合格。

（9）设置可译码性

可译码性的设置有两种——ANSI/CEN/ISO 可译码性和字符平均可译码性（Avg）,默认方式为 ANSI/CEN/ISO 可译码性。

（10）ANSI/CEN/ISO 等级

对于所有码制和行业检测标准,检测仪都能检测出以字母（A,B,C,D 或 F）和数字（4,3,2,1 或 0）表示的条码等级,默认以字母表示。字母与数字的对应方式为 A=4、B=3、C=2、D=1、F=0。

（11）扫描次数

在 #Scans/Symbol 选项中可以设置计算出最终条码质量等级需要的扫描次数,可选值为 1~10、12、15、20、30、50、100 或 Var,默认设置为 10,即需要 10 次扫描等级的平均值计算出条码的质量等级。

例如,将被检测条码划分 10 条不同的扫描路径,上面 4 条、中间 2 条、下面 4 条。计算出 10 次扫描等级结果的平均值,可得出更为精确的条码质量等级。

（12）显示检测结果

传统检测方式下,显示检测结果默认设置为 PCS 与 AvgBar。

ANSI/CEN/ISO 检测方式下,显示检测结果默认设置为可译码性和调制度。

其他可显示的检测结果还包括条码码制、宽窄比（传统检测方式）、空反射率（传统和 ANSI/CEN/ISO 检测方式）、条反射率（传统和 ANSI/CEN/ISO 检测方式）、符号对比度（ANSI/CEN/ISO 检测方式）、最小反射率/最大反射率（ANSI/CEN/ISO 检测方式）、边缘最小反射率（ANSI/CEN/ISO 检测方式）、缺陷（ANSI/CEN/ISO 检测方式）、条码长度等。

通常情况下,选择 ANSI/CEN/ISO 检测方式时,5 个彩色 LED 用于指示条码等级和合格/不合格,也可以将其设置为指示条码条宽增加或缩小的程度。

3．扫描条码

扫描结束后,显示屏第一行显示条码的码制和条码的数据。如果条码的数据超过 16 个字符,显示屏右上角会出现一个向右的箭头,按检测仪面板上的"→"键可以查看全部数据。按"←"键将回到原来的状态。

显示器其余三行的显示内容取决于扩展精度的设置:如果扩展精度设置为关闭,则扫描一次后即显示扫描等级;如果扩展精度设置为打开,则显示屏则显示扩展精度的标题（Extended Accuracy）和剩余的扫描次数。

4．保存

保存数据有两种方法。

第一种方法:首先将 AutoPrint/Store 设置为 ON,在扫描条码后,数据便自动保存在内存中。

第二种方法:先扫描条码;如果 AutoPrint/Store 设置为 OFF,则需要按三次"SELECT"键。第一次,进入以"Print Results"开始的菜单。第二次,显示屏提示没有连接打印机,并询问是否保存数据。第三次，选择保存数据，检测仪便将数据保存在缓存中。

5．打印

如果检测仪连接了打印机并且打印机已经开机，就可以打印出内存中保存的数据。

6．查看检测的技术指标

表 8.5 和表 8.6 列出了反射类型的参数所包含的内容，以及它们的判断依据。

表 8.5 评判检测方法示意

参　数	传　统　方　式	ANSI/CEN/ISO 方式
打印对比度（Print Contr Sig）	√	
空反射率（Reflect（Light））	√	√
条反射率（Reflect（Dark））	√	√
符号对比度	√	
反射率最小/最大（R_{min}/R_{max}）		√
调制度（Modulation）		√
最小边缘对比度（Edge Contr（min））		√
缺陷		√

表 8.6 评判指标示意

参　数	结　果
对比度（PCS）	当 PCS≥75%，R_L≥25%，R_D≤30%时为 Pass；如不满足以上要求则为 Fail
R_L/R_D	≤50%为通过；>50%为不通过
符号对比度	A 级≥70%
	B 级≥55%
	C 级≥40%
	D 级≥20%
	F 级<20%
最小边缘对比度（EdgeContr（min））	A 级≥15%
	F 级<15%
调制度（Modulation）	A 级≥0.70
	B 级≥0.60
	C 级≥0.50
	D 级≥0.40
	F 级<0.40
缺陷	A 级≥0.15
	B 级≥0.20
	C 级≥0.25
	D 级≥0.30
	F 级<0.35

[实训考核]

实训考核见表 8.7。

表 8.7　实训考核

考核要素	评价标准	分值（分）	评分（分）				
			自评（10%）	小组（10%）	教师（80%）	专家（0%）	小计（100%）
使用条码检测设备	(1)熟练使用条码检测设备,能够处理常见故障	40					
判定扫描级别	(2)依据扫描参数,判定扫描级别	50					
分析总结		10					
合计							
评语（主要是建议）							

第九章
条码应用系统的设计

能力目标:
- 具备条码应用系统方案设计的能力;
- 初步具备条码应用系统程序开发的能力。

知识目标:
- 了解条码应用系统的组成;
- 掌握条码应用系统开发的步骤;
- 掌握条码应用系统开发的注意事项。

数字化迎新效率高,人性化服务暖心扉

2011年9月1日,是湖南现代物流职业技术学院新生报到的第一天。与往年的繁忙相比,今年的报到处、缴费处、宿舍安排处等地方似乎"冷清"了许多。报道、缴费、分班、分寝室等都实现了无纸化,新生将录取通知书上的条形码在计算机前一扫,即可完成报到手续,十分简单。今年新生报到手续较往年简单便捷,主要是因为学院采用了"新生注册系统"。新生无须出示多种证件,无须反复填写各种表格,只需拿着录取通知书让工作人员用条码扫描器扫描一下就可完成报到手续,大大提高了工作效率,同时,保证了数据的准确性和一致性,为开学后的学籍管理、教务管理、学生管理等提供了完整的基础数据。

【引入问题】
1. 设计新生注册系统应注意哪些事项?
2. 如何进行新生注册系统的设计和编码?

所谓管理信息系统(Management Information System,MIS)是一个以人为主导,利用计算机硬件、软件、网络通信设备及其他办公设备,进行信息的收集、传输、加工、储存、更新和维护,以企业战略竞优、提高效益和效率为目的,支持企业的高层决策、中层控制、基层运作的集成化的人机系统。它是一门新兴的科学,其主要任务是最大限度地利用现代计算机及网络通信技术加强企业的信息管理,通过对企业拥有的人力、物力、财力、设备、技术等资源的调查了解,建立正确的数据,经过加工处理并编制成各种信息资料及时提供给管理人员，以便做出正确的决策，不断提高企业的管理水平和经济效益。目前，企业的计算机网络已成为企业进行技术改造及提高企业管理水平的重要手段。

一个管理信息系统由四大部分组成，即信息源、信息处理器、信息用户和信息管理者，如图 9.1 所示。

图 9.1　管理信息系统总体构成

条码技术应用于信息处理系统中，使信息源（条码符号）→信息处理器（条码扫描器 POS 终端、计算器）→信息用户（使用者）的过程自动化，不需要更多的人工介入，这将大大提高许多计算机管理信息系统的实用性。

9.1　条码应用系统的组成与流程

9.1.1　条码应用系统的组成

条码应用系统就是将条码技术应用于某一系统中，充分发挥条码技术的优点，使应用系统更加完善。条码应用系统一般由数据源、条码识读器、计算机、应用软件和信息输出设备组成，条码应用系统的组成，如图 9.2 所示。

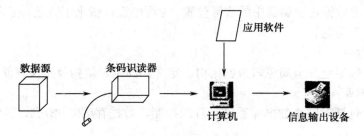

图 9.2　条码应用系统的组成

1. 数据源

数据源标志着客观事物的符号集合，是反映客观事物原始状态的依据，其准确性直接影响着系统处理的结果。因此，完整准确的数据源是正确决策的基础。数据源不是数据库，数据源是设置访问数据库的接口。数据源包含了数据库位置和数据库类型等信息，实际上是一种数据连接的抽象。在条码应用系统中，数据源是用条码表示的，如图书管理工作中图书的编号、读者编号，商场管理中货物的代码等。目前，国际上有许多条码码制，在某一应用系统中，选择合适的码制是非常重要的。

数据源名称（DSN）是一个逻辑名称，开放数据库互连（ODBC）使用它引用驱动器，以及访问数据所需的其他信息。Internet 信息服务（IIS）使用该名称连接到诸如 Microsoft SQL Server 数据库之类的 ODBC 数据源。若要设置该名称，则使用"控制面板"中的 ODBC 工具。使用 ODBC DSN 项在外部存储连接字符串值时，简化了连接字符串所需的信息。

2. 条码识读器

条码识读器是条码应用系统的数据采集设备，它可以快速准确地捕捉到条码表示的数据源，并将这一数据送到计算机进行处理。随着计算机技术的发展，其运算速度、存储能力都有了很大的提高，而计算机的数据输入却成了计算机发挥潜力的一个主要障碍。条码识读器解决了计算机输入中的"瓶颈"问题，大大提高了计算机应用系统的实用性。

3. 计算机

计算机是条码应用系统中的数据存储与处理设备。由于计算机存储容量大，运算速度快，使许多繁冗的数据处理工作变的方便、迅速、及时。计算机用于管理，可以大幅度减轻劳动强度，提高工作效率，在某些方面还能完成人工无法完成的工作。近些年来，计算机技术在我国得到了广泛应用，从单机系统到大的计算机网络，几乎普及到社会的各个领域，极大地推动了现代科学技术的发展。条码技术与计算机技术的结合，使应用系统从数据采集到处理分析构成了一个强大协调的体系，为国民经济的发展起到了重要的作用。

4. 应用软件

应用软件是条码应用系统的一个组成部分，它是以系统软件为基础为解决各类实际问题而编制的各种程序。应用程序一般是用高级语言编写的，把要被处理的数据组织在各个数据文件中，由操作系统控制各个应用程序的执行，并自动地对数据文件进行各种操作。程序设计人员不必再考虑数据在存储器中的实际位置，为程序设计带来了方便。在条码管理系统中，应用软件包括以下功能。

① 定义数据库

定义数据库包括定义全局逻辑数据结构、定义局部逻辑结构及定义存储结构。

② 管理数据库

管理数据库包括对整个数据库系统运行的控制、数据存/取、增/删、检索、修改等操作管理。

③ 建立和维护数据库

建立和维护数据库包括数据库的建立、数据库更新、数据库再组织、数据库恢复及性能监测等。

④ 数据通信

数据通信是指应用软件具备与操作系统的联系处理能力、分时处理能力，以及远程数据输入与处理能力。

5. 信息输出设备

信息输出是指数据经过计算机处理后得到的信息以文件、表格或图形方式输出，供管理者及时、准确地掌握这些信息，制定正确的决策。

开发条码应用系统时，组成系统的每一环节都影响着系统的质量。下面针对应用系统中的各组成部分进行详细介绍。

9.1.2 条码应用系统运作流程

条码应用系统一般运作流程如图 9.3 所示。

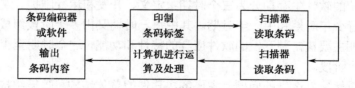

图 9.3 条码应用系统运作流程

根据上述流程可以看出，条码系统主要由下列元素构成。

1. 条码编码方式

依据不同需求选择适当的条码编码标准，如使用最普遍的 EAN、UPC 或地域性的 CAN、JAN 等，一般以与交易伙伴通用的编码方式为最佳。

2. 条码打印机

专门用来打印条码标签的打印机，大部分是应用在工作环境较恶劣的工厂中，而且必须能负荷长时间的工作，所以在设计时特别重视打印机的耐用性和稳定性，其价格也比一般打印机高。有些公司也提供各式特殊设计的纸张，可供一般的激光打印机及点阵式打印机印制条码。大多数条码打印机属于热敏式或热转式两种。

此外，一般常用的打印机也可以打印条码，其中以激光打印机的品质最好。目前市面上彩色打印机也相当普遍，而条码在打印时颜色的选择也是十分重要的。一般是以黑色当作条色，如果无法使用黑色时，可利用青色、蓝色或绿色系列取代；而底色最好以白色为主，如果无法使用白色时，可利用红色或黄色系列取代。

3. 条码识读器（Barcode Reader 或 Scanner）

用于扫描条码，读取条码所代表字符、数值及符号的周边设备为条码识读器。其工作原理是，由电源激发二极管发光而射出一束红外线来扫描条码，由于空会比条反射回来更多的光线，这些明暗关系让光感应接收器的反射光有着不同的类比信号，类比信号然后经解码器被译成资料。

4. 编码器及解码器

编码器（Encoder）及解码器（Decoder）是介于资料与条码间的转换工具，编码器（Barcode Encoder）可将资料编成条码。而解码器（Decoder）原理是将传入的条码扫描信号分析出黑、白线条的宽度，然后根据编码原则将条码资料解读出来，再经过电子元件转换成计算机所能接收的数字信号。

9.2 条码应用系统的设计

9.2.1 条码应用系统开发的阶段划分

条码应用系统的软件生存期分为三个时期:定义、开发和运行维护。这些时期相当于人的婴幼儿时期、青少年时期和中老年时期。其中每一时期又由多个阶段组成。

软件定义时期主要决定要开发的软件应具的特性和功能,这个时期至少包括软件项目规划和需求分析两个阶段。

开发时期着重解决怎么做的问题,主要解决软件的总体结构、数据结构和程序结构,以及如何以高级语言实现的问题,这一时期可分为设计、编码和测试三个阶段。

运行维护时期的主要工作是改正运行中发现的软件错误,为适应变化了的软件工作环境而做的变更,以及为增强软件的功能而进行的扩充。

1. 软件项目规划阶段

软件项目规划阶段的任务是确定开发的总目标,给出系统的功能、性能、可靠性及用户接口等方面的设想。由软件开发人员和用户合作进行可行性研究报告,并对可供利用的资源、开发成本、效益和开发进度进行估计,制订完成开发任务的实施计划。

2. 需求分析阶段

需求分析即解决软件应做什么的问题。这就要求软件开发人员和用户共同讨论决定可以满足哪些需求,对可以满足的需求进行详细精确的定义,并写出软件需求说明书或功能说明书及初步的系统用户手册。

3. 系统设计阶段

设计是系统开发的技术核心,在设计阶段完成模块的划分、模块的接口设计,并决定每一模块内部的实现算法,以实现确定下来的各项需求。在设计阶段中设计人员首先将已确定的各项需求转换成与软件对应的体系结构,结构中的每一个组成部分都是意义明确的模块,每个模块都和某些需求相对应,这就是所谓的概要设计;进而要对每个模块完成的工作进行具体描述,以便为程序编写打下基础。

4. 程序编写阶段

在程序编写阶段把软件设计转换成计算机可以接收的程序,这一步工作称为编码。对于同一软件,程序编写阶段使用的设计语言并不局限于某一种语言,而可以使用多种语言,最后通过语言之间的接口将程序代码连接起来,以发挥不同程序设计语言的优点。

5. 测试阶段

测试是保证系统质量的重要手段,其主要测试方式是在设计测试用途的基础上检验系统的各个组成部分。通常首先进行单元测试,以发现模块在功能和结构方面的问题;其次将已通过单元测试的模块组装起来进行集成测试；最后按所规定的需求，逐项进行验收测试，以确定已开发的系统是否合格，能否正常运用。

6. 系统运行维护

系统运行维护保证系统正常运行所采取的措施。由于企业所处的环境不断变化，技术不断发展，系统测试不可能发现所有的错误和问题，系统随时遭到恶意攻击或无意破坏，因此条码应用系统也要"随需应变"。系统运行维护的工作主要包括改正运行中发现的软件错误，为适应变化了的软件工作环境而做的变更，以及为增强软件的功能而做的扩充。

9.2.2 系统设计应遵循的原则

系统设计应遵循以下六个原则。

1. 系统性原则

系统是作为统一整体而存在的。在系统设计时，应始终从总体目标出发，服从总体要求，系统的代码要统一，设计规范要标准，传递语言要尽可能一致，对系统的数据采集要做到数出一处，全局共享。

2. 灵活性原则

无论组织机构还是设备、管理制度或管理人员，在一定时间内只能是相对稳定的，而变化是经常的。因此，要求系统具有很强的环境适应性。因此，系统应具有较好的开放性和结构的可变性。在系统设计中，应尽量采用模块化结构，以提高各模块的独立性，尽可能减少模块间的数据耦合，使各系统间的数据依赖减至最低。这样既便于模块的修改，又便于增加新的内容，提高系统适应环境变化的能力。

为了提高使用率，有效发挥 MIS 的作用，应当注意技术的发展和环境的变化。MIS 在开发过程中应注重不断发展和超前意识。

3. 可靠性原则

可靠性是指系统硬件和软件在运行过程中抵抗异常情况的干扰及保证系统正常工作的能力。衡量系统可靠性的指标是平均无故障时间和平均维护时间；后者指平均每次所用的修复时间，反映可维护性的好坏。一个成功的条码管理信息系统必须具有较高的可靠性，如安全保密性、检错及纠错能力、抗病毒能力等。

4. 经济性原则

在满足需求的情况下，尽可能选择性价比高、相对成熟的产品，不要贪大求新。一方面，在硬件投资上从实际出发以满足应用需要即可；另一方面，系统设计中各模块应尽量简单，以便缩短处理流程，减少处理费用。

5. 简单性

简单性要求在达到预定的目标、具备所需要的功能的前提下，系统应当尽量简单，这样可减少处理费用,提高系统效率,同时便于管理。

6. 系统的运行效率

系统的运行效率指系统处理能力、速度、响应时间等与时间有关的指标,它取决于系统的硬件及其组织结构、人机接口的合理性、计算机处理过程的设计质量等。它主要包括处理能力,即在单位时间内处理的事务个数;处理速度,即处理单个事务的平均时间;响应时间,即从发出处理要求到给出回答所需的时间。

9.2.3 条码管理信息系统的开发方法

完整实用的文档资料是成功 MIS 的标志。科学的开发过程从可行性研究开始,经过系统分析、系统设计、系统实施等主要阶段。每一个阶段都应有文档资料,并且在开发过程中不断完善和充实。目前使用的开发方法有以下两种。

1. 瀑布模型(生命周期方法学)

结构分析、结构设计、结构程序设计(简称 SA—SD—SP 方法)用瀑布模型来模拟。各阶段的工作自顶向下从抽象到具体顺序进行。瀑布模型意味着在系统软件生命周期各阶段间存在着严格的顺序且相互依存。瀑布模型是早期 MIS 设计的主要手段。

2. 快速原型法(面向对象方法)

快速原型法也称为面向对象方法,是近年来针对 SA—SD—SP 方法的缺陷提出的设计新途径,是适应当前计算机技术的进步及对软件需求的极大增长而出现的,是一种快速、灵活、交互式的软件开发方法学。其核心是用交互的、快速建立起来的原型取代了形式的、僵硬的(不易修改的)规格说明,用户通过在计算机上实际运行和试用原型而向开发者提供真实的反馈意见。快速原型法的实现基础之一是可视化的第四代语言的出现。

两种方法的结合,使用面向对象方法开发 MIS 时,工作重点在生命周期中的分析阶段。分析阶段得到的各种对象模型也适用于设计阶段和实现阶段。实践证明两种方法的结合是一种切实可行的有效方法。

9.3 条码管理信息系统结构设计

系统设计是根据系统分析和企业的实际情况,对新系统的系统结构形式和可利用的资源进行宏观总体上的设计。条码管理信息系统结构设计的主要内容有系统划分、网络设计、系统平台、新系统的计算机处理流程。

9.3.1 系统划分

系统总体设计的一个主要任务是划分管理信息系统的子系统。系统划分就是将实际对象按其管理要求、环境条件和开发工作等方面划分为若干相互独立的子系统,子系统又划分为若干大模块,大模块划分为小模块。它是一种宏观的、总体上的设计和规划,与当前业务部门一一对应。一般一个独立的业务管理部门应有一个相应的管理子系统。

1. 系统划分的方法

常用的系统划分是一种以功能数据分析结构为主，面向数据流的设计方法，这种方法首先要复查和确认系统分析阶段所确认的数据流程图，而后对其进行精化，最终把数据流程图转换为模块层次结构。在系统分析阶段已用几个逻辑结构概括抽象地描述了整个系统的逻辑功能。这里可采用自顶向下的方法将其逐步扩展，使其具体化。

系统划分有以下几种方法：

（1）功能划分法：按业务处理功能划分，紧凑性非常好。
（2）顺序划分法：按业务先后顺序划分，紧凑性非常好。
（3）数据拟合法：按数据拟合的程度来划分。
（4）过程划分法：按业务处理过程划分。
（5）时间划分法：按业务处理时间划分。
（6）环境划分法：按实际环境和网络分布划分。

在实际应用中，一般采用混合划分法，即以功能和数据分析结果为主，兼顾组织环境的实际情况。

2. 系统划分的原则

（1）独立性

系统的划分必须使得系统内部功能和信息等方面具有较好的内聚性，每个子系统或模块之间应相互独立。尽量减少各种不必要的数据和控制联系，并将联系比较密切、功能近似的模块相对集中，便于以后搜索、查询、调试和调用。

（2）数据依赖尽可能小

子系统之间的联系应尽量少，接口简单明确。一个内部联系紧密的子系统对外部的联系必然很少，所以划分系统时，应将联系较多者列入子系统内部。剩余的一些分散、跨度比较大的联系，就成为这些子系统之间的联系和接口。

（3）数据冗余最小

数据冗余就是在不同模块中重复定义某一部分数据，这使得经常大量调用原始数据，重复计算、传递、保存中间结果，从而导致程序结构紊乱、效率降低、软件编制工作困难。因此，系统划分时应尽可能地减少系统之间的数据冗余。

（4）前瞻性

系统的划分不能完全取决于系统分析阶段的结果，因为现存系统很可能没在考虑到一些高层次管理决策的要求，而这些要求可能会在以后提出，因此，系统的划分应充分考虑以后管理信息同发展的需要。

（5）阶段性实现

条码管理信息系统的开发是一项繁杂的过程，它的实现一般要分期分步进行，所以系统的划分应能适应这种分期分步的实施。

（6）资源充分利用

系统的划分应考虑到对各类资源的充分利用。合理的系统划分应该既要考虑到各种设备资源在开发过程中的配合使用，又要考虑到各类信息资源的合理分布和充分使用，以减少系统对某些特定资源的过分依赖。

9.3.2 网络设计

MIS 是基于数据库的应用系统。在计算机网络的基础上建立管理信息系统，是企业管理的基本前提和特征。例如，使用 MIS 系统，企业可以实现各部门动态信息的管理、查询和部门间信息的传递，可以大幅提高企业的管理水平和工作效率。网络设计的计算机网络的基本功能主要有数据通信、资源共享、集中管理、分布式处理、可靠性高、均衡负荷和综合信息服务等。

1. 网络设计的原则

（1）安全性原则

由于系统是对外开放的，系统与外界的数据交换日益频繁，网络信息安全已成为一个严重问题，应该采取适当的安全措施保护系统数据，如采用适当的防火墙技术、服务器密码设置和权限分配等。

（2）集成化原则

条码管理信息系统应该具有人事、物流管理、财务等功能，以实现系统的集成化。

（3）实时性原则

条码管理信息系统应该具有实时数据采集和信息反馈能力，它利用网络优势，实现快速及时的信息反馈。

（4）可靠性原则

可靠性是指系统在正常运行时抵御各种外界干扰的能力。网络设计时应该从网络硬件、软件和运行环境这三个方面来提高系统的可靠性。

（5）扩展性原则

系统的运行环境和应用背景是不断变化和发展的。所以，在网络设计时应充分考虑系统的可扩展性、兼容性和版本升级等方面，使系统具备与异构数据源连接的能力，以适应以后可能出现的新问题和新情况。

（6）异地远程工作能力

条码管理信息系统应该充分利用 Internet 和 WWW 技术，具备远程、异地、协同工作能力，以支持企业应对全球性的市场竞争。

2. 网络设计步骤

（1）选择网络结构

根据用户的要求和实际业务的需要来选择网络结构。所谓网络拓扑结构就是网络中各个节点相互连接的方法和方式。企业网络中的计算机资源可以是集中式的（Centralized），也可以是分布式的（Distributed），还可以是混合式的。在集中式网络拓扑结构中，只有一个节点被设计成数据中心，其他节点只有很弱的数据服务功能，它们主要依赖于数据中心节点的服务。而在分布式网络拓扑结构中，网络资源都分散在整个网络的各个局部节点上，这些节点都可以为其他节点提供数据服务。混合式的网络拓扑结构中存在多个数据中心，它们之间采用网状拓扑结构以保证一定的冗余度，用户站点和中心站点之间可采用星型结构，也可以采用网状结构。

集中式网络拓扑结构和分布式网络拓扑结构都有它们各自的优缺点，因此，网络拓扑结构的选择除了考虑传输介质和介质访问控制方法外，还要着重考虑网络拓扑是否适合企业和公司的商业需要，以及是否符合企业和公司的商务管理原则，同时还要考虑企业网络技术人员的技术水平和企业建网的预算。

（2）选择和配置网络设备

根据选定的网络结构，安排网络和设备的分布，配置和选用网络产品，具体包括配置网络设备的地点、采用路由方式、选择网络交换产品型号等。

（3）线路布局

根据企业工作地点的物理环境，选择适当的布线路径，进行网络线路布局。

（4）节点设置

根据实际业务的要求，设置网络各节点的级别、管理方式、数据读/写的权限，并选择相应的软件系统。

（5）确定与外部的联系

确定与广域网或互联网的连接方式，确定如何利用电子数据交换（EDI）方式进行全球电子商务交易，确定网络拓扑结构的安全措施等。

3. 网络通信协议选择策略

在选择通信协议时，还应遵循以下原则。

（1）要选择适合网络特点的协议

如果网络中存在多个网段或需要通过路由器相连时，就不能使用不具备路由功能和跨网段操作能力的 NetBEUI 协议，而必须选择 IPX/SPX 或 TCP/IP 等协议。另外，如果网络规模较小，并且网络的主要功能是提供简单的文件和设备共享时，就应选择占用内存小和带宽利用率高的协议，如 NetBEUI 协议。而当网络规模较大且网络结构复杂时，应选择可管理性和可扩充性较好的协议，如 TCP/IP 协议。

（2）应尽量少选用网络协议

一个网络最好只选用一种通信协议，因为每个协议都要占用计算机的内存，选择的协议越多，占用计算机的内存资源就越多。一方面影响了计算机的运行速度，另一方面又不利于网络管理。

（3）应注意协议的版本

每个协议都有其发展和完善的过程，因而存在着不同的版本，每个版本的协议都有它最为适合的网络环境。总的来说，高版本协议的功能要比低版本强，性能比低版本好。所以选择协议时，在满足网络功能要求的前提下，应尽量选择高版本的通信协议。

（4）要注意协议的一致性

两台实现互联的计算机间进行通信时，应使用相同的通信协议，否则中间需要一个"翻译"，以完成协议的转换，这样不仅影响通信速度，而且不利于网络的安全与稳定。

9.3.3 码制的选择

用户在设计自己的条码应用系统时，码制的选择是一项十分重要的内容。选择合适的码制会使条码应用系统充分发挥其快速、准确、成本低等优势，达到事半功倍的目的；选择不适合自己的码制会使条码应用系统丧失其优点，有时甚至导致相反的结果。影响码制选择的因素很多，如识读设备的精度、识读范围、印刷条件及条码集中包含字符的个数等。在选择码制时通常遵循以下原则。

1. 使用国家标准的码制

必须优先从国家（或国际）标准中选择码制。例如，通用商品条码（EAN 条码），它是一种在全球范围完全通用的条码，所以在自己的商品上印制条码时，不得选用 EAN·UPC 码制以外的条码，否则无法在流通中使用。为了实现信息交换与资源共享，对于已制定为强制性国家标准的条码，必须严格执行。

在没有合适的国家标准供选择时，需参考一些国外的应用经验。有些码制是为满足特定场合实际需要而设计的，像库德巴条码，它起源于图书馆行业，发展于医疗卫生系统。国外的图书情报、医疗卫生领域大都采用库德巴条码，并形成一套行业规范。所以在图书情报和医疗卫生系统最好选用库德巴条码。贸易项目的标识、物流单元的标识、资产的标识、位置的标识、服务关系的标识和特殊应用这六大应用领域大都采用 EAN·UCC 系统 128 码。

2. 条码字符集

条码字符集的大小是衡量一种码制优劣的重要标志。码制设计者在设计码制时往往希望自己的码制具有尽可能大的字符集及尽可能少的替代错误，但这两点是很难同时满足的。因为在选择每种码制的条码字符构成形式时需要考虑自检验等因素。每一种码制都有特定的条码字符集，所以用户自己系统中所需代码字符必须包含在要选择的字符集中。例如，用户代码为"5S12BC"，可以选择 39 条码，但不能选择库德巴条码。

3. 印刷面积与印刷条件

当印刷面积较大时，可选择密度低、易实现印刷精确的码制，如 25 条码、39 条码。反之若印刷条件允许，可选择密度较高的条码，如库德巴条码。当印刷条件较好时，可选择高密度条码，反之则选择低密度条码。一般来讲，谈到某种码制密度的高低是针对该种码制的最高密度而言，因为每一种码制都可做成不同密度的条码符号。问题的关键是如何在码制之间或一种码制的不同密度之间进行综合考虑，使自己的码制选择、密度选择更科学，更合理，以充分发挥条码应用系统的优越性。

4. 识读设备

每一种识读设备都有自己的识读范围，有的可同时识读多种码制，有的只能识读一种或几种。所以当用户在现有识读设备的前提下选择码制时也应加以考虑，以便与自己的现有设备相匹配。

5. 尽量选择常用码制

即使用户所涉及的条码应用系统是封闭系统，考虑到设备的兼容性和将来系统的延拓，最好还是选择常用码制。当然对于一些保密系统，用户可选择自己设计的码制。

需要指出的是，任何一个条码系统，在选择码制时，都不能顾此失彼，需根据以上原则综合考虑，择优选用，以达到最好的效果。

9.3.4 识读器的选择

选择什么样的识读器是一个综合问题。目前，国际上从事条码技术产品开发的厂家很多，提供给用户选择的条码识读器种类也很多。一般来讲，开发条码应用系统时，选择条码识读器可以从如下几个方面来考虑。

1. 适用范围

条码技术应用在不同的场合，应选择不同的条码识读器。开发条码仓储管理系统，往往需要在仓库内清点货物，要求条码识读器能方便携带，并能把清点的信息暂存下来，而不局限于在计算机前使用，因此，选用便携式条码识读器较为合适，这种识读器可随时将采集到的信息，供计算机分析处理。在生产线上使用条码采集信息时，一般需要在生产线的某些固定位置安装条码识读器，而且生产线上的零部件应与条码识读器保持一定的距离。在这种场合，选择非接触固定式条码识读器比较合适，如激光枪式。在会议管理系统和企业考勤系统中，可选用卡槽式条码识读器，需要签到登记的人员将印有条码的证件刷过识读器卡槽，识读器便自动扫描给出阅读成功信号，从而实现实时自动签到。当然，对于一些专用场合，还可以开发专用条码识读器装置以满足需要。

2. 译码范围

译码范围是选择条码识读器的又一个重要指标。目前，各家生产的条码识读器其译码范围有很大差别，有些识读器可识别几种码制，而有些识读器可识别十几种码制。开发某一种条码应用系统应选择对应的码制，同时，在为该系统配置条码识读器时，要求识读器具有正确识读码制符号的功能。在物资流通领域中，往往采用 UPC·EAN 码。在血员、血库管理系统中，医生工作证、鲜血证、血袋标签及化验试管标签上都贴有条码，工作证和血袋标签上可选用库德巴或 39 条码，而化验试管由于直径小，应选用高密度的条码，如交插 25 条码。这样的管理系统配置识读器时，要求识读器既能阅读库德巴码或 39 条码，也能阅读交插 25 条码。在邮电系统内，我国目前使用的是交插 25 条码，选择识读器时，应保证识读器能正确阅读交插 25 条码。一般来说，作为商品出售的条码识读器都有一个阅读几种码制的指标，选择时应注意是否满足要求。

3. 接口能力

识读器的接口能力是评价识读器功能的一个重要指标，也是选择识读器时重点考虑的内容。目前，条码技术的应用领域很多，计算机的种类也很多。开发应用系统时，一般是先确定硬件系统环境，而后选择适合该环境的条码识读器。这就要求所选识读器的接口方式符合该环境的整体要求。通用条码识读器的接口方式有以下两种。

（1）串行通信。当使用中小型计算机系统，或者数据采集地点与计算机之间的距离较远时，可通过串行接口实现条码识读器与计算机之间的通信。由于机型、系统配置的差别，串行口数据通信的协议也不同，因此所选识读器应具有通信参数设置功能。

（2）键盘仿真。键盘仿真是通过计算机的键盘接口将识读器采集到的条码信息传送到计算机的一种接口方式，也是一种常用的方式。计算机终端的键盘也有多种形式，因此，如果选择键盘仿真，应注意应用系统中计算机的类型，同时注意所选识读器是否能与计算机匹配。

4. 对首读率的要求

首读率是条码识读器的一个综合性指标，它与条码符号印刷质量、译码器的设计和光电扫描器的性能均有一定关系。在某些应用领域可采用手持式条码识读器由人来控制对条码符号的重复扫描，这时对首读率的要求不太严格，它只是工作效率的量度。而在工业生产、自动化仓库等应用中，则要求有更高的首读率。条码符号载体在自动生产线或传送带上移动，并且只有一次采集数据的机会，如果首读率不能达到百分之百，将会发生丢失数据的现象，造成严重后果。因此，在这些应用领域中要选择高首读率的条码识读器，如 CCD 扫描器等。

5. 条码符号长度的影响

条码符号长度是选择识读器时应考虑的一个因素。有些光电扫描器由于制造技术的影响，规定了最大扫描尺寸，如 CCD 扫描器、移动光束扫描器等均有此限制。有些应用系统中，条码符号的长度是随机变化的，如图书的索引号、商品包装上条码符号长度等。因此，选择识读器时应注意条码符号长度的影响。

6. 识读器的价格

选择识读器时，其价格也是需要考虑的一个因素。识读器由于其功能不同，价格也不一致，因此在选择识读器时，要注意产品的性价比，应以满足应用系统要求且价格较低作为选择原则。

7. 特殊功能

有些应用系统由于使用场合的特殊性，对条码识读器的功能有特殊要求。如会议管理系统，会议代表需从几个入口处进入会场，签到时，不可能在每个入口处放一台计算机，这时就需要将几台识读器连接到一台计算机上，使每个入口处识读器采集到的信息送给同一台计算机，因而要求识读器具有联网功能，以保证计算机准确接收信息并及时处理。当应用系统对条码识读器有特殊要求时，应进行特殊选择。

9.3.5 系统平台设计

系统平台设计是指系统软、硬件配置问题。随着信息技术的发展，各种计算机软、硬件产品层出不穷，因此，必须根据系统的环境情况、功能需求及市场制约条件等方面从众多产品中选择适合企业需要的产品。

（1）系统平台设计的依据

系统平台设计时，应以系统的吞吐量、系统响应时间、系统的可靠性、地域范围、数据管理方式及系统的处理方式为依据。

（2）确定系统平台设备的原则和要求

确定系统平台设备的原则：一是根据系统调查和系统分析的结果来考虑硬件配置和系统

结构；二是考虑实现上的可能性和技术上的可靠性。

确定系统平台设备的要求：根据实际业务管理岗位选择配备计算机设备；根据物理位置的分布和数据通信的要求确定联网的需求及联网方式；根据估算的数据容量确定码制和识读设备；根据实际业务要求确定计算机及外部设备的性能指标。

（3）硬件指标

硬件指标主要考虑以下几个方面。

① 计算机主体。计算机主体主要包括计算机的 CPU、内存、硬盘、显卡等设备。随着信息技术的发展，海量的数据需在条码管理信息系统中处理，作为处理大量数据的服务器在配置上必须满足实际要求。

② 网络设备指标。网络设备指标主要包括交换机、中继器、网桥、网关、路由器、防火墙等。

③ 存储设备指标。存储设备指标主要包括磁盘阵列、移动硬盘等存储设备。

④ 识读设备指标。识读设备指标主要包括适用范围、译码范围、首读率、接口能力等。

（4）软件选择指标

根据实际业务要求，软件指标主要从以下几个方面考虑。

① 网络操作系统。常用的网络操作系统主要有 NetWare 系列、Windows NT 系列、UNIX 系列、Linux 系列等。

② 数据库系统。目前市场上主要是关系数据库系统，主要有 Oracle、SQL Server、Sybase 等。

③ 程序设计语言、开发环境和开发工具。目前比较流行的程序设计语言有 C++、Java、Basic 等，开发工具有 Visual C++、Visual Basic、Java Builder 等。

④ 各种条码应用软件，如 Bartender 条码设计软件、Codesoft 条码打印软件等。

9.3.6 系统流程设计

1. 系统处理流程设计

系统处理流程设计主要是通过系统处理流程图来描述数据在计算机存储介质之间的流动、转换和存储情况，以便为模块设计提供输入/输出依据。

系统处理流程图关于新系统处理过程的基本描述是非常直观和有效的。但它既不是对具体处理或管理分析模型细节的描述，也不是对模块调用关系或具体功能的描述，只是关于信息在计算机内部的大致处理过程，可以随着后续设计过程而改变。

2. 模块设计说明书

模块设计说明书是对模块处理进行注解的书面文件，以帮助程序设计人员了解模块的功能和设计要求，为功能模块及其处理过程的设计提供依据。

模块设计说明书的主要内容有模块名称、模块所属的系统和子系统名称、编写程序的语言、识读器设备的名称和型号、条码应用软件、模块处理过程声明、程序运行环境的说明等。

9.4 数据库设计

数据库设计就是根据数据的用途、使用要求、安全保密性能等方面的需求，来确定数据的整体组织形式，以及数据的基本结构、类别、载体、保密措施等。

9.4.1 数据库基本概念

1. 数据库

数据库（DataBase，DB）是一个结构化的数据集合，它将数据按一定的数据结构组织起来，存储在磁盘等直接存取设备中。联系是数据库的重要特点。

数据库的特点如下：

① 数据按一定的数据模型组织、描述和存储。

② 冗余度较小。数据共享大大减少数据冗余。

③ 数据独立性很高。数据独立性是指数据的组织结构和存储方法与应用程序不相互依赖，彼此独立。它包括物理独立性和逻辑独立性。

④ 易扩展。

⑤ 可为各种用户共享。不同的用户使用同一个数据库，可以取出他们所需要的子集，而且允许子集任意重叠。

2. 数据库管理系统

数据库管理系统（DataBase Management System，DBMS）是一种操纵和管理数据库的大型软件，用于建立、使用和维护数据库，简称 DBMS。它对数据库进行统一管理和控制，以保证数据库的安全性和完整性。目前，DBMS 的产品很多，如 FoxBASE、Visual FoxPro、Oracle、Sybase、Informix、SQL Server 等，它们都是关系型的数据库管理系统。

数据库管理系统可分为以下 4 个层次。

① 应用层。该层是数据库管理系统与终端用户和应用程序的界面，负责处理各种数据库的应用，如使用结构化查询语言 SQL 发出的事务请求，或嵌入宿主语言的应用程序对数据库的请求。

② 语言处理层。该层由 DDL 编译器、查询器等组成，负责完成对数据库语言的各类语句进行词法分析、语法分析和语义分析，生成可执行的代码。此外，还负责进行授权检验、视图转换、完整性检查、查询优化等。

③ 数据存取层。该层将上层的集合操作转换为对记录的操作，包括扫描、排序、查找、插入、删除、修改等，完成数据的存取、路径的维护及开发控制等任务。

④ 数据库存储层。该层由文件管理器和缓冲区管理器组成，负责完成数据页面存储和系统的缓冲区管理等任务，包括打开和关闭文件、读/写页面、读/写缓冲区、内外存交换及内外存管理等。

上述 4 层体系结构的数据库管理系统是以操作系统为基础的，操作系统所提供的功能可以被数据库管理系统调用。因此，数据管理系统是操作系统的一种扩充。

3. 数据库模型

数据与数据之间存在着一定的联系，如何表示它们之间的联系，是数据库模型要解决的问题。在数据库技术的发展中，有四种数据模型。

（1）层次模型

① 方法：用树结构表示实体及实体之间的联系。

② 适合：表现客观世界中有严格辈分关系的事物。

③ 缺点：不能直接表示 $m:n$ 的关系。

④ 典型实例：美国 IBM 公司的 IMS 数据库管理系统。

（2）网状模型

① 方法：用图来表示实体及实体之间的联系。

② 适合：反映各种复杂的联系。

③ 缺点：在实现时，只支持 $1:n$ 的关系。

④ 典型实例：DBTG 系统。

（3）关系模型（使用最广泛的一种数据库模型）

① 方法：用若干个二维表来表示实体及实体之间的联系。

② 适合：表示各种联系。

③ 典型实例：FoxPro。

（4）面向对象模型

① 方法：使用对象、类、实体、方法和继承等来描述实体及实体之间的联系。

② 适合：表示各种联系。

③ 典型实例：ONTOS、ORION 等。

4. 数据库语言

数据库语言是创建数据库及其应用程序的主要工具，是数据库系统的重要组成部分。数据库语言分为两大类：数据定义语言和数据操纵语言。

（1）数据定义语言。数据定义语言（DDL）又称为数据描述语言，它用来定义数据库的结构、各类模式之间的映像和完整性约束等。DDL 可分为逻辑描述子语言与物理描述子语言两种，数据库类型的不同，相应的数据描述语言也不同。

（2）数据操纵语言。数据操纵语言（DML）称为数据处理语言，用来描述用户对数据库的各种操作，包括数据的录入、修改、删除、查询、统计、打印等。DML 可分为两种：一种是自含型的 DML，即用户可以独立地通过交互式方式进行操作；另一种是嵌入型的 DML，这种操纵语言不能独立地进行操作，必须嵌入某一种宿主语言（如 C、PL/1 等）中才能使用。同样，在数据库管理系统中应包括有 DML 的编译程序或解释程序，来实现数据库操纵功能。

作为关系数据库中进行关系运算的数据操纵语言是一种非过程化程度很高的语言，它既可以嵌入宿主语言中使用，也可以作为独立的自含型语言来交互式地使用。其典型代表就是结构化查询语言（Structured Query Language，SQL）。

SQL 是一种基于关系代数和关系演算的数据操纵语言，最早是在 System R 系统上实现的。由于 SQL 功能丰富、使用灵活且简单易学，因此受到广大用户的欢迎。1986 年 10 月，美国国家标准局（ANSI）的数据库委员会 X3H2 批准将 SQL 作为关系数据库语言的美国标准。随后，国际化标准组织（ISO）也做出了同样的决定，使其成为国际标准。此后，数据库产品的各厂家纷纷推出各自支持 SQL 的数据库软件或 SQL 的接口软件。目前，无论微型机、小型机还是大型机，也无论是哪一种数据库系统，一般都采用 SQL 作为共同的数据操纵语言和标准接口，它已成为数据库领域的一种主流语言。

9.4.2 数据规范化

1. 关系数据库

用关系模型设计的数据库系统就是关系数据库系统。一个关系数据库系统由若干张二维表组成，二维表也称为"关系"。

（1）关系：一个二维表，表示实体集。
（2）记录：表中的行称为记录，代表了某一个实体。
（3）字段：表中的列，表示实体的某个属性。
（4）关键字：能够唯一确定表中的一个记录的属性或属性集合。
（5）主关键字：在一个表中，能够用来唯一确定一个记录的字段或字段集合称为关键字，关键字在一个表中可以有多个，用户选中的关键字称为主关键字。
（6）外来关键字：一个表中的关键字段，在另一张表中称为外来关键字。外来关键字是在两个表之间建立联系的纽带。

2. 规范化理论

规范化是在关系型数据库中减少数据冗余的过程。除了数据库以外，在数据库中对象名称和形式都需要规范化。关系模型要求关系必须是规范的，即要求关系必须满足一定的规范条件，这些规范条件最基本的要求就是，关系中每一个分量必须是不可分割的数据项，也就是说，表中不允许有子表。

在规范化表达式中，基本表是二维的，它的性质如下。
（1）表中任意一列上，数据项应属于同一个属性；
（2）表中所有行都是不相同的，不允许有重复项出现；
（3）表中行的顺序是任意的；
（4）表中列的顺序无关紧要，但不能重复。

3. 范式

在关系数据库中，范式是用来衡量数据库规范的层次或深度，数据库规范化层次由范式来决定。根据关系模式满足的不同性质和规范化程度，关系模式可分为第一范式、第二范式、第三范式等。范式越高，规范化程度越高，关系模式越好。

（1）第一范式

在规范化理论中，关系必须是规范的。如果一个数据结构中没有重复出现的数据就称该数据结构是规范的。任何满足规范化要求的数据结构都被称为第一范式（First Normal Form，1NF）。

（2）第二范式

对于给定的一个规范化的数据结构，如果它所有的非关键字数据都完全依赖于它的整个关键字，则称该数据结构是第二范式（Second Normal Form，2NF）。

根据第二范式的定义，可以得到两个推论。

① 一个 2NF 的数据结构必定是 1NF。

② 如果一个 1NF 的数据结构，其关键字仅由一个数据组成，那么它必定满足 2NF 的定义。

（3）第三范式

1NF 和 2NF 的数据结构仍然存在较大的冗余，并且修改、插入和删除操作较困难。如果一个数据结构中任何一个非关键字数据都不传递依赖于它的关键字，则称该数据是第三范式（Third Normal Form，3NF）。3NF 就是关系中所有数据元素不但能够唯一地被主关键字所标识，而且它们之间还相互独立，不存在其他的函数关系。

根据第三范式的定义，可以得到两个推论。

① 一个 3NF 的数据结构必定是 2NF。

② 如果一个 2NF 的数据结构，它所有的非关键字之间不存在函数依赖关系，那么它必定满足 3NF 的定义。

9.4.3 数据库设计的内容

一个应用系统的数据库设计的任务就是确定以下几项。

1．数据库中包含哪些表？一个关系型数据库是由若干张二维表组成的，每一张表代表着一类实体或实体之间的关系。

2．每一张表中包含哪些数据项（字段）？一个表有若干个列，每一列代表实体或联系的一个属性。

3．每个字段的类型、长度、取值范围、约束条件等。

4．每一张表的主关键字。也就是能够唯一确定一个记录的数据项或数据项的集合。

5．表和表之间的关联关系。就是确定关联表的公共字段。例如，当前台的销售系统中销售出去一个商品时，数据库中的商品库存信息应该相应地变化。同样，当供应商给商场发送来货物时，数据库中的商品库存信息也应该相应地变化。

9.4.4 数据处理技术

信息处理的集中化（Centralized）和分布化（Distributed）问题是信息处理技术中一直在研究的问题。随着计算机和通信技术的发展，分布式数据处理越来越多地应用到组织中的信息处理中。

1．集中化的信息处理（Centralized Data Processing，CDP）

在集中式处理中，信息存储、控制、管理和处理都集中在一台或几台计算机上，一般这种计算机都是大型机，放在一个中心数据处理部门。这里，集中的含义包括以下几点。

（1）集中化的计算机。一台或几台计算机放在一起。

（2）集中化的数据处理。所有的应用都在数据处理中心完成，不管实际企业的地理位置分布如何。

（3）集中化的数据存储。所有的数据以文件或数据库的形式存储在中央设备上，由中央计算机控制和存取。其中包括那些被很多部门使用的数据，如存货数据。

（4）集中化的控制。由信息系统管理员集中负责整个系统的正常运行。根据企业规模和重要程度，可以由中层领导管理，也可由企业的副经理层领导。

（5）集中化的技术支持。由统一的技术支持小组提供技术支持。

（6）集中化的信息处理便于充分发挥设备和软件的功能，大型的中央处理机构拥有专业化的程序员来满足各部门的需求，便于数据控制和保证数据的安全。

（7）集中化数据处理的典型应用是航空机票订票系统和饭店预定系统。在饭店预定系统中，由单一的中心预定系统维护所有饭店可用的资源，保证有最大的占有率。另外，中心预定系统收集和保存了所有客户的详细信息，如客户个人信息、住宿习惯、生活习惯等信息，饭店可以通过从不同角度分析这些数据来满足客户的需求。例如，美国的假日饭店（Holiday Inn）通过记录客户对房间用品（洗发水、浴液等）的偏好，当客户下次预定房间时，饭店早已为他准备好了他喜欢的用品，从而赢得了大量的顾客。

2. 分布式数据处理（Distributed Data Processing，DDP）

分布式数据处理是指计算机（一般都是小型机或微机）分布在整个企业中。这样分布的目的是从操作方便、经济性或地理因素等方面考虑以更有效地进行数据处理。这种系统通过通信线路连接在一起，由若干台结构独立的计算机组成，能独立承担分配给它们的任务。整个系统根据信息存储和处理的需要，将目标和任务事先按一定的规则和方式分散给各个子系统，各子系统往往都由各自的处理设备来控制和管理，必要时各子系统可以进行信息交换和总体协调。

一个典型的分布式数据处理的例子是风险抵押系统。每一个业务员都有很多客户，对某个客户来说，需要计算安全系数。

随着网络技术的发展和贸易全球化以及企业发展全球化，分布式数据处理系统得到了广泛的应用。

9.4.5 数据仓库和数据挖掘

数据仓库技术是近些年来出现并迅速发展的一种技术，用于从大量的历史数据资源中挖掘出有用的知识，帮助企业或组织的管理人员进行决策分析。

1. 数据仓库

（1）数据仓库的定义

传统的数据库系统中存在着两种不同类型的处理：事务型处理和分析型处理。事务型处理是对数据库进行日常联机操作，如定期的数据查询、插入、删除和更新操作。这些操作主要是为了支持企业或组织营运过程中各种日常的业务活动，数据库系统主要是用于这种事务型处理。分析型处理则主要是为了支持企业或组织管理人员的决策分析。

当以事务处理为主的联机事务处理应用与以分析研究处理为主的决策支持应用共存于

一个数据库系统中时，这两种类型的处理将发生明显的冲突，从而严重地影响系统的性能。为了提高效率，必须将两种类型的处理进行分离，将分析数据从事务处理环境中提取出来，并重新组织、转换，将其移动到单独的数据库中。

数据仓库是面向主题的、集成的、不可更新的、随时间变化的数据集合，用于支持企业或组织的决策分析过程。数据仓库通常包含了一个企业或组织希望查询的、用于决策的所有数据。

（2）数据仓库的特点

① 数据仓库是面向主题的。

它是与传统数据库面向应用相对应的。主题是一个在较高层次上将数据归类的标准，每一主题对应一个宏观的分析领域。基于主题的数据被划分为各自独立的领域，每个领域都有自己的逻辑内涵，互不交叉；而基于应用的数据组织则完全不同，它的数据只是为处理具体应用而组织在一起的。

② 数据仓库是集成的。

数据进入数据仓库之前，必须经过数据抽取和挖掘。

③ 数据仓库是稳定的。

数据仓库反映的是历史数据的内容，而不是处理联机数据。数据经集成进入数据库后是很少甚至根本不更新的。

④ 数据仓库是随时间变化的。

首先，数据仓库内的数据保存时间比较长，这是为了适应 DSS 进行趋势分析的要求；其次，操作型环境包含当前数据，即在存取的都是正确的、有效的数据，而数据仓库中的数据都是历史数据；最后，数据仓库的码都包含时间项，从而标明了该数据的历史时期。

（3）数据仓库的结构

数据仓库包括数据获取、数据存储和管理、信息访问三个部分，其结构形式如图 9.4 所示。

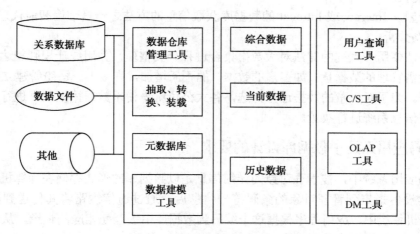

图 9.4　数据仓库结构图

① 数据获取

负责从外部数据源获取数据，数据被区分出来，进行复制或重新定义格式等处理后，准备装入数据仓库。

② 数据存储和管理

负责数据仓库的内部维护和管理，提供的服务包括数据存储的组织、数据的维护、数据的分发、数据仓库的例行维护等，这些工作都需要数据库管理系统（DBMS）的功能。

③ 信息访问

信息访问主要由查询生成工具、多维分析工具和数据挖掘工具等工具集组成，以实现决策支持系统的各种要求。

数据仓库应用是一个典型的 C/S 结构，客户端工作包括客户交互、格式化查询及结果和报表生成等，服务器端完成各种辅助决策的 SQL 查询、复杂的计算和各类综合功能。目前最普遍的形式是三层结构，在客户和服务器之间增加一个多维分析服务器，它能加强和规范支持的服务工作，集成和简化原客户端和 DW 服务器的部分工作，降低系统数据传输量，因此工作效率更高。

2. 数据挖掘

（1）数据挖掘的定义

数据挖掘（Data Mining，DM）就是从超大型数据（VLDB）或数据仓库中搜索有用的商业信息的过程。给定足够大小和数量的数据库，数据挖掘技术可以使用一组算法浏览数据，自动地发现模型、趋势和相关性，帮助用户发现在其他时候可能发现不了的、隐藏在内部的信息，从而可以帮助企业发现新的商业机会。

（2）数据挖掘的工具

① 神经计算

神经计算是一种机器学习方法，通过这种方法可以为模型检查历史数据。拥有神经计算工具的用户可以搜索大型数据库，如识别新产品的潜在用户，或搜索那些根据其概况将要破产的公司。

② 智能代理

最有希望从 Internet 或 Intranet 的数据库获取信息的方法之一是使用智能代理。

③ 辅助分析

这种方法使用一系列的算法对大数据集合进行分类整理，并用统计规则表达数据项。

随着所需管理的数据量（如客户的数据）的不断增加，许多大公司纷纷建立起数据仓库来存储数据。为了对大量的数据进行筛选，各大公司纷纷使用数据挖掘工具进行数据挖掘，以便对管理信息系统进行决策。

9.4.6 条码应用系统中数据库设计的要求

在条码应用系统中，被管理对象的详细信息是以数据库的形式存储在计算机系统中的。当条码识读设备采集到管理对象的条码符号信息后，通过通信线路将其传送到计算机系统中。在计算机系统中，应用程序根据这个编码到数据库中去匹配相应的记录，从而得到对象的详细信息，并在屏幕上显示出来。

为了能够及时得到条码对象的详细信息，在设计数据库时，必须在表结构设计中设计一个字段，用来记录对象的条码值。这样才能正确地从数据库中得到对象的信息。

9.4.7 识读设备与数据库接口设计

在前面章节的学习中,大家都已经了解:同一个条码识读设备可以识读多种编码的条码,同时,在一个企业或超市中,不同的对象可以采用不同的编码,如 UCC·EAN-128、EAN-13、EAN-8 等。也就是说,条码识读设备采集到的条码数据的长度是不同的,为了查询时能够得到正确的结果,在数据库中,如何设计条码的字段长度呢?有以下两个策略。

1. 用小型数据库管理系统

像 Visual FoxPro 这样的小型数据库管理系统,其字符型数据的长度是定长的,在设计数据库时只能按照最长的数据需求来定义字段长度。因此需要将读入的较短的代码通过"补零"的方式来补齐。如果数据库中的条码字段为 13 位,而某些商品使用的是 EAN-8 条码,则需要将读入的 EAN-8 条码的左边补上 5 个"0"后,再与数据库中的关键字进行匹配。

2. 用大型数据库管理系统

在大型数据库管理系统中,如 SQL Server、Oracle、Sybase、DB2 等,它们都提供了一种可变长度的字符类型 varchar,可以使用变长字符类型来定义对象的条码字段。

9.5 条码信息管理系统代码设计

代码设计是一个科学管理的问题,设计出一个好的代码方案对于系统的开发工作是一件非常有利的事情,也是系统设计的重要内容。

代码就是用数字或符号来代表客观实体的符号,如职工编号、商品编号都是代码。在信息系统中,由于要处理的信息量大,种类多,为便于信息的分类、校对、统计、检索,需设计出一套好的代码方案。

9.5.1 设计的基本原则

进行代码设计时必须遵循以下基本原则:
① 标准化:尽量采用国际、国家标准,便于信息的交换和共享;
② 唯一性:每个代码所代表的种类必须是唯一的;
③ 合理性:编码方法必须合理,必须与分类体系相适用;
④ 可扩充性:编码要留有足够的位置,以适应今后变化的需要;
⑤ 简单性:代码结构尽量简单,长度尽量短,以方便输入,提高效率;
⑥ 适用性:尽可能反应分类对象的特点,做到表意直观,使用户容易了解掌握;
⑦ 规范化:代码结构、类型、编码格式必须一致。

9.5.2 代码分类

1. 分类原则

代码分类的原则既要保证处理问题的需要,又要保证科学管理的需要,必须遵循以下原则。

（1）必须保证有足够的容量，要足以包括规定范围内的所有对象。如果容量不够，不便于今后变化和扩充，随着环境的变化，这种分类很快会失去了生命力。

（2）分类必须遵循一定的规律。分类应结合具体管理的要求按照处理对象的各种属性进行。

（3）分类应有一定的柔性。柔性是指在增加或变更处理对象时，不至于破坏代码的分类结构。一般情况下，柔性好的系统增加分类不会破坏其结构，但是柔性往往会带来其他问题，如冗余等，这是设计分类时应注意的问题。

（4）注意本分类系统与外部分类系统和已有分类系统的协调，以便于系统的联系、移植、协作，以及新老系统之间的平稳过渡。

2. 分类方法

目前最常用的分类方法主要有线分类法和面分类法。

（1）线分类法

目前使用最多的分类方法是线分类法。线分类法也称为层级分类法，它是将初始的分类对象按所选定的若干属性或特征逐次地分成相应的若干层级的类目，并排成一个有层次的、逐级展开的分类体系，采用线分类法时要特别注意唯一性和不交叉性，如图9.5所示。

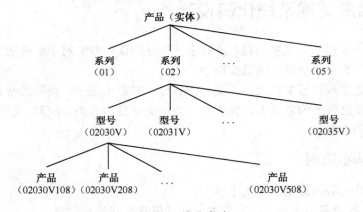

图 9.5　线分类法

线分类方法的特点：

① 结构清晰，容易识别和记忆，容易进行有规律的查找；

② 使用方便，既要符合手工处理信息的传统习惯，又要便于计算机处理信息；

③ 主要缺点是结构不灵活，柔性差，效率低。

（2）面分类法

面分类法是将所选定的对象的若干属性或特征视为若干个"面"，每个"面"中又可分成彼此独立的若干个类目，再按一定的顺序将各个面平行排列。

例如，代码 3212 表示材料为钢的 $\phi 1.00$mm 圆头的镀铬螺钉，如表9.1所示。

表 9.1　面分类法示意

材　料	螺钉直径	螺钉头形状	表面处理
1—不锈钢	1—ϕ0.5	1—圆头	1—未处理
2—黄铜	2—ϕ1.0	2—平头	2—镀铬
3—钢	3—ϕ1.5	3—六角形状	3—镀锌
		4—方头	4—喷漆

面分类法的特点：
① 柔性好，"面"的增、删、修改都很容易；
② 可实现任意组配面的信息检索，对机器处理有良好的适应性；
③ 主要缺点是不能充分利用容量，难以手工处理信息。

9.5.3　常用编码方式

编码是指分类问题的一种形式化描述，目前常用的编码种类主要有以下五种。

（1）顺序码：以某种顺序形式编码，如按人口多少的顺序对城市编码，则上海为 001、北京为 002、天津为 003 等。

这种方法的优点是简单、码短、易处理、易追加，缺点是代码含义不直观，可识别性差。

（2）区间码：把数据项分成若干个组，每一区间代表一个组，码中的数字和位置都代表一定意义。

区间码的优点是分类基准明确，信息处理比较可靠，排序、分类、检索等操作容易进行；缺点是有时造成代码过长。

（3）助忆码：用文字、数字或文字数字的组合来描述实体，它可以通过联想来帮助记忆。如 TV-B-12 代表 12 英寸黑白电视机。适用于数据项目较少的情况，否则容易引起联想错误。

（4）缩写码：将名称的缩写直接用作代码，从编码对象名称中找出几个关键字母作为代码，如用"SKPZ"代表收款凭证。

（5）校验符：校验符又称为编码结构中的校验位。为了保证正确的输入，有意识地在编码设计结构中原代码的基础上，通过事先规定的数学方法计算出校验符，附加在原代码的后面，使它成为代码的一个组成部分。使用时与原代码一起输入，此时计算机会用同样的数学运算方法按输入的代码数字计算出校验位，并将它与输入校验位进行比较，以便于检验输入是否有错。

9.5.4　代码设计的步骤

代码对象主要指数据字典中的各种数据元素。代码设计的结果形成代码本或代码表，作为其他设计和编程的依据。代码设计可按以下步骤进行：

① 明确代码目的；
② 确定代码对象；
③ 确定代码使用范围和期限；
④ 分析代码对象特征，包括代码使用频率、追加及删除情况等；
⑤ 决定采用何种代码，确定代码结构及内容；
⑥ 编制代码本或代码表。

9.6 条码信息管理系统功能模块设计

模块功能与处理过程设计是系统设计的最后一步,它是下一步编程实现的基础。

9.6.1 功能模块设计概述

1. 功能模块设计的目的

功能模块设计的目的是建立一套完整的功能模块处理体系,作为系统实施阶段的依据。功能模块设计是以系统分析阶段和系统总体设计阶段的有关结果为依据,制订出的详细具体的系统实施方案。

2. 功能模块设计的内容

功能模块设计的内容分为总控系统部分和子系统部分。

(1) 总控系统部分。

总控系统部分的设计内容主要包括系统主控程序的处理方式,确定各子系统的接口、人机接口,以及各种校验、保护、后备手段的接口。根据总体结构、子系统划分及功能模块的设置情况,进行总体界面设计。

(2) 子系统部分

子系统部分的设计主要是对子系统的主控程序和交互界面、各功能模块和子模块的处理过程的设计。主要有数据的输入、运算、处理和输出,其中对数据的处理部分应给出相应的符号和公式。

3. 功能模块设计的原则

为了确保设计工作的顺利进行,功能模块设计一般应遵循以下原则。

① 模块的内聚性要强,模块具有相对的独立性,减少模块间的联系。
② 模块之间的耦合只能存在上下级之间的调用关系,不能存在同级之间的横向关联。
③ 连接调用关系应只有上下级之间的调用,不能采用网状关系或交叉调用。
④ 整个系统呈树状结构,不允许有网状结构或交叉关系出现。
⑤ 所有的模块都必须严格地分类编码并建立起归档文件,建立模块档案进行编码,以利于系统模块的实现。
⑥ 适当采用通用模块将有助于减少设计工作量。
⑦ 模块的层次不能过多,一般最多使用 6~7 层。

4. 模块的连接方式

模块的连接方式有五种:模块连接、特征连接、控制连接、公共连接和内容连接。其中,模块连接按功能和数据流程连接,是目前最常用的一种方法。

9.6.2 功能模块设计工具

从系统设计的角度出发,软件设计方法可以分为三大类。第一类是根据系统的数据流进行设计，称为面向数据流的设计或者过程驱动的设计，以结构化设计方法为代表。第二类是根据系统的数据结构进行设计，称为面向数据结构的设计或者数据驱动的设计，以 LCP（程序逻辑构造）方法、Jackson 系统开发方法和数据结构化系统开发（DSSD）方法为代表。第三类设计方法即面向对象的设计。

结构化设计方法是基于模块化、自顶向下细化、结构化程序设计等程序设计技术基础上发展起来的。该方法实施的要点是：①建立数据流的类型。②指明数据流的边界。③将数据流图映射到程序结构。④用"因子化"方法定义控制的层次结构。⑤用设计测量和一些启发式规则对结构进行细化。

1. 结构图

系统功能设计的主要任务是采用"自顶向下"的原则将系统分解为若干个功能模块，运用一组设计原则和策略对这些功能模块进行优化，使其成为良好的结构。表示这个结构的工具就是结构图。

结构图是指描述系统功能层次和功能模块关系的图，通常为树形结构。结构图可以用来表示系统设计的结果，但没有给出如何得到这个结果的方法，也就是说，结构图主要关心的是模块的外部属性，即上下级模块、同级模块之间的数据传递和调用关系，而不关心模块的内部。

数据流程图转换成结构图主要包括事务分析和变换分析两种方法。

（1）事务分析

事务型数据处理问题的工作机理是接受一项事务，根据事务处理的特点和性质，选择分派一个适当的处理单元，然后给出结果。完成选择分派任务的部分叫做事务处理中心或分派部件。

事务型数据流图所对应的系统结构图就是事务型系统结构图，如图 9.6 所示。

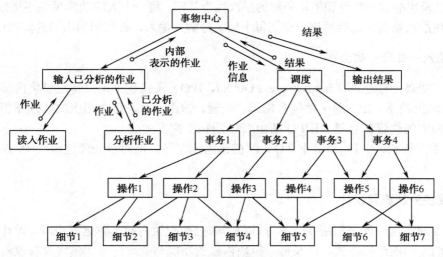

图 9.6 事务型系统结构图

在事务型系统结构图中，事务中心模块按所接受的事务的类型，选择某一个事务处理模块执行。各个事务处理模块是并列的，依赖于一定的选择条件，分别完成不同的事务处理工作。每个事务处理模块可能要调用若干个操作模块，而操作模块又可能调用若干个细节模块。不同的事务处理模块可以共享一些操作模块。同样，不同的操作模块又可以共享一些细节模块。

事务型系统结构图在数据处理中经常遇到，但是更多的是变换型与事务型系统结构图的结合。例如，变换型系统结构中的某个变换模块本身又具有事务型的特点。

（2）变换分析

按照模块设计的原则，以功能聚合作为模块划分的最高标准得出事务处理的模块结构。通常用于将低层数据流程图转换成结构图，它将数据流程图中的处理功能分解成具有输入、中心变换、输出功能和简单模块，当然在对低层的数据流程图进行转换过程中也可以采用事务分析。如图 9.7 所示是利用变换分析转换的结构图。

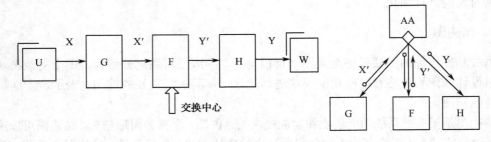

图 9.7　变换分析产生的结构图

2．层次输入—处理—输出图

层次输入—处理—输出图（Hierarchy plus Input Process Output，HIPO）是在结构图的基础上推出的一种描述系统结构和模块内部处理功能的工具。

任何模块都是由输入、处理和输出三个基本部分组成的。HIPO 图方法的模块层次功能分解，就是以模块的这一特性和模块分解的层次性为基础，将一个大的功能模块逐层分解，得到系统的模块层次结构，而后再进一步把每个模块分解为输入、处理和输出的具体执行模块。

3．输入—处理—输出图

输入—处理—输出图（Input Process Output，IPO）图描述了某个特定模块内部的处理过程和输入/输出关系。IPO 图必须包含输入、处理、输出，以及与之相应的数据库和数据文件在总体结构中的位置信息等。HIPO 图由 IPO 图和结构图构成。

IPO 图对于输入（I）和输出（O）的描述比较容易，但对于处理过程（P）部分的描述较为困难。

4．模块处理流程设计

模块处理流程设计是指用统一的标准符号来描述模块内部具体运行步骤，设计出一个个模块和它们之间的连接方式，以及每个模块内部的功能与处理过程。模块处理流程的设计是建立在系统处理流程图的基础上，借助于 HIPO 图来实现的。通过对输入/输出数据的详细分析，将处理模块在系统中的具体运行步骤标识出来，形成模块处理流程图，作为程序设计的基本依据。

通常采用结构化程序设计方法来描述模块的处理过程，主要应用以下五种处理结构：顺序处理结构、选择处理结构、先判断后执行的循环结构、先执行后判断的循环结构、多种选择结构。

流程图的基本控制结构如图 9.8 所示。

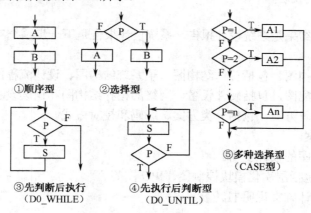

图 9.8　流程图的基本控制结构

任何复杂的程序流程图都应由这五种基本控制结构组合或嵌套而成。作为上述五种控制结构相互组合和嵌套的实例，图 9.9 给出一个程序的流程图。图中增加了一些虚线构成的框，目的是便于理解控制结构的嵌套关系。显然，这个流程图所描述的程序是结构化的。

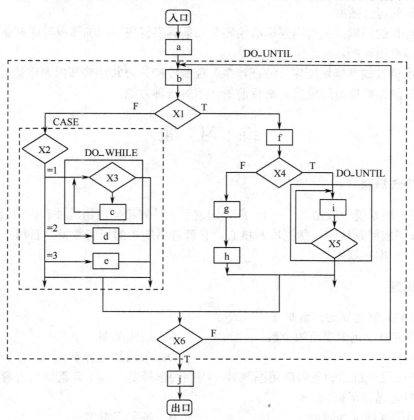

图 9.9　嵌套构成的流程图实例

9.7 系统设计报告

系统设计的最终结果是系统设计报告。系统设计报告是下一步系统实施的基础，它的主要内容如下。

（1）系统总体结构图，包括总体结构图、子系统结构图、设计流程图等。
（2）系统设备分配图，包括硬件设备、网络的拓扑结构图和识读设备的规格型号等。
（3）系统分类编码方案，包括分类方案、编码和校对方式。
（4）I/O 设计方案。
（5）文件或数据库的设计说明。
（6）HIPO 图，包括层次化模块控制图、IPO 图等。
（7）系统详细设计方案说明书。

本 章 小 结

条码应用系统一般由数据源、条码识读器、计算机、应用软件和输出设备组成。

系统设计应遵循以下六个原则：系统性原则、灵活性原则、可靠性原则、经济性原则、简单性、系统的运行效率。

码制的选择的原则：使用国家标准的码制、条码字符集、印刷面积与印刷条件、识读设备、尽量选择常用码制。

模块的连接方式有模块连接、特征连接、控制连接、公共连接和内容连接五种。其中，模块连接按功能和数据流程连接，是目前最常用的一种方法。

练 习 题

一、单项选择题

1. 条码应用系统一般由（　　）、条码识读器、计算机、应用软件和输出设备组成。
2. 在条码应用系统中，数据库是核心，它管理系统中的所有数据。目前广泛采用的数据库是（　　）型数据库。

二、选择题

1. 不影响码制选择的因素是（　　）。
   A．条码字集中包含字符的个数　　　　B．识读范围
   C．印刷条件　　　　　　　　　　　　D．条码的反射率
2. 用户在设计自己的条码应用系统时，码制的选择是一项十分重要的内容，在选择码制时我们通常遵循以下原则：（　　）。
   A．使用国家标准的码制　　　　　　　B．条码字符集
   C．识读设备　　　　　　　　　　　　D．尽量选择常用码制

3. 在数据库技术的发展中，数据模型有（　　）等。
　A．层次模型　　　　B．网状模型　　　　C．关系模型　　　　D．面向对象模型
4. 常用的网络操作系统有（　　）。
　A．Net Ware　　　　B．Windows NT　　　C．UNIX　　　　　　D．Linux
5. 首读率是条码识读器的一个综合性指标，它与以下（　　）因素无关。
　A．条码符号印刷质量　　　　　　　　B．译码器的设计
　C．光电扫描器的性能　　　　　　　　D．厂商的代码
6. 从技术层面来讲，一个完善的条码应用系统应该包含（　　）等几个层次。
　A．网络基础设施　　B．硬件平台　　　　C．系统软件平台　　D．支撑软件平台
7. 条码应用系统中，应用软件包括（　　）等功能。
　A．定义数据库　　　B．管理数据库　　　C．建立和维护数据库　D．数据通信
8. 条码应用系统中，应用软件的定义数据库包括（　　）等信息格式定义。
　A．逻辑数据结构定义　　　　　　　　B．局部逻辑结构定义
　C．存储结构定义　　　　　　　　　　D．管理数据库
9. 条码应用系统开发，系统分析的任务是，经过详细的调查，确定系统的（　　）。
　A．应用性　　　　　B．可靠性　　　　　C．数据需求　　　　D．功能需求
10. 在数据库技术的发展中，数据模型有（　　）等。
　A．层次模型　　　　B．网状模型　　　　C．关系模型　　　　D．树状模型

三、判断题

（　　）1．我们在自己的商品上印制条码时，不得选用 EAN·UPC 码制以外的条码，否则无法使用。

（　　）2．当印刷面积较大时，可以选择密度低、易实现印刷精确的码制。

（　　）3．数据库是整个物流信息系统的基础，它将收集、加工的物流信息以数据的形式加以储存。

（　　）4．数据源标志着客观事物的符号集合，是反映客观事物原始状态的依据，其准确性直接影响系统处理的结果。

（　　）5．条码应用系统就是将条码技术应用于某一系统中，充分发挥条码技术的特点，使应用系统更加完善。

四、简答题

1．简述码制选择的基本原则。
2．选择码制时应考虑哪些因素？
3．简述条码应用系统代码设计的基本原则。
4．如何选择识读器？

实训项目　校园一卡通的设计

任务一　高校校园一卡通的方案设计

[能力目标]
1．了解条码应用系统的组成。

2．熟悉条码应用系统的开发过程和设计方法。

3．设计一个高校校园一卡通应用系统的具体方案，应用子系统主要包括学生成绩管理系统、图书管理系统、餐饮消费系统等。

[实验仪器]

一台计算机。

[实验内容]

（1）进行网络设计，要求给出相应的网络拓扑结构图。

（2）进行条码设备的选型。

（3）构建系统平台和应用子系统，并阐述各子系统的组成及主要功能。

[实验报告]

1．每人提交一份高校校园一卡通的方案设计书。

2．方案设计书中必须载明需求分析和功能模块划分。

3．方案设计书中体现设计思想和设计方法，条码设备选型的原则。

4．根据设计流程撰写方案设计书，主要包括系统需求、解决方案、主要实现的功能、设计中遇到的难点及重点、设计的感想和心得体会等。

任务二　高校校园一卡通子系统的程序设计

[能力目标]

1．掌握条码应用系统程序设计的一般方法与结构化程序设计，以及面向对象程序设计的思想。

2．掌握程序设计的基本方法与技巧。

3．培养良好的程序设计风格。

[实验仪器]

1．一台计算机。

2．Visual Basic 6.0 集成开发环境和 SQL 数据库系统。

[实验内容]

（1）通过 Visual Basic 6.0 集成开发环境的使用，以小组（5～6人/组，每组选定一名组长）为单位完成一个子系统相对完整的条码应用系统课题设计，实现基本信息的添加、删除、修改、查询、打印功能。

（2）编程简练，规范，尽可能使系统的功能完善和全面。

[实验报告]

1．以组为单位提交一份高校校园一卡通子系统的程序设计书。程序设计书主要包括需求分析、数据库的设计、关键程序的代码、程序设计中的难点、设计中的缺陷和改进措施、心得和体会等内容。

2．以组为单位进行演示和汇报，同学互评、教师评价，综合得到学生实训成绩。

[实训考核]

实训考核见表 9.2。

表 9.2 实训考核

考核要素	评价标准	分值（分）	评分（分）				
			自评（10%）	小组（10%）	教师（80%）	专家（0%）	小计（100%）
条码设备的选型	（1）运用理论知识进行条码设备的选型	30					
条码方案的设计	（2）进行条码方案的设计	60					
分析总结		10					
合计							
评语（主要是建议）							

第十章 条码技术的发展

能力目标：
- 利用网络搜索引擎进行物联网的资料收集，掌握 EPC 的发展；
- 初步具备 EPC 应用的能力；
- 初步具备商业 POS 系统的应用能力。

知识目标：
- 了解物联网的概念和应用；
- 掌握射频技术的相关知识；
- 理解并掌握 EPC 的编码结构及 EPC 与条码的区别；
- 了解 EPC 的网络结构。

地震报警系统借助物联网

2010 年 12 月四川久远新方向智能科技有限公司成功研发出地震灾害报警系统。地震预警器已在生活中得以应用，而借力物联网的"魔法"，在地震来临前，轨道交通系统能够实现联动应急，最大限度地减少伤亡与损失。

在地震监测仪上放置传感器，一旦检测到地震波纵波，传感器立即向控制中心输送信息，进行快速的信息过滤、分析、确认后，如地震强度达到预先设定的级别，报警系统立即启动。这时，行驶中的列车将紧急刹车，避免在地震中侧翻；控制中心发出警报，通知乘客和列车指挥员；舱门自动打开，供乘客紧急疏散，寻找庇护场地；车舱电源自动切断，防止发生火灾等次生灾害……18 秒内可以做不少事，它预留了应急逃生时间，能避免更多的伤亡和损失。

利用物联网，将地震预警技术与轻轨相关系统结合，进行地震信息采集、汇总、分析，加以研判和应对。它自动实现轨道交通地震灾害的实时检测，及时准确报警，为轨道交通运输部门应对地震灾害提供了准确数据和辅助决策。

【引入问题】
1. 什么是物联网？
2. 如何利用物联网实现智慧地球？

10.1 物联网——感知世界的每一个角落

当人们还在深究于"物联网"这一概念时，与物联网相关的应用已经实实在在地出现在人们周围。小到公交卡手机、上海世博会电子门票，大到 2008 年汶川特大地震中堰塞湖的远程指挥设备，都可以看到物联网的身影。如今，电梯被困自动报警；高速公路收费；司机出现操作失误时汽车自动报警；公文包提醒主人忘带了什么东西；衣服"告诉"洗衣机对颜色和水温的要求；地震来临前预警等，这些美好图景通过"物联网"都已成为现实，如图 10.1 所示。

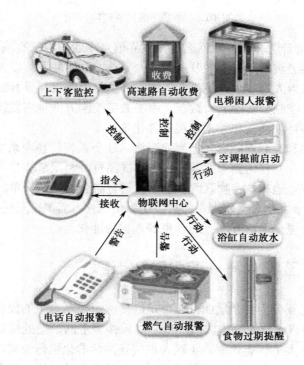

图 10.1 物联网应用示意

那么，物联网究竟是什么呢？物联网（The Internet of Things，简称 IOT）是通过射频识别（Radio Frequency IDentification，RFID）、红外感应器、全球定位系统、激光扫描器等信息传感设备，按约定的协议，把物品与互联网连接起来，进行信息交换和通信，以实现智能化识别、定位、跟踪、监控和管理的一种网络。物联网的概念最早是在 1999 年提出的。物联网就是"物物相连的互联网"。其内涵主要有两层意思：第一，物联网的核心和基础仍然是互联网，是在互联网基础上的延伸和扩展的网络；第二，其用户端延伸和扩展到了物品与物品之间，进行信息交换和通信，以实现智慧化识别、定位、跟踪、监控和管理的一种网络。

物联网的实质是利用射频自动识别（RFID）技术，通过接入（无线）互联网实现物体的自动识别和信息的互联与共享，物联网的体系结构如图 10.2 所示。

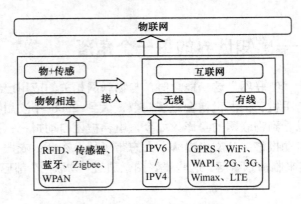

图 10.2 物联网的体系结构

"物联网"被称为继计算机、互联网之后,世界信息产业的第三次浪潮。人们普遍认为:一方面物联网可以提高经济效益,大大节约成本;另一方面物联网可以为全球经济的复苏提供技术动力。物联网在为人们带来方便生活的同时,也将大幅度提升社会生产率,减少环境污染和能源消耗,甚至在减少贫困人口数量,缩小数字鸿沟方面也将发挥重要作用。总而言之,物联网将成为经济持续增长和技术发展的催化剂。

智慧地球将物联网和互联网融合,把商业系统、社会系统与物理系统融合起来,形成崭新的、智慧的全面系统,并且达到"智慧"状态,提高资源利用率和生产力水平,改善人与自然间的关系。构建智慧地球,将物联网和互联网进行融合,不是简单的将实物与互联网进行连接,不是简单的"鼠标"加"水泥"的数字化和信息化,而是需要进行更高层次的整合,需要"更透彻的感知,更全面的互联互通,更深入的智能化"。

10.2 脆弱的"五官"——RFID 和 EPC

物联网在组成上主要分为两个层面:一个是以传感和控制为主的硬件部分,主要由无线射频识别(RFID)、传感网技术等构成;一个是以软件为主的数据处理技术,其中包括搜索引擎技术、数据挖掘、人工智能处理、实现人机交互的标准化机器语言等。

对于物端的远程控制,主要分为两种形式,即一种是有线,另一种是无线,而无线远程控制主要采用了射频技术。射频识别技术是一项利用射频信号通过空间耦合(交变磁场或电磁场)实现无接触信息传递并通过所传递的信息达到识别目的的技术。

10.2.1 RFID

射频识别技术(Radio Frequency IDentification,RFID)通常是以微小的无线收发器为标签(Tag)来标志某个物体,这个物体在 RFID 技术中常称为对象(Object)。标签上携带有一些关于这个对象的数据信息。作为标签的无线收发器通过无线电波将这些数据发射到附近的识读器(Reader)。识读器可以通过计算机和网络对这些数据进行收集和处理。

1. RFID 的工作原理

RFID 是一项利用射频信号通过空间耦合(交变磁场或电磁场)实现无接触信息传递并通过所传递的信息达到识别目的的技术,RFID 工作原理见图 10.3。其核心部件是一个电子标签，分为有源和无源两种，它通过相距几厘米到十几米的距离内读写器发射的无线电波，读取电子标签内的储存信息。无源 RFID 标签是将读写器发送的射频能量转换为直流电为芯片电路供电的。有源 RFID 系统识别距离较远，但标签需要电池供电，体积较大，寿命有限，而且成本较高，限制了应用范围。无源 RFID 系统中的标签不需要电池供电，标签体积非常小，也可以按照用户的要求进行个性化封装，标签的理论寿命无限，价格低廉，但识别距离比有源系统要短。

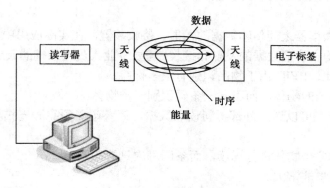

图 10.3　RFID 工作原理

从信息传递的基本原理来说，射频识别技术在低频段基于变压器耦合模型（初级与次级之间的能量传递及信号传递），在高频段基于雷达探测目标的空间耦合模型（雷达发射电磁波信号碰到目标后携带目标信息返回到雷达接收机）。1948 年，哈里斯托克发表的"利用反射功率的通信"奠定了射频识别技术的理论基础。

2. RFID 系统的组成

射频识别系统包括读写器、电子标签（或称射频卡、应答器等，本文统称为电子标签）、天线，主机等。RFID 系统在具体的应用过程中，根据不同的应用目的和应用环境，系统的组成会有所不同，但从 RFID 系统的工作原理来看，系统一般都由信号发射机、信号接收机、发射接收天线几部分组成。

（1）信号发射机

在 RFID 系统中，信号发射机为了不同的应用目的，会以不同的形式存在，典型的形式是标签（TAG）。标签相当于条码技术中的条码符号，用来存储需要识别传输的信息，另外，与条码不同的是，标签必须能够自动或在外力的作用下，把存储的信息主动发射出去。

（2）信号接收机

在 RFID 系统中，信号接收机一般叫做阅读器。根据支持的标签类型不同与完成的功能不同，阅读器的复杂程度是不同的。阅读器基本的功能就是提供与标签进行数据传输的途径。另外，阅读器还提供相当复杂的信号状态控制、奇偶错误校验与更正功能等。标签中除了存储需要传输的信息外，还必须含有一定的附加信息，如错误校验信息等。识别数据信息和附加信息按照一定的结构编制在一起，并按照特定的顺序向外发送。阅读器通过接收到的附加信息来控制数据流的发送。一旦到达阅读器的信息被正确的接收和译解后，阅读器通过特定的算法决定是否需要发射机重发一次信号，或者通知发射器停止发信号，这就是"命令响应协议"。使用这种协议，即使在很短的时间、很小的空间内阅读多个标签，也可以有效地防止"欺骗问题"的产生。

（3）编程器

只有可读可写标签系统才需要编程器。编程器是向标签写入数据的装置。编程器写入数据一般来说是离线（Off-line）完成的，也就是预先在标签中写入数据，等到开始应用时直接把标签粘贴在被标识项目上。也有一些 RFID 应用系统，写数据（尤其是在生产环境中作为交互式便携数据文件来处理时）是在线（On-line）完成的。

（4）天线

天线是标签与阅读器之间传输数据的发射、接收装置。在实际应用中，系统功率、天线的形状和相对位置均会影响数据的发射和接收，需要专业人员对系统的天线进行设计、安装。

与条码技术相比，RFID 用于物品识别有很多优势：

① 可以识别单个的物体，而不同于条码识别一类物体；

② 采用无线电，可以透过外部材料读取数据，而条码必须靠激光扫描在可视范围内来读取信息；

③ 可以同时对多个物体进行识读，而条码每次只能读取一个；

④ 储存的信息量非常大。

10.2.2 EPC

1. EPC 概述

产品电子代码（Electronic Product Code，EPC）是基于 RFID（射频自动识别技术）与 Internet 的一项物流信息管理技术，它给每一个实体对象分配一个全球物品信息实时共享的实物互联网。EPC 是条码技术的延伸与拓展，已经成为 EAN·UCC 全球统一标识系统的重要组成部分。它可以极大地提高物流效率，降低物流成本，是物品追踪、供应链管理、物流现代化的关键。

EPC 系统是在当今贸易全球化、信息网络化的背景下产生的，是 GS1 系统的新发展。美国麻省理工学院 Auto-ID 中心正在从事 EPC 和 RFID 的应用技术研发。EPC 系统是对单个产品的全球唯一标识，是对 GS1 系统全球产品和服务的唯一标识的补充。它旨在提高全球供应链的管理效率，其用户群体和 GS1 系统一样，遍布全球的各行各业。EPC 系统与 GS1 系统一样，其核心技术仍是编码体系。2004 年 4 月 EPCglobal China 正式成立，负责中国 EPC 的注册、管理和实施 EPC 工作，跟踪中国在 EPC 与物联网技术的发展新动态、研究 EPC 技术、推进 EPC 技术的标准化、推广 EPC 技术的应用等方面的工作。

新一代的 EPC 编码体系是在原有公司 GS1 编码体系的基础上发展起来的，与原有 GS1 编码系统相兼容。在数据载体技术方面，EPC 采用了 GS1 系统中的两大数据载体技术之一的射频识别（RFID）技术。

2. EPC 与 RFID 的关系

EPC 与 EPC 系统的出现，使 RFID 技术向跨地区、跨国界物品识别与跟踪领域的应用迈出了划时代的一步，EPC 系统与 RFID 技术之间关系如图 10.4 所示。

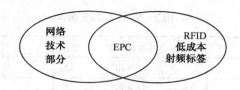

图 10.4　EPC 系统与 RFID 技术之间关系示意

从技术上来讲，EPC 系统包括物品编码技术、RFID 技术、无线通信技术、软件技术、互联网技术等多个学科技术，而 RFID 技术只是 EPC 系统的一部分；对 RFID 应用领域来说，EPC 系统应用则只是 RFID 技术的应用领域之一。

3．EPC 系统的结构特点

EPC 系统是一个非常先进的、综合性的复杂系统，其最终目标是为每一单品建立全球的、开放的标识标准。它由 EPC 编码体系、射频识别系统和信息网络系统三部分组成，主要包括六个方面，详见表 10.1 所示。

表 10.1　EPC 系统的构成

系统构成	名　　称	注　　释
EPC 编码体系	EPC 代码	用来标识目的的特定代码
射频识别系统	EPC 标签	贴在物品之上或者内嵌在物品之中
	读写器	识读 EPC 标签
信息网络系统	EPC 中间件	EPC 系统的软件支持系统
	对象名称解析服务（Object Naming Service，ONS）	
	EPC 信息服务（EPCIS）	

4．EPC 编码

EPC 编码是 EPC 系统的重要组成部分，它是指对实体及实体的相关信息进行代码化，通过统一并规范化的编码建立全球通用的信息交换语言。

EPC 编码体系是新一代的与 GTIN 兼容的编码标准，它是全球统一标识系统的延伸和拓展，是全球统一标识系统的重要组成部分，是 EPC 系统的关键与核心。

编码原则如下：

（1）唯一性

EPC 对实体对象的全球唯一标识，一个 EPC 编码只标识一个实体对象。为了确保实体对象的唯一标识的实现，EPCglobal 采取了以下措施。

① 足够的编码容量

EPC 编码冗余度见表 10.2。从世界人口总数（大约 60 亿）到大米总粒数（粗略估计为 1 亿亿粒），EPC 有足够大的地址空间来标识所有的这些对象。

表 10.2　EPC 编码冗余度

比　特　数	唯一编码数	对　　象
23	6.0×10^6	汽车
29	5.6×10^8	计算机
33	6.0×10^9	人口
34	2.0×10^1	剃刀刀片
54	1.3×10^{16}	大米粒数

② 组织保证

必须保证 EPC 编码分配的唯一性并寻求解决编码冲突的方法。EPCglobal 通过全球各国编码组织来负责分配各国的 EPC 编码，并建立了相应的管理制度。

③ 使用周期

对于一般实体对象，使用周期和实体对象的生命周期一致；对于特殊的产品，EPC 编码的使用周期是永久的。

(2) 简单性

EPC 的编码既简单，同时又能提供实体对象的唯一标识。

(3) 可扩展性

EPC 编码留有备用空间，具有可扩展性。也就是说 EPC 的地址空间是可发展的，具有足够的冗余，确保了 EPC 系统的升级和可持续发展。

(4) 保密性和安全性

EPC 编码与安全和加密技术相结合，具有较高的保密性和安全性。保密性和安全性是配置高效网络的首要问题之一，安全的传输、存储和实现是 EPC 能否被广泛采用的基础。

5. EPC 编码关注的问题

(1) 生产厂商和产品

目前世界上的公司总数超过 2500 万家，今后 10 年内这个数目有望达到 3900 万家，因此，EPC 编码中的厂商代码必须有一定的容量。

(2) 内嵌信息

在 EPC 编码中不应嵌入有关产品的其他信息，如商品名称、品牌、有效期、生产日期等。

(3) 分类

分类是指对具有相同特征和属性的实体进行的管理和命名，这种管理和命名的依据不涉及实体的固有特征和属性，通常是管理者的行为。

(4) 批量产品编码

应给批次内的每一样产品分配唯一的 EPC 编码，也可将该批次视为一个单一的实体对象，分配一个批次的 EPC 编码。

6. EPC 编码结构

EPC 代码是由标头、厂商识别代码、对象分类代码、序列号等数据字段组成的一组数字。EPC 编码结构见表 10.3。

表 10.3 EPC 编码结构

编码	标头	厂商识别代码	对象分类代码	序列号
	EPC-64 编码结构			
EPC-64	2	21	17	24
	2	15	13	34
	2	26	13	23
	EPC-96 编码结构			
编码	标头	厂商识别代码	对象分类代码	序列号
EPC-96	8	28	24	36
	EPC-256 编码结构			
	标头	厂商识别代码	对象分类代码	序列号
	8	32	56	160
	8	64	56	128
	8	128	56	64

（1）科学性：结构明确，易于使用和维护。

（2）兼容性：EPC 编码标准与目前广泛应用的 EAN·UCC 编码体系是兼容的，GTIN 是 EPC 编码结构中的重要组成部分，目前广泛使用的 GTIN、SSCC、GLN 等都可以顺利转换到 EPC 中。

（3）全面性：可在生产、流通、存储、结算、跟踪、召回等供应链的各个环节全面应用。

（4）合理性：由 EPCglobal、各国 EPC 管理机构（中国的管理机构称 EPCglobal China）、被标识物品的管理者分段管理、共同维护、统一应用，具有合理性。

（5）国际性：不以具体国家、企业为核心，编码标准全球协商一致，具有国际性。

（6）无歧视性：编码采用全数字形式，不受地方色彩、语言、经济水平、政治观点的限制，是无歧视性的编码。

目前，EPC 使用的编码标准采用的是 64 位数据结构，未来将采用 96 位、256 位的编码结构。

7. EPC 与 GTIN 的区别

EPC 与 GTIN 的区别详见表 10.4。

表 10.4 EPC 与 GTIN 的区别

项目	GTIN（全球贸易项目代码）	EPC（电子产品标签）
编码对象	一类产品和服务	单个产品
编码结构种类	多种编码结构	一种编码结构
数制	十进制	二进制
标识特性	只对产品和服务进行标识，无法描述特征信息	可以描述几乎所有的产品

8. EPC 的特点

（1）开放的结构体系

EPC 系统采用全球最大的公用的 Internet 网络系统。这就避免了系统的复杂性，同时也大大降低了系统的成本，并且有利于系统的增值。

（2）独立的平台与高度的互动性

EPC 系统识别的对象是一个十分广泛的实体对象，因此，每一种技术都有它所适用的识别对象。不同地区、不同国家的射频识别频段标准是不相同的。因此开放的结构体系必须具有独立的平台和高度的交互操作性。EPC 系统网络建立在 Internet 网络系统上，并且可以与 Internet 网络的所有组成部分协同工作。

（3）灵活的可持续发展体系

EPC 系统是一个灵活的、开放的可持续发展的体系，在原有硬件设施的情况下就可以实现系统升级。

EPC 系统是一个全球的大系统，供应链的各个环节、各个节点、各个方面都可受益，但对低价值的识别对象，如食品、快速消费者等来说，它们对 EPC 系统引起的附加价格十分敏感。EPC 系统正在考虑通过本身技术的进步，进一步降低成本，同时通过系统的整体改进使供应链管理得到更好的应用，以便提高效益，抵消和降低附加价格。

9. EPC 编码转换

（1）序列化全球贸易标识代码（SGTIN）

SGTIN 是一种新的标识类型，它基于在 EAN·UCC 通用规范中的 EAN·UCC 全球贸易项目代码（GTIN）。一个单独的 GTIN 不符合 EPC 纯标识中的定义，因为它不能唯一标识一个具体的物理对象。GTIN 标识一个特定的对象类，如一特定产品类或 SKU。

注意：所有 SGTIN 表示法支持 14 位 GTIN 格式。这就意味着 0 指示位，在 UCC-12 厂商识别代码以 0 开头和 EAN·UCC-13 零指示位，都能够编码并能从一个 EPC 编码中进行精确的说明。EPC 现在不支持 EAN·UCC-8，但是支持 14 位 GTIN 格式。

为了给单个对象创建一个唯一的标志符，GTIN 增加了一个序列号，管理实体负责分配唯一的序列号给单个对象分类。GTIN 和唯一序列号的结合，称为一个序列化 GTIN（SGTIN）。

由十进制 SGTIN 部分抽取、重整、扩展字段进行编码示意图如图 10.5 所示。SGTIN 的组成如下：

① 厂商识别代码：由 EAN 或 UCC 分配给管理实体。厂商识别代码在一个 EAN·UCC GTIN 十进制编码内同厂商识别代码位相同。

② 项目代码：由管理实体分配给一个特定对象分类。EPC 编码中的项目代码是从 GTIN 中获得的，它通过连接 GTIN 的指示位和项目代码位，看作一个单一整数而得到。

③ 序列号：由管理实体分配给一个单个对象。序列号不是 GTIN 的一部分，但是 SGTIN 的组成部分。

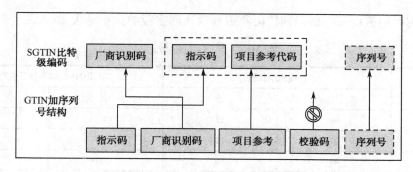

图 10.5　由十进制 SGTIN 部分抽取、重整、扩展字段进行编码示意

SGTIN 的 EPC 编码方案允许 GS1 系统标准 GTIN 和序列号直接嵌入 EPC 标签。所有情况下，校验位不进行编码。

除了标头之外，SGTIN-96 由 5 个字段组成：滤值、分区、厂商识别代码、贸易项代码和序列号，如表 10.5 所示。

表 10.5　SGTIN-96 的结构、标头和最大十进制值

编码	标头	滤值	分区	厂商识别代码	贸易项代码	系列号
	8	3	3	20-40	24-4	38
SGTIN-96	0011 0000（二进制值）	（值参照表 10.6）	（值参照表 10.7）	999999～999999999 999（最大十进制范围）*	9999999～9（最大十进制范围）*	274877906943（最大十进制值）

*厂商识别代码和贸易项代码字段范围根据分区字段内容的不同而变化。

标头 8 位，二进制值为 0011 0000。

滤值不是 GTIN 或者 EPC 标识符的一部分，而是用来快速过滤和预选基本物流类型。64 位和 96 位 SGTIN 的滤值相同，见表 10.6。

表 10.6　SGTIN 滤值（非规范）

类　　型	二进制值
所有其他	000
零售消费者贸易项目	001
标准贸易项目组合	010
单一货运/消费者贸易项目	011
保留	100
保留	101
保留	110
保留	111

分区指示随后的厂商识别代码和贸易项代码的分开位置的这个结构与 EAN·UCC GTIN 中的结构相匹配，在 EAN·UCC GTIN 中，贸易项代码加上厂商识别代码（唯一的指示位）共 13 位。厂商识别代码在 6 位到 12 位之间，贸易项代码（包括单一指示位）在 7 位到 1 位

之间。分区的可用值以及厂商识别代码和贸易项代码字段的大小见表 10.7。

表 10.7 SGTIN-96 分区

分区值	厂商识别代码		项目参考代码和指示位数字	
	二进制	十进制	二进制	十进制
0	40	12	4	1
1	37	11	7	2
2	34	10	10	3
3	30	9	14	4
4	27	8	17	5
5	24	7	20	6
6	20	6	24	7

厂商识别代码包含 EAN·UCC 厂商识别代码的一个逐位编码。

贸易项代码包含 GTIN 贸易项代码的一个逐位编码。指示位同贸易项代码字段以下方式结合：贸易项代码中以零开头是非常重要的，把指示位放在域中最左位置。例如，00235 同 235 是不同的。如果指示位为 1，结合 00235，结果为 100235。结果组合看做一个整数，编码成二进制作为贸易项代码字段。

序列号包含一个连续的数字。这个连续的数字的容量小于 EAN·UCC 系统规范序列号的最大值，而且在这个连续的数字中只包含数字。

分区指示随后的厂商识别代码和商品项目代码的分开位置，这个结构与 GS1 GTIN 中的结构相匹配。GTIN 厂商识别代码加商品项目代码（包括指示符在内）共 13 位。其中，厂商识别代码在 6 位到 12 位之间，商品项目代码（包括单一指示符）相应在 7 位到 1 位之间。分区值以及厂商识别代码和商品项目代码两者长度的对应关系见表 10.7。

SGTIN-96 商品项目代码与 GTIN 商品项目代码之间存在对应关系：连接 GTIN 的指示符和商品项目代码，将二者组合看作一个整数，编码成二进制作为 SGTIN-96 的商品项目代码字段。把指示符放在商品项目代码的最左侧可用位置。GTIN 商品项目代码中以"零"开头是非常重要的。例如，00235 同 235 是不同的。如果指示符为 1，GTIN 商品项目代码为 00235，那么 SGTIN-96 商品项目代码为 100235。

（2）EPC 编码转换

例如，将 GTIN 1 6901234 00235 8 连同序列代码 8674734 转换为 EPC。

步骤如下：

① 标头（8 位）0011 0000；

② 设置零售消费者贸易项（3 位），001；

③ 由于厂商识别代码是 7 位（6901234），查表 10.7 得知分区值为 5，二进制（3 位），表示为 101（除 2 取余法）；

④ 6901234 转换为 EPC 管理者分区，二进制（24 位）表示为 0110 1001 0100 1101 1111 001；

⑤ 首位数字和项目代码确定成 100235，二进制（20 位）表示为 0001 1000 0111 1000 1011，去掉校验位 8；

⑥ 将 8674734 转换为序列号,二进制(38 位)表示为 0000 0000 0000 0010 0001 0001 0111 0110 1011 10;

⑦ 串联以上数位为 96 位 EPC(SGTIN-96)

0011 0000 0011 0101 1010 0101 0011 0111 1100 1000 0110 0001 1110 0010 1100 0000 0000 0000 1000 0100 0101 1101 1010 1110。

目前 EPC 标签数据标准定义了来自于 GS1 系统的 EPC 标识结构,即由传统的 GS1 系统转向 EPC 的编码方法。目前 EPC 编码通用长度为 96 位,今后可扩展到更多位。

注意:EPC 编码不包括校验位。传统的 GS1 系统和校验位在代码转化 EPC 过程中失去作用。

10.3 EPC 系统的信息网络系统

EPC 系统的信息网络系统是在全球互联网的基础上,通过 EPC 中间件、对象命名解析服务(ONS)和 EPC 信息服务(EPCIS)来实现全球"实物互联"的。

(1) EPC 中间件

EPC 中间件是具有一系列特定属性的"程序模块"或"服务",并被用户集成以满足特定的需求,EPC 中间件以前被称为 Savant。

EPC 中间件是加工和处理来自读写器的所有信息和事件流的软件,是连接读写器和企业应用程序的纽带,主要任务是在将数据送往企业应用程序之前进行标签数据校对、读写器协调、数据传送、数据存储和任务管理。图 10.6 描述 EPC 中间件及其他应用程序的通信。

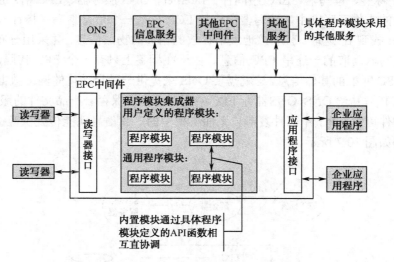

图 10.6　EPC 中间件及其他应用程序的通信

(2) 对象名称解析服务

对象名称解析服务(ONS)是一个自动的网络服务系统,类似于域名解析服务(DNS),ONS 给 EPC 中间件指明了存储产品相关信息的服务器。

ONS 服务是联系 EPC 中间件和 EPC 信息服务的网络枢纽,并且 ONS 设计与架构都以互联网域名解析服务 DNS 为基础,因此,可以使整个 EPC 网络以互联网为依托,迅速架构并顺利延伸至世界各地。

（3）EPC 信息服务

EPC 信息服务（EPCIS）提供了一个模块化、可扩展的数据和服务的接口，使得 EPC 的相关数据可以在企业内部或者企业之间共享。它负责处理与 EPC 相关的各种信息。表 10.8 为 EPC 信息服务示例。

表 10.8　EPC 信息服务示例

EPC 的观测值	what/when/where/why，通俗地说，就是观测对象、时间、地点及原因，这里的原因是一个比较广泛的说法，它应该是 EPCIS 步骤之间的一个关联，例如，订单号、制造商编号等商业交易信息
包装状态	例如，物品 A 在托盘上包装箱内
信息器	例如，位于 Z 仓库的 Y 通道 X 识读器

EPCIS 有两种运行模式，一种是 EPCIS 信息被激活的 EPCIS 应用程序直接应用；另一种是将 EPCIS 信息存储在资料档案库中，以备今后查询时进行检索。独立的 EPCIS 事件通常代表独立步骤，比如，EPC 标记对象 A 装入标记对象 B，并与一个交易码结合。对于 EPCIS 资料档案库的 EPCIS 查询，不仅可以返回独立事件，而且还有连续事件的累积效应。例如，对象 C 包含对象 B，对象 B 本身又包含对象 A。

10.4　EPC 系统的工作流程

在由 EPC 标签、读写器、EPC 中间件、Internet、ONS 服务器、EPC 信息服务（EPCIS）和数据库组成的实物互联网中，读写器读出的 ECP 只是一个信息参考（指针），由这个信息参考从 Internet 找到 IP 地址，获取该地址中存放的相关的物品信息，并采用分布式的 EPC 中间件处理由读写器读取的一连串 EPC 信息。由于在标签上只有一个 EPC 代码，计算机只需要知道与该 EPC 匹配的其他信息，这就需要 ONS 来提供一种自动化的网络数据库服务，EPC 中间件将 EPC 代码传给 ONS，ONS 指示 EPC 中间件到一个保存着产品文件的服务器（EPCIS）中查找，该文件可由 EPC 中间件复制，因而文件中的产品信息就能传到供应链上，EPC 系统的工作流程如图 10.7 所示。

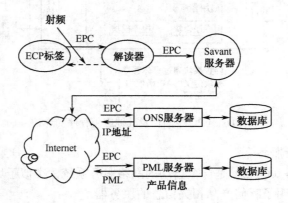

图 10.7　EPC 系统的工作流程

物联网的本质是以具有信息读写能力的 RFID 系统为基础，结合已有的网络技术、数据库技术、中间件技术等，构筑一个由大量联网的阅读器和无数移动的标签组成的，比 Internet 更为庞大的物物互联的网络。目前较为成型的分布式网络集成框架是 EPCglobal 提出的 EPC 网络。EPC 网络主要是针对物流领域，其目的是增加供应链的可视性和可控性，使整个物流领域能够借助 RFID 技术获得更大的经济效益。

10.5 EPC 系统的技术标准

评价 EPC 系统的技术指标主要体现在频率、有效识读距离、安全性及标准四个方面。

1. 频率

频率是决定 EPC 有效范围、抗干扰性及其他功能特点的主要因素。EPC global 的第二代（Gen2）标准就是采用了 UHF 860～960MHz 频段。

2. 有效识读距离

有效识读距离主要取决于当前所使用的频率、电力输出和天线的灵敏度。UHF 提供了 20 米以上的识读距离。距离在很大程度上受物理环境的影响——金属和液体能够对读取产生干扰，影响距离和读/写能力。对于读/写标签，通常读距离取长于写入数据的距离。

3. 安全性

EPC 标签具有较强的安全性，不容易被伪造。同时可以采用加密算法，确保数据的安全性。

4. 标准

EPCglobal 的 RFID 标准体系框架包含硬件、软件、数据标准，以及由 EPCglobal 运营的网络共享服务标准等多个方面的内容。其目的是从宏观层面列举 EPCglobal 硬件、软件、数据标准，以及它们之间的联系，定义网络共享服务的顶层架构，并指导最终用户和设备生产商实施 EPC 网络服务。EPCglobal 标准框架包括数据识别、数据获取和数据交换三个层次，其中数据识别层的标准包括 RFID 标签数据标准和协议标准，目的是确保供应链上的不同企业间数据格式和说明的统一性；数据获取层的标准包括读写器协议标准、读写器管理标准、读写器组网和初始化标准，以及中间件标准等，定义了收集和记录 EPC 数据的主要基础设施组件，并允许最终用户使用具有互操作性的设备建立 RFID 应用；数据交换层的标准包括 EPC 信息服务标准（EPC Information Services，EPCIS）、核心业务词汇标准（Core Business Vocabulary，CBV）、对象名解析服务标准（Object Name Service，ONS）、发现服务标准（Discovery Services）、安全认证标准（Certificate Profile），以及谱系标准（Pedigree）等，提高广域环境下物流信息的可视性，目的是为最终用户提供可以共享的 EPC 数据，并实现 EPC 网络服务的接入。EPC 相关标准见表 10.8。

表 10.8　EPC 相关标准

层次	标准名称	发布时间	版本号	备注
数据识别层	UHF Class 0 Gen 1 Tag Air Interface 第一代 UHF Class 0 标签空中接口	2003 年 11 月	V1.0	由 AutoID 中心发布,未纳入 EPCglobal 标准体系中,于 2004 年 12 月被第二代 UHF Class 1 标签空中接口替代
	UHF Class 1 Gen 1 Tag Air Interface 第一代 UHF Class 1 标签空中接口	2003 年 11 月	V1.0	
	HF Class 1 Gen 1 Tag Air Interface 第一代 HF Class 1 标签空中接口	2003 年 11 月	V1.0	由 AutoID 中心发布,将被 HF Class 1 标签空中接口第二版替代
	UHF Class 1 Gen 2 Tag Air Interface 第二代 UHF Class 1 标签空中接口	2008 年 5 月	V1.2.0	替代 2007 年 10 月发布的 V1.1.0
	HF Class 1 Version 2 Tag Air Interface HF Class 1 标签空中接口第二版	开发中	—	
	Tag Data Standard RFID 标签数据标准	2008 年 6 月	V1.4	替代 2007 年 9 月发布的 V1.3.1
	Tag Data Translation RFID 标签格式标准	2009 年 6 月	V1.4	替代 2006 年 1 月发布的 V1.0
数据获取层	Low Level Reader Protocol 底层读写器协议	2007 年 8 月	V1.0.1	替代 2007 年 4 月发布的 V1.0
	Reader Protocol 读写器协议	2006 年 6 月	V1.1	
	Reader Management 读写器管理	2007 年 5 月	V1.0.1	
	Discovery, Configuration, and Initialization (DCI) for Reader Operations 读写器组网和初始化	2009 年 6 月	V1.0	
	Application Level Events (ALE) 中间件	2009 年 3 月	V1.1.1	替代 2008 年 2 月发布的 V1.1
数据交换层	EPC Information Services (EPCIS) EPC 信息服务	2007 年 9 月	V1.0.1	替代 2007 年 4 月发布的 V1.0
	Core Business Vocabulary 核心业务词汇	开发中	—	
	Pedigree Standard 谱系标准	2007 年 1 月	V1.0	
	EPCglobal Certificate Profile 安全认证标准	2008 年 5 月	V1.0.1	替代 2006 年 3 月发布的 V1.0
	Object Name Service (ONS) 对象名解析服务	2008 年 5 月	V1.0.1	替代 2005 年 10 月发布的 V1.0
	Discovery Services 发现服务	开发中	—	

10.6　EPC 的发展

10.6.1　EPC 国际发展

由于 EPC 系统应用前景广阔,且符合市场需求,它的推广也得到了国际性的标准化组织 GS1 及其各国分支结构的大力支持。2003 年 11 月 1 日,EAN 和 UCC 成立了 EPCglobal,正式接手了 EPC 在全球的推广应用工作。EPCglobal 不但发布了 EPC 标签和读/写器方面的技术标准,还推广 RFID 在物流管理领域的网络化管理和应用。2006 年 7 月 11 日,EPCglobal 宣布 UHF Gen 2 空中接口协议作为 C 类 UHF RFID 标准经 ISO 核准并入 ISO/IEC 18000-6 修订标准 1。2007 年 4 月 16 日,EPCglobal 发布了产品电子代码信息服务(EPCIS)标准,为资产、产品和服务在全球的移动、定位和部署带来了前所未有的可见度,标志着 EPC 发展的又一里程碑。系统集成商可以根据该标准生产满足供应商、制造商和终端用户要求的产品，业界可依据符合该标准的设备推动 EPC 的实施。美国和欧洲引领着 EPC 在国际上的发展，日本和韩国在亚洲 RFID 领域的研究处于相对领先的地位。

10.6.2 EPC 国内发展

为了实时实现信息的交流和传递，必须有一种技术满足对单个产品的标识和高效识别。正是在这样的背景下，人们开始设想为每一件商品都赋予一个唯一的编号，以识别和跟踪供应链上的每一件单品，使企业能够及时了解每个商品在供应链上任何时点的位置信息。随着互联网的飞速发展和射频技术趋于成熟，一种比条码更先进的产品标识和跟踪技术出现了——它就是 EPC。

通过 EPC 技术，企业可以实现对所有单个实体对象（包括零售商品、物流单元、集装箱、货运包装等）进行唯一、有效地标识，从而彻底变革商品零售结算、物流配送及产品跟踪管理的模式。同条码相比，EPC 技术具有应用更灵活、信息容量更大、抗环境污染和抗干扰等优点。这项被誉为具有革命性意义的现代物流信息管理技术必将对现代物流和电子商务的发展带来深远的影响。

EPC 编码系统是在原有的 GS1 编码体系的基础上发展起来的，EPC 编码系统主要以全球贸易项目代码（GTIN）体系为主，它采用了 GS1 编码体系两大数据载体技术之一的射频识别（RFID）技术。我国对 EPC/RFID 的研究，目前基本处于跟踪发达国家研究阶段。中国物品编码中心（ANCC）、AIM China 等非营利性机构及 Auto-ID 中国实验室等科研机构，在研究和推广方面目前已经取得了初步成果。EPC 有着独特的技术优势和广阔的前景，将给人们带来巨大的便利。

本 章 小 结

物联网的实质是利用射频自动识别（RFID）技术，通过接入（无线）互联网实现物体的自动识别和信息的互联与共享。射频识别技术（Radio Frequency IDentification，RFID）通常是以微小的无线收发器为标签（Tag）来标志某个物体，这个物体在 RFID 技术中常称为对象（Object）。标签上携带有一些关于这个对象的数据信息。作为标签的无线收发器通过无线电波将这些数据发射到附近的识读器（Reader）。识读器可以对这些数据进行收集和处理，并且可以通过计算机和网络处理和传送它们。产品电子代码（Electronic Product Code，EPC）是基于 RFID（射频自动识别技术）与 Internet 的一项物流信息管理技术，它通过给每一个实体对象分配一个全球物品信息实时共享的实物互联网。

练 习 题

一、选择题

1. 实体标记语言（PML）提供了一个描述自然物体、过程和环境的标准，它将提供一种动态的环境。使它与物体相关的（   ）数据可以相互交换。

A．静态的数据　　B．暂时的数据　　C．动态的数据　　D．统计加工过的数据
2．EPC 标签主要是由（　　）构成的。
A．天线
B．集成电路
C．连接集成电路与天线的部分　　D．天线所在的底层

二、判断题

（　　）1．EPC 系统是当今贸易全球化、信息网络化的背景下产生的，是 GS1 系统的新发展。因此，编码体系已经不是 EPC 系统的核心技术。

（　　）2．EPC 系统是对单个产品的全球唯一标识，是对 GS1 系统全球产品和服务的唯一标识的补充。

（　　）3．对于低频的 RFID 系统主要应用于需要较长的读写距离和较高的读写速度的场合。

（　　）4．对于任何电子标签来讲，都具有唯一的 ID 号，这个 ID 号对于一个标签来讲，是不可更改的。

（　　）5．射频技术的核心是电子标签。

（　　）6．射频识别标签基本上是一种标签形式，将特殊的信息编码进电子标签。标签被粘贴在需要识别或追踪的物品上，如货架、汽车、自动导向的车辆、动物等。

三、简答题

1．条码标签将会被 EPC 标签完全替代吗？为什么？
2．简述 EPC 系统的工作流程。

实训项目　超赢 POS 软件的应用

[能力目标]

1．深入理解 POS 系统的管理理念，通过实验理解卖场管理系统是集进、销、调和存于一体的商业管理信息系统。

2．通过基本数据的录入、进货管理、批发管理、零售管理、仓库管理和财务管理各子系统的模拟，了解卖场进、销、存的流程，掌握制订各类单据的方法，并掌握查询业务进程的方法。

[实验仪器]

1．一台计算机。
2．一套超赢 POS 软件。

[实验内容]

超赢 POS 软件主要分为前台收银和 POS 管理系统两部分。着重介绍标准版的 POS 管理系统。当用户启用了账套之后，在系统的主窗口最上方可以看到一行菜单栏，其中包括"系统管理"、"基本资料"、"进货管理"、"批发管理"、"零售管理"、"仓库管理"、"财务管理"和"关于"八个菜单项，选择某个菜单即可打开一个下拉列表，本系统的所有操作功能全部都包含在这些菜单里了。

1．基本数据的录入

（1）新建和删除账套

当第一次运行该系统时，系统自带一套试用数据，用户正式使用时必须"创建账套"。单击"新建账套"按钮，如图10.8所示。

按照相应提示进行操作。账套创建成功后，可选择账套进入用户登录窗口，用"总经理"身份登录，密码为空，进入系统。在选择账套的同时，也可删除账套。

（2）基本资料录入

基本资料录入主要进行仓库、商品、客户、供应商等信息录入。其中商品按照大类、中类、小类录入；商品类别在上一类增加类别名称，如图10.9所示，增加"西凤酒系列"、"全兴酒系列"产品同类的系列名称。

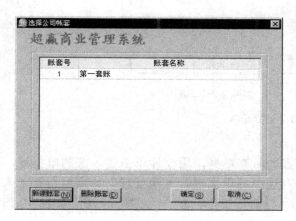

图10.8　新建账套示意

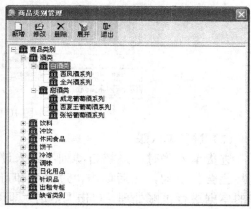

图10.9　商品类别管理示意

新增商品界面见图10.10所示。

在系统未开账前，可在建立客户档案时同时录入此客户的期初应收款。在客户档案录入信息中可设定此客户对应的价格、收款期限、信用额度、此客户对应的本单位经办人。在销售开单时，应收款若超过信用额度会提示报警。

（3）期初录入

期初录入主要包括库存商品的期初录入、应收的期初录入、应付的期初录入。

（4）开账

期初建账完成后，就可以开账了。开账见图10.11。

图10.10　新增商品界面

图10.11　开账

开账之后不允许再修改期初,若已开账,但还没有录入业务单据的情况下可以通过"反开账"来修改期初。进入"系统维护"菜单,单击"开账"菜单,选择"反开帐"即可。

2. 进货管理

(1) 进货开单

进货开单见图10.12所示。

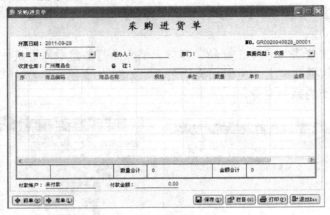

图10.12 进货开单

(2) 进货单入账

进货单入账时,系统自动列出还未过账的所有单据,用鼠标单击需入账的单据后,选择栏会打上勾,然后单击"过账"即可对选中的单据进行入账处理,如需对所有未入账的单据进行过账处理,单击"全选"即可,过账后单据会做"已过账"标识,如图10.13所示。

图10.13 采购入货单示意

注意:在系统安装后,默认单据存盘后不入账,要通过手工入账来冲减相应的商品的库存数量及产生的相应应付账款。也可通过"系统管理"设定单据入账为"自动入账"后,所开单据将自动冲减库存。

(3) 付款单

进货付款时可以直接在进货单上进行付款,也可用付款单进行付款。付款单见图10.14所示。

图 10.14　付款单

（4）进货查询与分析

对进货业务的查询分析可以通过"进货管理"的"进货报表"内的报表进行查询，也可在图形界面的"进货管理"的"统计报表中心"进行查询。

3．批发管理

（1）销售开单

销售开单见图 10.15 所示。该笔销售业务若没有收款，则可在收款期限里选择与客户协商的收款日期。若到期未收款，可在"超期应收款"里查询。

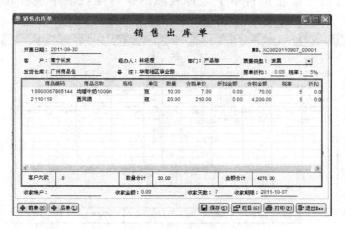

图 10.15　销售开单

（2）批发单据入账

入账时系统自动列出还未过账的所有单据，用鼠标单击需入账的单据后，选择栏会打上勾，然后单击"过账"即可对选中的单据进行入账处理，如需对所有未入账的单据进行过账处理，单击"全选"即可，过账后单据会做"已过账"标识，如图 10.16 所示。

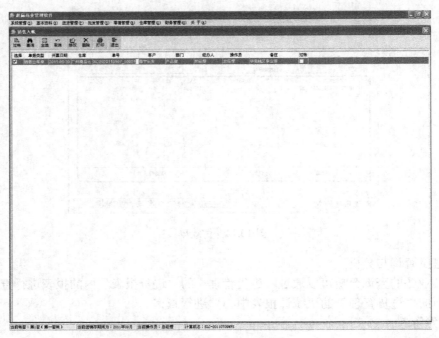

图 10.16 批发单据入帐示意

（3）收款处理

销售收款时可以直接在销售单上进行收款，也可用收款单进行收款。收款处理见图 10.17。

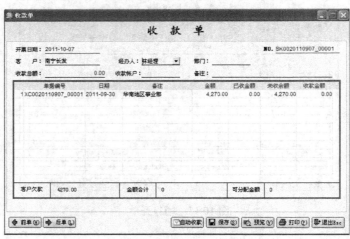

图 10.17 收款处理

在收款单中，选择付款单位后，系统会自动跳出对此单位未结算完成的销售单及销售退货单。用户可以直接录入收款账户及金额，也可以在跳出的销售单或销售退货单后填入收款金额，以达到分单结算的目的。

（4）销售退货

销售退货单见图 10.18 所示。

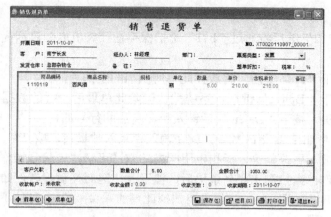

图 10.18 销售退货单

（5）销售查询

企业运作的目的即获取利润，销售业务将产生利润或亏损，因此，销售情况与企业息息相关，是企业所关心的。超赢软件针对销售提供了丰富强大的查询功能，有商品销售排行榜、商品销售成本表、销售统计、单位销售排行榜、单品分析等，对批发业务的查询分析可以通过选择菜单命令"批发管理"→"销售报表"进行报表的查询。

4．零售管理

（1）零售管理

零售管理示意如图 10.19 所示。系统支持扫描枪快速录入，扫描枪的使用与键盘类似，在需要录入条码的地方使用扫描枪录入数据即可。

零售收款的功能操作键，可在收款界面按下"F1"键，弹出如图 10.20 所示的界面。

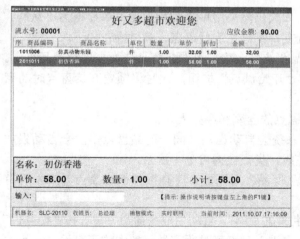

图 10.19 零售管理示意　　　　　　　图 10.20 零售按键帮助示意

收款：超赢软件支持现金和银行卡两种收款方式，如果顾客是用现金付款，在商品条码扫完后，直接按"+"号键收款；如果顾客是用银行卡刷卡付款，在商品条码扫完后，直接按"F3"键收银。

挂单：当前台收银业务非常繁忙时，扫描某一顾客的一部分商品后，此顾客还需另加选购一部分商品，为了提高收银速度，我们采用了"F11"键把已扫完的此部分商品保存在计算机内。

取单：按下"F12"键后将通过"F11"键把保存在计算机内的单据提取出来，大大提高了收银速度。

整单删除：按下"F6"键后，将放弃此单所扫描的全部商品。

单行删除：按下"Delete"键后，系统默认删除此单最后一行的数据，如顾客对刚扫描后的商品不再想购买，按下"Delete"后键入所在商品的行号即可。

更改数量/单价/折扣：要更改数量，就在输入栏录入数量后，按"*"键即可更改上一笔明细商品的销售数量。更改单价、折扣也用同样的方法可解决，只是操作键不同而已。

前台的抹零操作：当扫描完商品条码后，按下"+"键后存盘收款，如果要抹掉此单的零头"分"，可按下"F4"键后再收款；如果要抹掉此单的零头"角"，可按下"F5"键后再收款。

（2）零售退货处理

零售退货录入与零售单相似，只是在前台需把数量更改成负数，先录入负数后再按操作键"*"。

（3）零售交班入账

收银员交班清款：具有收银员权限的前台收款员，直接在前台收款界面按下"F9"键进行交班清款，清款时系统会将操作员的收款金额进行汇总后打印成小票。

后台交班入账：零售单据存盘后，并未减少库存，通过后台的"交班入账"冲减库存。

（4）零售查询

对零售业务的查询分析可以通过选择菜单命令"零售管理"→"零售报表"进行报表的查询。

5．仓库管理

（1）商品盘点

实际工作中月底盘点时工作量相当大，如果仍然采用单笔的盘盈盘亏单显得力不从心。为此超赢软件提供了库存自动盘盈盘亏并且支持不停业进行盘点。具体操作如下。

① 盘点前，超赢软件提供分类打印商品盘点准备表，可选商品分类来进行商品盘点。

② 开始进行实物盘点时，必须先按下"开始盘点"按钮，此时将锁定开始盘点时的商品库存数量，并且将清除上次盘点数据。

③ 录入盘点数据前，必须先选择进行盘点的仓库和经办人。

④ 盘点时可录入条码也可录入编码，系统会自动识别，同一商品盘点多次会自动累加其盘点数量，此盘点表不一定要一次录入完成，盘点数据可分多次录入。

⑤ 当盘点数据录入完后，按"选择漏盘商品"对账面有库存数量但在盘点时未发现有实物的商品进行盘点。

⑥ 确认全部盘点数据录入完后，按"生成盈亏单"，自动生成盘盈盘亏单。按"盘点数"来纠正库存商品的数量，到此盘点完成，下次进入盘点表时所有盘点数据均可查看。一旦生成盈亏单后此盘点单将不能再录入数据。

盘点单示意如图10.21所示。

（2）商品调拨

商品调拨也可以理解为移库。当商品断货或库存数量不足时，通常需要从总部或其他货源充足的仓库进行商品调拨。这种调拨根据管理的不同，可以是同价的，也可以不同价，提供了同价调拨和变价调拨，但变价调拨后务必将单据马上入账。

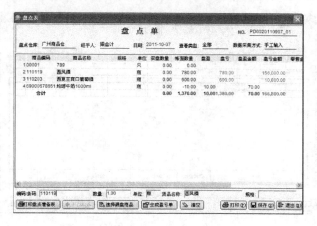

图 10.21　盘点单示意

（3）商品调价

在实际工作中，库存商品的成本价格并不一定都遵循历史成本价格，可能会出现优惠性调价（节日或促销活动调价）、季节性商品调价、政策性商品调价等，在超赢软件里可用商品调价单来完成。

选择菜单命令"仓库管理"→"库存调价单"成本单价进行设定，如图 10.22 所示。

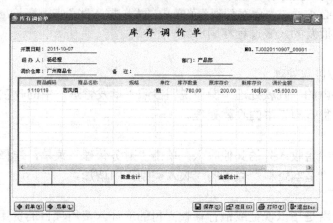

图 10.22　商品库存调价示意

选择商品及其所在仓库，输入要调整新库存价即可。库存调价单上的"新库存价"是输入商品进行调整后的新价格，而不是调整差价。如成本单价为 200 元的商品要调价为 180 元，则调价单上的"新库存价"处应输入 180；商品调价是按照各仓库来完成的，即一张调价单只对该仓库有效，该商品在其他仓库上仍按照原成本价录入。

（4）商品报损

商品报损单如图 10.23 所示。

（5）非进货入库

非进货入库是指处理除进货、销售退货以外的其他收货入库业务，如接受捐赠、接受投资、供入货口等；其发生金额不记入往来应付账。

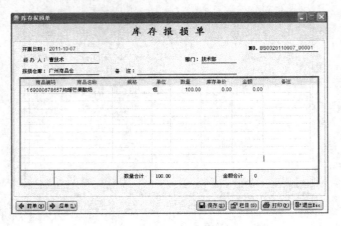

图 10.23　库存报损单

（6）非销售出库

非销售出库是指处理除销售发货、采购退货以外的其他业务，如借出、对外投资转出货品、捐赠等；非销售出库单中的金额不记入往来应收账。

（7）仓库业务单据入账

仓库管理中的所有业务单据除了盘点表中自动生成的盘盈盘亏单是自动审核外，其他所有仓库业务单据都必须通过"仓库管理"菜单中的"单据入账"来过账增/减商品的库存数量，过账过程与进货、批发的入账过程相同。

6. 财务管理

（1）收款处理/付款处理

财务管理模块内的"收款处理"操作说明参照"批发管理"中的收款处理，"付款处理"操作说明参照"进货管理"中的收款处理。

（2）其他收入

其他收入是指销售收入外的其他收入，单击"财务管理"菜单，选择"其他收入"进行操作。收入类别在"基本资料"菜单的"收入类别"中增加。

（3）费用支出

本处所指的费用是指以现金或银行存款支付的应计入费用项目的费用。非日常供销关系的费用往来单位是指发生费用时，此单位为收款方，但是这些单位与企业没有正常的日常供销关系，如物业管理公司收取的物管费，印刷厂为公司印刷产品包装等，电信局收取电话费等。单击"财务管理"菜单，再选择"费用支出"进行操作。费用类别在"基本资料"菜单的"费用类别"中增加。

（4）其他收入/费用支出的查询

选择菜单命令"财务管理"→"财务报表"→"其他收入查询"即可对其他收入类别进行查询。

选择菜单命令"财务管理"→"财务报表"→"费用支出查询"即可对费用支出类别进行查询。

(5) 现金银行的查询

选择菜单命令"财务管理"→"银行账户总账"即可对现金银行进行查询。

(6) 账龄分析

在现有经济环境下，信用销售已成为多数企业增强市场竞争力、扩大市场份额的一种必不可少的方式。但是，如果企业没有有效的销售信用管理，导致应收账款过多或回款期过长，则企业的资金循环和周转就不能顺畅地完成，经济效益就不能完全实现，从而形成"丰产不丰收"的局面，因此企业应加强对应收账款的管理，而对客户应收账款的评估和分析则是应收账款管理和控制的一项重要工作。超赢软件的账龄分析可以按照配置的账龄区间显示一个或多个客户的应收账款的账龄。

(7) 超期应收款

超期应收款是分析超过收款期限仍未收款的单据。在"系统管理"的"系统配置"菜单中启动自动报警系统后，每次进入软件时会弹出超期应收款报警窗口。

7. 系统维护

(1) 系统配置

在系统管理里有系统配置、零售配置，是用于对一些系统参数进行设置和对一些功能的启用或禁用进行设置。选择"系统管理"→"系统配置"选项，在系统配置窗口中超赢软件保留了是否允许负库存的开关，如需打开负库存的开关则按下键盘左下角的"Ctrl"后再按"F"键会显示出负库存的设定项，如图10.24所示。

(2) 零售配置

可在零售配置中选择 POS 硬件的相应驱动方式，收银抹零功能，设定小票的打印标题和页脚，设定 POS 零售收款界面中的标题栏的内容。

(3) 添加操作员及权限设置

为了保证企业财务数据的安全，操作员可在口令权限里设置进入账套的口令，系统管理员可授

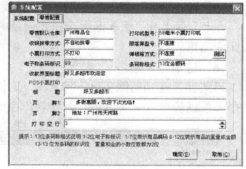

图10.24　系统配置示意

予操作员不同的操作权限，有效避免操作员越权操作，篡改单据，减少管理员人为操作失误。选择菜单命令"系统管理"→"系统管理员"→"用户权限"即可进行权限设置，见图10.25所示。

在权限前面的小方框内打上勾，即是赋予该操作员该项权限，增加用户组后，在用户组栏内选择用户组后，可在用户权限管理界面的右边选择相应软件的功能模块进行权限设定。

选择"此用户组只具有收银员功能"后，此组下的用户登录后，自动进入了零售收款功能。超赢软件将所有功能分用户角色定义了不同的功能。

(4) 数据备份

数据备份是备份从期初到备份时为止的所有数据，为了保证数据安全，建议用户最好每天都备份一次。数据备份见图10.26所示。

单击"数据备份文件名"文本框右边的按钮可输入这次备份的数据文件名，单击"开始备份"按钮即开始备份。

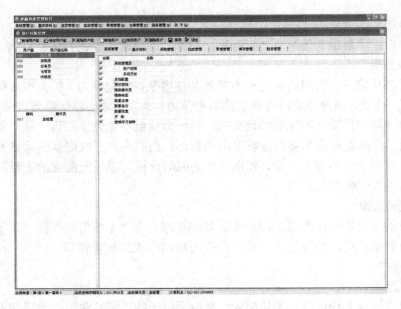

图 10.25 权限设置示意

（5）数据恢复

在"文件名称"文本框中选择要恢复的数据文件名，恢复数据将完全覆盖现有账套数据，因此应慎重。

（6）进销存月结转

月结存是在当前账务做一个标记。这样可以按每月划分账本，查询业务时可以按月查询。选择"系统管理"→"进销存月结转"命令，弹出"进销存月结"对话框，如图 10.27 所示。

图 10.26 数据备份示意

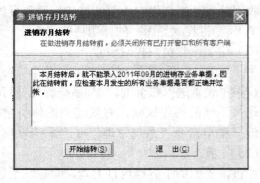

图 10.27 进销存月结转示意

（7）数据总清

当碰到业务数据录入错误或因其他原因需要重新做账时，但同时又想保留基本资料和期初数据，可以用数据总清，选择"系统管理"→"数据总清"命令，在弹出的对话框中进行相关设置如图 10.28 所示。

可选择相应要清除的数据，清除"所有进销存开单数据、帐本数据"系统将回到未开账的期初状况

第十章 条码技术的发展

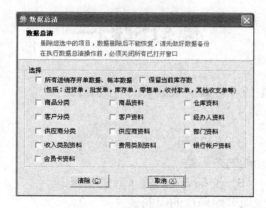

图 10.28 数据总清示意

[实训考核]

实训考核如表 10.4 所示。

表 10.4 实训考核表

考核要素	评价标准	分值（分）	评分（分）				
			自评（10%）	小组（10%）	教师（80%）	专家（0%）	小计（100%）
商业 POS 系统的应用	（1）了解商场的业务流程和操作方法	30					
	（2）掌握制订单据的方法	30					
	（3）掌握查询业务进程的方法	30					
分析总结		10					
合计							
评语（主要是建议）							

模拟试题一

一、选择题（本大题 15 个小题，每题 2 分，共 30 分）

1. 物流条码包括（　　）。
   A．ITF　　　　　B．EAN 码　　　　C．39 码　　　　D．库德巴码

2. 以下具有自校验功能的条码是（　　）。
   A．EAN 条码　　B．交插 25 条码　C．UPC 条码　　D．93 条码

3. 编码方式属于宽度调节编码法的码制是（　　）。
   A．39 条码　　　B．EAN 条码　　　C．UPC 条码　　D．EAN-13

4. EAN·UCC 系统的物品标识代码体系主要包括 SSCC、GRAI、GIAI、（　　）。
   A．GTIN　　　　B．GLN　　　　　C．GSRN　　　　D．GPC

5. 不同符号集的条码，能够编制的信息容量是不同的。以下（　　）码制可获得最大编制的信息容量条码。
   A．25 码　　　　B．128 码　　　　C．39 码　　　　D．交插 25 码

6. 库德巴条码是一种条、空均表示信息的非连续型、（　　）、具有自校验功能的双向条码，它由条码字符及对应的供人识别字符组成。
   A．低密度　　　B．交插型　　　　C．非定长　　　D．定长

7. PDF417 提供了三种数据组合模式，分别是（　　）
   A．文本组合模式　B．图形组合模式　C．数字组合模式　D．字节组合模式

8. 在商品条码符号中，表示数字的每个条码字符仅有两个条和两个空组成，每一条或空由 1~4 个模块组成，每一条码字符的总模块数为（　　）。
   A．5　　　　　　B．2　　　　　　C．7　　　　　　D．10

9. 商品条码符号的大小可在放大系数（　　）所决定的尺寸之间变化，以适应各种印刷工艺印制合格条码符号及用户对印刷面积的要求。
   A．0.8~2.0　　　B．0.8~2.8　　　C．1.0~5.0　　　D．0.5~3.0

10. 从以下哪几个角度，用户考虑贸易项目条码符号的选择？（　　）
    A．贸易项目是否有足够的可用空间印制或粘贴条码。
    B．用条码表示的信息的类型：仅仅使用 GTIN，还是将 GTIN 和附加信息同时使用。
    C．条码符号所传递信息量的大小。
    D．扫描条码符号的操作环境是用于零售还是一般配送。

11. 项目标识代码 EAN·UCC-14 的条码符号可以用 EAN·UCC-128 和（　　）来表示。
    A．EAN·UCC-13　B．EAN·UCC-8　C．UCC-12　　　D．ITF-14

12. 贸易项目中非常小的零售商品，不需要附加信息，最好选用 UPC-E 或（　　）来表示。
    A．EAN-13　　　B．EAN-8　　　　C．ITF-14　　　D．UCC/EAN-128

13. 条码印制过程中，对条码图像的光学特性的要求，主要包括哪几个方面？（　　）
    A．条码的反射率　B．条码对比度　　C．条码厚度　　D．条码颜色搭配

14. 首读率是条码识读系统的一个综合性指标，它与以下哪种因素有关？（　　）

A．条码符号印刷质量　　　　　　B．译码器的设计
C．光电扫描器的性能　　　　　　D．厂商的代码
15．检验人员使用条码检测仪进行检测的主要工作有（　　）。
A．确定被检条码符号的检测带
B．共进行10次扫描测量
C．判断译码正确性和符号一致性
D．用人工检测被检条码符号的空白区宽度、放大系数

二、填空题（本大题10个小题，每题2分，共20分）

1．目前，EAN已将（　　）分配给中国物品编码中心使用。
2．条码识读器是利用条和空对光的（　　）不同来读取条码数据的。
3．对于任何一种码制来说，各（　　）越小，条码符号的密度就越高，也越节约印刷面积。
4．UCC-12代码可以用（　　）商品条码和UPC-E商品条码的符号表示。
5．物流标签的版面划分为3个区段：供应商区段、客户区段和（　　）。
6．贸易项目的标识均由代码（　　）表示。
7．条码扫描设备从扫描方向上可分为单向和（　　）条码扫描器。
8．条码扫描器在扫描条码符号时其探测器接受到的有效反射光是（　　），而不是直接的镜向反射光。
9．标识定量贸易项目和变量贸易项目的应用标识符为（　　）。
10．条码的质量参数可以分为两类，一类是条码的尺寸参数，另一类则为条码符号的（　　）参数。

三、判断题（本大题10个小题，每题1分，共10分）

1．条码是由一组规则排列的条、空及其对应字符组成的标记，用于表示一定的信息。（　　）
2．每种码制都具有固定的编码容量和所规定的条码字符集，条码字符中字符总数不能大于该种码制的编码容量。（　　）
3．在商品上使用商品条码是为了在供应链中提高管理效率。（　　）
4．商品条码中的校验符是用于在识读过程中纠正错误。（　　）
5．EAN-13商品条码表示的13位代码中的最后一位没有对应的条码字符表示。（　　）
6．对同一商品项目的商品可分配不同的上片标识代码。（　　）
7．ITF-14条码可用于标识零售商品，也可以用于标识非零售商品。（　　）
8．EAN•UCC全球位置码（Global Location Number，GLN）能够唯一标识任何物理实体、功能实体和法律实体。（　　）
9．一系列同种资产可分配多个资产标识代码。（　　）
10．每一个PDF417条码符号均由多层堆积而成，其层数为每一个PDF417条码符号均由多层堆积而成，为2～8层。（　　）

四、简答题（本大题2个小题，每题10分，共20分）

1．去超市购物结账时，有时候会出现商品包装上条码扫描不成功，根据你所学的条码

知识，你能判断出条码扫描不成功的原因么？请简要说明。

2. 简述一维条码与二维条码各自的特点，分析一下它们之间有什么区别？

五、计算题（本大题 2 个小题，共 20 分）

1. 请计算 EAN·UCC-128 码 25321AB12ab 的校验符。（10 分）

字符	字符值	字符	字符值
Start A	103	A	33
Start B	104	B	34
Start C	105	C	35
FNC1	102	1	17
Code A	99	2	18
Code B	100	3	19
Code C	101	4	20
a	65	5	21
b	66		

2. 根据以下商品条码字符集的二进制表示，确定 13 位数字代码 690123456789X 的二进制表示，并按一定模块比例画出此数据符的条码符号。（10 分）

商品条码字符集的二进制表示

数字字符	A 子集	B 子集	C 子集
0	0001101	0100111	1110010
1	0011001	0110011	1100110
2	0010011	0011011	1101100
3	0111101	0100001	1000010
4	0100011	0011101	1011100
5	0110001	0111001	1001110
6	0101111	0000101	1010000
7	0111011	0010001	1000100
8	0110111	0001001	1001000
9	0001011	0010111	1110100

前置码值	12	11	10	9	8	7
6	A	B	B	B	A	A

起始符	中间符	终止符
101	01010	101

模拟试题二

一、单项选择题（每题 2 分，共 20 分）

1. 条码扫描译码过程是（　　）。
   A. 光信号→数字信号→模拟电信号　　B. 光信号→模拟电信号→数字信号
   C. 模拟电信号→光信号→数字信号　　D. 数字信号→光信号→模拟电信号

2. 编码方式属于宽度调节编码法的码制是（　　）。
   A. 39 条码　　B. EAN 条码　　C. UPC 条码　　D. EAN-13

3. 每一个 EAN-13 条码字符由（　　）构成条码字符集。
   A. 2 个条和 3 个空　　B. 3 个条和 2 个空　　C. 3 个条和 3 个空　　D. 2 个条和 2 个空

4. 根据 EAN·UCC 规范，按照国际惯例，不再生产的产品自厂商将最后一批商品发送之日起，至少（　　）年内不能重新分配给其他商品项目。
   A. 7　　B. 6　　C. 4　　D. 5

5. 以下哪种是矩阵式二维条码？（　　）
   A. Code 16K　　B. QR Code　　C. Code 49　　D. PDF417

6. 以下哪一项不是贸易项目 4 种编码结构的 GTIN？（　　）。
   A. EAN·UCC-8　　B. UCC-12　　C. Code 39　　D. EAN-13

7. 条码符号的条空反差均针对 630nm 附近的红光而言，所以条码扫描器的扫描光源应该含有较大的（　　）成分。
   A. 可见光　　B. 紫光　　C. 绿光　　D. 红光

8. 印刷出的条码符号不合格，首先应检测（　　）的质量。
   A. 条码颜色　　B. 条码符号　　C. 条码胶片　　D. 条码油墨

9. 根据 GB/T 14258—2003《条码符号印刷质量的检验》的要求，条码标识的检验环境相对湿度为（　　）。
   A. 30%～55%　　B. 30%～60%　　C. 35%～65%　　D. 40%～70%

10. 为了对每个条码符号进行全面的质量评价，综合分级法要求检验时在每个条码符号的检测带内至少进行（　　）次扫描。
    A. 2　　B. 5　　C. 7　　D. 10

二、多项选择题（每题 3 分，共 15 分）

1. 下面哪些条码不属于一维条码？（　　）
   A. 库德巴条码　　B. PDF417 码　　C. ITF 条码　　D. QR Code 条码

2. PDF417 提供了三种数据组合模式，分别是（　　）。
   A. 文本组合模式　　B. 图形组合模式　　C. 数字组合模式　　D. 字节组合模式

3. 贸易项目的（　　）特征发生变化时，需要分配一个新的 GTIN。
   A. 种类　　B. 商标　　C. 包装的尺寸　　D. 数量

4. 选择 CCD 扫描器的重要参数是（　　）。

A. 景深　　　　　B. 工作距离　　　　C. 分辨率　　　　D. 扫描频率
5. 条码的印制方式包括（　　）。
A. 预印制　　　　B. 非现场印制　　　C. 现场印制　　　D. 手工印制

三、填空题（每空 1.5 分，共 15 分）

1. 自动识读技术主要由条码扫描和＿＿＿＿＿＿两部分构成。
2. 条码的编码方法主要有模块组编码法和＿＿＿＿＿法。
3. 由 4 位数字组成的商品项目代码可标识＿＿＿＿＿种商品。
4. 组成条码的每一个符号都是由 4 个条和 4 个空共 17 个模块构成，所以称为＿＿＿＿＿条码。
5. 条码扫描设备从扫描方向上可分为单向和＿＿＿＿＿条码扫描器。
6. 条码的质量参数可以分为两类，一类是条码的尺寸参数，另一类则为条码符号的＿＿＿。
7. 物流标签的版面划分为 3 个区段：供应商区段、客户区段和＿＿＿＿＿。
8. 连续性与离散性的主要区别是指每个条码字符之间是否＿＿＿＿＿。
9. ＿＿＿＿＿条码是世界上最早出现并投入使用的商品条码，广泛应用于北美地区。
10. （410）6929000123455 表示将货物运到或交给位置，位置码为 6929000123455 的某一实体，＿＿＿＿＿为相关的应用标识符。

四、判断题（每题 1 分，共 10 分）

1. 具有双向识读条码的起始符和终止符一定不相同。（　　）
2. 一维条码对物品的标识，二维条码对物品的描述，二维条码在垂直方向携带信息，而一维条码在垂直方向不携带信息。（　　）
3. SSCC 是唯一标识物流单元的标识代码，使每个物流单元的标识在全球范围内唯一。（　　）
4. 扫描光点尺寸的大小是由扫描器光学系统的聚焦能力决定的，聚焦能力越强，所形成的光点尺寸越小，则扫描器的分辨率越低。（　　）
5. 每一个贸易项目和物流单元上只能有一个条码符号。（　　）
6. 最低反射率是扫描反射率曲线上最低的反射率，实际上就是被测条码符号条的最低反射率。（　　）
7. 检测带是商品条码符号的条码字符条底部边线以上，条码字符条高的 20%处和 80%处之间的区域。（　　）
8. 我们在自己的商品上印制条码时，不得选用 EAN·UPC 码制以外的条码，否则无法使用。（　　）
9. 条码的自校验特性能纠正错误。（　　）
10. 条码符号可以放置在转角处或表面曲率过大的地方。（　　）

五、简答题（每题 5 分，共 20 分）

1. 商品条码的编码原则是什么？

2. 简述 QR 码的特点。

3. EAN·UCC 编码体系主要包括哪些方面？

4. 一维条码与二维条码有何区别？

六、计算题（第 1 题 15 分，第 2 题 10 分，共 25 分）

1. 请将 EAN-13 商品条码 692920425781C 表示成二进制。

前置码与左侧数据符的对应关系表

设置字符	左侧数据符编码规则的选择					
6	A	B	B	B	A	A

EAN-13 码字符集

数字符	左侧数据符		右侧数据符
	A	B	C
0	0001101	0100111	1110010
1	0011001	0110011	1100110
2	0010011	0011011	1101100
3	0111101	0100001	1000010
4	0100011	0011101	1011100
5	0110001	0111001	1001110
6	0101111	0000101	1010000
7	0111011	0010001	1000100
8	0110111	0001001	1001000
9	0001011	0010111	1110100

2. 请计算 EAN·UCC-128 条码"123456"的校验符。

字符	StartA	StartB	Start C	FNC1	1	2	3	4	5	6	12	34	56
字符值	103	104	105	102	17	18	19	20	21	22	12	34	56

参考文献

[1] 谢金龙，王伟编著．条码技术及应用[M]．北京：电子工业出版社，2009．

[2] 谢金龙，刘亚梅，王凯编著．物流信息技术及应用[M]．北京：北京大学出版社，2010．

[3] 谢金龙，翟玲英，段圣贤编著．物流地理[M]．北京：高等教育出版社，2011．

[4] 谢金龙，武献宇，杨立雄，罗涛，陈玉林．UML 建模语言在物流管理中的应用．物流工程与管理．2010，（8）．

[5] 张成海，张铎，赵守香编著．条码技术与应用[M]．北京：清华大学出版社，2010．

[6] 中国物品编码中心编著．条码技术与应用[M]．北京：清华大学出版社，2003．

[7] GB/T 15425—2002，EAN.UCC 系统 128 条码．北京：中国标准出版社，2003．

[8] GB/T 16830—1997，储运单元条码．北京：中国标准出版社，1998．

[9] GB/T 16986—1997，条码应用标识符．北京：中国标准出版社，1998．

[10] 中国物品编码中心编著．商品条码应用指南[M]．北京：中国标准出版社，2003．

[11] 张飞舟，杨东凯，陈智编著．物联网技术导论[M]．北京：电子工业出版社，2010．

反侵权盗版声明

电子工业出版社依法对本作品享有专有出版权。任何未经权利人书面许可,复制、销售或通过信息网络传播本作品的行为,歪曲、篡改、剽窃本作品的行为,均违反《中华人民共和国著作权法》,其行为人应承担相应的民事责任和行政责任,构成犯罪的,将被依法追究刑事责任。

为了维护市场秩序,保护权利人的合法权益,我社将依法查处和打击侵权盗版的单位和个人。欢迎社会各界人士积极举报侵权盗版行为,本社将奖励举报有功人员,并保证举报人的信息不被泄露。

举报电话:(010)88254396;(010)88258888
传　　真:(010)88254397
E-mail:　　dbqq@phei.com.cn
通信地址:北京市万寿路 173 信箱
　　　　　电子工业出版社总编办公室
邮　　编:100036